百年基業

組織永續經營的12個好習慣

CENTENNIALS

The 12 Habits of Great, Enduring Organisations

ALEX HILL

艾利克斯．希爾——著　林曉欽——譯

獻給
露意絲、迪倫、歐瑞莉亞和菲尼克斯
我的家人

百年基業 組織永續經營的 12 個好習慣

Centennials: The 12 Habits of Great, Enduring Organisations

作　　者　艾利克斯・希爾（Alex Hill）
譯　　者　林曉欽
責任編輯　夏于翔
特約編輯　周書宇
內頁構成　周書宇
封面美術　萬勝安

發 行 人　蘇拾平
總 編 輯　蘇拾平
副總編輯　王辰元
資深主編　夏于翔
主　　編　李明瑾
業　　務　王綬晨、邱紹溢、劉文雅
行　　銷　廖倚萱
出　　版　日出出版
　　　　　地址：231030 新北市新店區北新路三段 207-3 號 5 樓
　　　　　電話：（02）8913-1005　傳真：（02）8913-1056
發　　行　大雁文化事業股份有限公司
　　　　　地址：231030 新北市新店區北新路三段 207-3 號 5 樓
　　　　　電話：（02）8913-1005　傳真：（02）8913-1056
　　　　　讀者服務信箱：andbooks@andbooks.com.tw
　　　　　劃撥帳號：19983379　戶名：大雁文化事業股份有限公司
印　　刷　中原造像股份有限公司
初版一刷　2025 年 3 月
定　　價　750 元
I S B N　978-626-7568-62-0

國家圖書館出版品預行編目 (CIP) 資料

百年基業：組織永續經營的 12 個好習慣 / 艾利克斯 . 希爾 (Alex Hill) 著 ; 林曉欽譯 . -- 初版 . -- 新北市 : 日出出版 : 大雁文化事業股份有限公司發行 , 2025.03, 432 面 ; 15x21 公分 , 譯自 : Centennials : the 12 habits of great, enduring organisations
ISBN 978-626-7568-62-0(平裝)

1.CST: 企業經營 2.CST: 企業策略 3.CST: 組織管理

494.1　　114001075

目錄

Part2 顛覆的邊緣

前言

萬物論

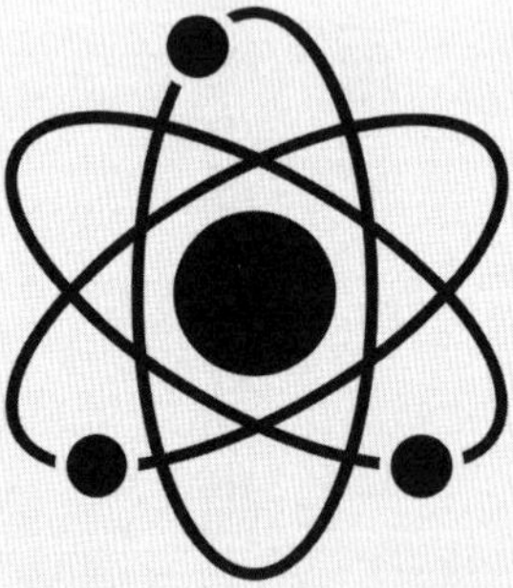

穩定的核心，顛覆的邊緣。

職場生涯邁入十年時，我決定從ＴＩ集團的工程師和管理職，轉職為牛津大學的研究員與教師，而這兩個組織在心態上的根本差異，讓我覺得十分驚訝。在ＴＩ集團時，一切都攸關於短期，如：達成每日銷售目標、符合每月預算額度。反觀在牛津大學，工作重點是長期的，如：進行數年的研究且研究可能要在多年以後才會開花結果，讓學生準備好迎接未來。我在ＴＩ集團時，短期途徑似乎是合理的。畢竟，我思忖，如果無法達成短期生存，也無法實現長期目標。

然而，我的牛津經驗讓我開始懷疑這個觀點的智慧。隨著時間過去，我開始明白作為一種指導原則，短期觀點確實會摧毀長期發展，因為注意力會從重要的事物轉向眼前可見的目標，以致銷售活動提前、投資遭到削減，這一切都是為了達成特定的目標。我認為，短期目標可能是有必要的，但無法保證組織最終的生存，甚至可能適得其反。ＴＩ集團的命運證明了我的觀點為真——它終究隕落了，被史密斯集團（the Smiths Group）收購。

十年之後，二〇一二年我開始與英國奧運代表隊的資助單位——英國體育委員會合作。那時英國奧運代表隊在夏季奧運會上取得有史以來的最佳表現（共計獲得五十六面獎牌，排名第三），並期盼以這次的成功為基礎再接再厲。得知奧運代表隊曾觀察各種不同藝術組織以獲得啟發時，我聯絡了英國皇家音樂學院、英國皇家藝術學院，以及英國皇家莎士比亞劇團，並發現這些組織都有我在牛津大學時所接觸到的長期成功觀點。

正如牛津大學，這些藝術組織歷史悠久，這件事情讓我非常感興趣，於是，我開始與其他四位研究人員合作，觀察其他淵遠流長的組織，從教育機構，例如：劍橋大學（創立於一二〇九年）與伊頓公學（一四四〇年），到體育組織，從紐西蘭橄欖球國家代表隊「黑衫軍」（All Blacks，一八八四年）、英國草地網球協會（一八八八年），以及製造商摩根汽車（一九〇九年）與勞斯萊斯（一九〇四年），還有莫菲爾德（Moorfields）眼科醫院（一八〇五年）、英國皇家海軍陸戰隊（一六六四年）與英國國家廣播公司（一九二二年）。

我旋即發現，這些組織（我決定稱之為「百年基業」）全部都有相同的心態：

它們為自己定下充滿雄心壯志的長期目標，且拒絕在追求長期目標之時，受到短期收穫的影響。它們的哲學認為，雖然需要持續注意眼前的情況，但焦點應永遠放在遠方的地平線上。

百年基業猶如原子，總能保持穩定與顛覆的巧妙平衡

我認為，這件事情可類比至原子的發現。希臘哲學家德謨克利特（Democrtius）在西元前五世紀首次提出原子後，原子遂成為許多傑出科學家的研究關鍵焦點。他們都有一個共同的目標，就是揭露原子的祕密[1]。

英格蘭化學家約翰・道耳吞（John Dalton）在一八〇八年用計算不同原子重量的方法，以及剛誕生的元素週期表，奠定了現代原子理論的基礎[2]。他的化學家同儕麥可・法拉第（Michael Faraday）隨後意外發現原子不是最小的分子，但必須等到六十年之後的英格蘭物理學家約翰・湯普森（John Thomson），方能將範圍縮小至

後來所說的電子[3]。到了世紀末，瑪莉・居禮（Marie Curie）和皮耶・居禮（Pierre Curie），以及亨利・貝克勒（Henri Becquerel）發現放射性，讓原子研究的前景變得更為精確[4]。

他們以前的學生歐尼斯特・拉塞福（Ernest Rutherford）；曾經和約翰・湯普森共事，後來則與德國物理學家漢斯・蓋格〔Hans Geiger〕合作）則經過多年耕耘，有了突破性的發現：原子的中央有一個強烈的正電荷（也就是後來所說的核子），並依此創造了我們現在知道的原子模型[5]。換言之，一個共同目標結合了這些科學家，他們每個人都奉獻了多年的生命來孕育這個目標，而他們的共同努力終究橫跨了數個世紀。

科學發現與百年基業的類比，還可以稍微更進一步詮釋。拉塞福發現原子存在於不同的狀態。如果原子過大或過小，就會變得不穩定；如果不是附著於其他原子，就會變得有放射性，並開始衰退。拉塞福的「經典原子」模型則是一個明顯的對比：一個穩定的原子核位於中央，電子圍繞著原子核，正如行星圍繞著太陽；換言之，原子有一部分不變，一部分則持續移動。

我發現，百年基業的情況亦是如此。與百年基業合作或為了百年基業工作的人們持續移動著，不斷提出嶄新的發現、交換彼此的想法，他們是組織的電子，但每個百年基業的核心，則是一個穩定的價值原子核，隨著時間而逐漸發展，並且從長年服務的世代，傳遞給下一個世代；其目標始終如一，堅定不移，其文化珍惜過去，正如其展望未來。如果有需要改變，這個原子核會欣然接納，但謹慎且緩慢。

簡言之，百年基業同時擁有穩定的核心與顛覆的邊緣，且兩者之間保持在一種謹慎的平衡。英國皇家藝術學院的校長[6]保羅・湯普森（Paul Thompson）對此用了精準的表述，形容他們是「激進的傳統派」（radically traditional）[7]。在這種平衡之中，浮現了推動它們前進的能量和一股穩定的力量，以確保沒有人看不見每個百年基業追求的目標，或者遺忘過去成功的因素。

遺憾的是，現在許多非百年基業組織都缺乏這種平衡。對於此時此刻、對於短期結果、對於即時股東價值的執著，已然主導其策略思考，並排斥了幾乎所有的其他因素，而這種執著付出了代價。基本上，當公司變得愈來愈追求短期成效，其生命週期就會開始縮短。標準普爾指數（the Standard & Poor's Index）於一九五七年設立，其追蹤美國前五百最有價值企業的財經表現（俗稱標普五百〔S&P 500〕）時，大多數組織的壽命以數十年作為計算單位。從一九八〇年代以來，股東價值成為主導原則時，企業平均壽命減少了五倍，如今標普五百企業的平均壽命只剩下十五年。

有些人主張，較短的企業生命週期是件好事。這種論述認為，失去青睞的公司消亡後其資源得以釋出，讓另外一間公司更有效利用。然而，這種觀點的問題在於忽略了企業消亡時所造成的磨損與浪費[8]，也並未意識到任何經濟系統或社會的長期成功，都要仰賴於核心組織與制度的穩定性。如果每個人只專注於當下，社會所面對的長期問題和挑戰，諸如：氣候變遷、貧窮、移民、健康，以及教育等，就更難以解決[9]。倘若世間萬物持續在繁榮與衰敗中循環，則沒有任何事物可以長久，最終萬物都會崩塌。

以七個百年組織為例，學習如何長久經營與保持卓越

多年來，數個研究都希望準確找出創造長期成功的因素。其中一些著作，例如：《追求卓越》（*In Search of Excellence*, 1982）、《基業長青》（*Build to Last*, 1994），以及《從A到A+》（*Good to Great*），都是藉由分析成功企業的做法，從分析中淬練出可以廣泛應用的一般原則[10]。《追求卓越》主張我們應該「堅持自己最擅長的」（stick to our knitting）；《基業長青》警告過於專注利潤所帶來的危險；《從A到A+》則是提倡五級領導者的概念。其他的研究，例如：《恆久成功的四個法則》（*The Four Principles of Enduring Success*, 2007，直譯），以及《讓一間公司真正偉大的三個規則》（*Three Rules for Making a Company Truly Great*, 2013，直譯），針對範圍多元的組織進行了龐大的量化數據分析，萃取出普遍適用的知識[11]。

這兩種方法都有批評者。對於《追求卓越》學派持保留意見的人主張，書中奉為圭臬的企業（惠普、柯達，以及摩托羅拉〔Motorola〕等）其隨後的衰亡，證明了

想要在相關領域中體現這些特質與維持績效表現何其困難。[12]《四個法則》與《三個規則》的批評者認為，書中提倡的商業真理（例如：《四個法則》的「在探索之前先徹底利用」，以及《三個規則》的「在追求更低的價格之前，先追求更好的品質」）過於籠統空泛，難以具有實際且務實的應用價值。正如一位執行長告訴我的：「我們都希望在追求更低的價格之前，先追求更好的品質，但你要怎麼做到？我們都希望在探索之前先徹底利用，但這究竟是什麼意思？我們應該如何做到？我們又應該在什麼時候轉變策略？」

或許是因為基於公司的個案研究已被證明確實有問題，所以有些研究企業長青難題的人們，將目光從企業身上完全轉向，試著從其他領域的成功中尋找我們能學到什麼。《魔球》（*Moneyball*, 2003）、《異數》（*Outlier*, 2008），以及《叛逆者團隊》（*Reble Ideas*, 2019）是三本範例，這些著作觀察諸如藝術、教育、科學與運動等活動領域，以尋找靈感。[13]但這種研究途徑也有些問題，其往往偏向於講故事而非分析，也沒有提供比較分析，因此有時難以判斷書中所描述的成功究竟是不是一次性的特殊現象，還是可以在其他地方重現的過程。

在本書，我試圖納入每種分析途徑毫無疑問的優點，藉由我對於七間百年基業多年來的研究，希望能夠提供嶄新觀點。這些組織已經存在（即使此時已不完全是最原初的形式）超過一百年，並在這段期間內穩定地勝過同儕組織[14]，例如：

- 伊頓公學（創立於一四四〇年），教育英國眾多領導人物，包括過去三百多年的二十位英國首相。
- 英國皇家音樂學院（創立於一八二二年），孕育英國最傑出的音樂家。
- 英國皇家藝術學院（創立於一八三七年），創造世界級的藝術家與設計師。
- 英國皇家莎士比亞劇團（創立於一八七九年），可說是世界首屈一指的劇團組織。
- 英國自行車協會（創立於一八九六年），在過去四屆奧運會上，贏得五十面獎牌。
- 「黑衫軍」是紐西蘭橄欖球國家代表隊，可說是有史以來最成功的運動隊伍。

・美國航太總署（一九一五年），自一九六〇年代以來，主導了太空探索領域。

我和研究同仁縝密研究了每間百年基業。在條件允許的情況下，我們與每間百年基業共事一年，從內部體驗其運作。隨後，我們提出七間百年基業共同體現的一組普遍原則。接著，我們用了五年時間，向全球各地數十間組織和數千位人士分享這些原則，邀請他們測試、批評，並重新測試。此外，我們也從其他範疇廣大的組織尋求額外的洞見，無論是成功的組織或失敗的組織，它們的故事有助於釐清我們的想法。

有些讀者可能會反對，認為百年基業不需要面對讀者自身組織所面對的即刻挑戰、百年基業不需要取悅股東，百年基業也不需要像小型企業和富時指數（FTSE）的百大企業一樣必須達成營利目標。從這個層面上來說，這些讀者可能會認為，它們發展的策略和技巧雖然讀起來很有趣，但不適用於傳統的商業環境。然而，這種反對忽略了所有組織若要生存必須達成的基本目標。英國皇家音樂學院如果在經濟上不可行，或者無法贏得新「客戶」（學生）的青睞，根本無法繁榮兩百年。同樣的，倘若英國皇家莎士比亞劇團的財務不健全，或者無法與消費者之間建立連結，必然早已瓦解。美國航太總署的資金可能來自於美國聯邦預算，但如果美國航太總署無法達成目標並實現科技上的突破，也無法獲得資助。

由此可見，百年基業有許多值得我們所有人的學習之處。

Centennials

PART 1

穩定的核心

目標
Purpose

習慣1

建立你的北極星

追求長久，而非短暫。

一九八一年七月二十五日，星期六，在紐西蘭的懷卡托（Waikato），南非橄欖球國家代表隊正在準備紐西蘭訪問賽的第二場賽事。這場比賽關係重大。「這是一場大比賽。」懷卡托隊長派特・班尼特（Pat Bennett）回憶道：「也是紐西蘭橄欖球賽事第一次進行全球的現場直播，所以我們知道自己必須贏得勝利。[1]」

與此同時，由三百人組成的抗議團體，因非常不滿紐西蘭代表隊與來自種族隔離的南非球隊比賽，聚集在漢彌爾頓（Hamilton）的體育館外。比賽開始時，他們踢倒圍欄、衝入球場，而現場觀眾將寶特瓶丟向他們。警方試圖驅離他們，但他們手臂相連，牢牢地站在原地。「全世界都在看！全世界都在看！」他們高喊。警方擔心會有更多抗議人士趕往體育館，最終決定取消這場比賽[2]。

接下來的幾個星期，爆發更進一步的反南非抗議，每場預定進行的比賽都遭受干擾。示威群眾聚集在政府機構前並封鎖道路。「那是紐西蘭史上最大的反抗示威。」其中一位抗議人士約翰・明托（John Minto）回憶。「這個國家為了信念而起身的分水嶺時刻，而且發生在世界的舞臺上。我還記得當時父親與母親的爭執，父親說：

『我不知道為什麼要大驚小怪，只是一場比賽。』我母親則說：『不，不只是一場比賽。這是我們的國家運動。這個運動代表我們——我們的價值，以及我們的信念。我不認為種族隔離是對的！』」[3]

爭論來回交鋒，辯論愈發激烈時，紐西蘭的國家代表隊黑衫軍，正在仔細傾聽。在訪問賽即將結束時，即使紐西蘭只有百分之五的人口參與抗議，即使橄欖球迷不屬於示威者，黑衫軍依然決定，除非廢除種族隔離制度，否則不再與南非比賽。這個禁令持續了十一年。

一九九五年，甫當選的南非總統尼爾森・曼德拉（Nelson Mandela）造訪紐西蘭，向紐西蘭人民當年採取的立場表達謝意。「你們選擇用勇氣對抗警棍。」他告訴紐西蘭人民：「並且主張，當其他人類被迫臣服於合法化的殘暴種族支配系統時，紐西蘭就不能是自由的。」[4]紐西蘭人民阻止那場在漢彌爾頓舉行的比賽時，曼德拉表示：「我們在獄中歡呼，敲打牢房的門，就像太陽升起時的新世紀黎明。」

自一九〇五年紐西蘭橄欖球國家代表隊第一次參加國際賽事以來，紐西蘭人民與橄欖球一直有著非凡的關係——透過橄欖球在世界舞臺上展現其社會、價值，以及信念。

當時，紐西蘭正準備成為大英帝國中的「自治領地」（Dominion status），總理要求黑衫軍必須將「提倡紐西蘭價值與擴展海外貿易」作為目標[5]。事實上，紐西蘭與橄欖球賽事之間的關係可追溯至更久以前。在第一波歐洲拓荒者於一六四二年到來之前，本土的毛利人已有一種與橄欖球相似的運動，名為ki-o-rahi。紐西蘭的第一支國家代表隊在一八八八年出訪英國參加賽事時，二十六名球員中有二十一位是毛利人[6]；女性在一九一五年成為紐西蘭國家橄欖球故事的一部分（雖然第一個正式的女性橄欖球運動聯盟要到一九八〇年代才成立）。由此可見，橄欖球確實是紐西蘭的國民運動。

許多人從這項國民運動中察覺到「民族性格」與成功之間的直接關聯。「想像在一八〇〇年代」，前黑衫軍隊長里奇・麥克考（Richie McCaw）表示：「登上一艘船，不知道要去哪裡……而且必須自己找到方向。這會讓你變得非常強悍，我猜想，如果你有這種世界觀，就會傳遞給往後的世代。」[7]

記者彼得．比爾斯（Peter Bills）談到「不願接受失敗」、「深入探索並在逆境中保持平靜」的能力，以及「在周圍動盪的時刻，制定一致的決策」的天賦，他相信這就是紐西蘭人常見的性格特質，並主張這些特質如何導向了個人願意犧牲「自身利益或目標，奉獻於協助夥伴的信念」[8]。還有每次賽前進行的傳統毛利人哈卡戰舞（haka），更進一步培養了團隊精神以及追求成就的渴望[9]。

這也難怪紐西蘭橄欖球國家代表隊能在過去一個多世紀以來取得驚人的成功——在六百二十場賽事中勝率高達百分之七十七、得分為對手的兩倍，並吸引愈來愈多的紐西蘭人加入橄欖球運動[10]。**紐西蘭人用橄欖球表達了他們的本性，以及他們想要成為什麼樣的人。**

正因如此，回頭來看，種族隔離示威運動之後，國家代表隊在一九八一年所做的決定是一個顯然的選擇。作為紐西蘭價值的支持者與大使，黑衫軍認為他們必須表明立場。他們不認為自己只是運動隊伍或國家運動代表隊。他們認為自己是社會的一部分，是從這個社會加入了代表隊，並接受該社會世界觀所相伴的義務。

目標正確，就能吸引到對的人才與資源

對於多數企業來說，營業額與利潤是一切。百年基業並非如此思考，它們著眼於整個社會與所有可能性，並捫心自問：「我們該如何形塑社會的思考與行為，且不只是今天，而是為了往後的二十年至三十年？我們如何確保下個世代的資金與人才，以及再下一個世代，願意與我們共事？」正如英國皇家莎士比亞劇團的執行總監凱瑟琳·馬利昂（Catherine Mallyon）對我說的：「如果你不用正向的方式塑造社會，總有一天，社會不會繼續支持你。總有一天，社會再也不想與你共事。倏然之間，在你察覺之前，你所有的資金與人才就會開始遠走他方。[11]」

這種心態解釋了為什麼經歷時間考驗的組織，永遠都有個更崇高的目標，用以指引著其他一切事物。舉例而言，黑衫軍想要贏得比賽，但他們更崇高的目標是提

高紐西蘭的國家形象；英國自行車協會希望打造世界級的競技選手，但他們更崇高的目標是改善英國國民的健康；美國航太總署啟動太空任務，但其遠大目標是增進我們對於宇宙以及人類於其中地位的理解；至於英國皇家藝術學院的終極目標，則是藉由藝術和設計改變世界[12]。在所有的百年基業背後，都有一個長期的哲學作為支柱。

這種觀點可能聽起來非常理想，不過確實有個健全的實務依據。**所有百年基業組織都明白，如果缺乏一個崇高的目標來正面塑造未來的社會，總有一天，所有資金與人才都會遠走他方**。大多數的傳統商業組織，以及所有純粹追求短期目標的企業都抗拒這種想法，因為從表面上看來，這種想法似乎忽略了日常現實。正如一位執行長對我表明的：「如果你是一間服務大眾需求的公共公司，當然很容易塑造社會。但我們是商業公司，不是慈善機構，我們的世界比他們的世界更為競爭。我們的競爭對手盯著我們的人才與我們的客戶，投資人希望我們今天獲利，不能等到明天，所以我們沒有多餘的時間，也無法展望未來的二十年，因為我們有今天必須解決的問題。」然而，這種世界觀的問題在於無法保證今天過後的生存。

當代商業的短期主義經常引發議論，正如現在大多數企業壽命短暫的事實[13]。舉例而言，美國前五百大企業（標普五百企業）在過去四十年間的總體市值可能增加了五倍，但其平均生命週期——十五年，也比前代的標普五百公司縮短了五倍[14]。常見的假設認為，這個情況反應了當代商業環境動盪不安與激烈競爭的特質。

然而，值得注意的，不是所有組織都遵循這種壽命短暫的模式，標普五百指數中依然有許多公司，例如：高露潔、聯合愛迪生（Con Edison）、康寧（Corning）、哈福特金融服務（Hartford）、Levi's、家樂氏、諾德斯特龍（Nordstrom）以及道富金融（State Street），其根基可追溯至一個世紀或更久之前。這些強健的生存者涵蓋了迥然不同的市場，從牙齒保健到能源、保險到服飾、光纖到食物，零售到金融服務。然而，它們共同擁有的則是一個指引目標——一顆北極星，引領他們經歷過去的百年以及往後的時光。

高露潔希望幫助「人們和他們的寵物創造更健康的未來」；聯合愛迪生致力於

「發展更乾淨且更有韌性的社會」；Levi's的目標是製造「更好且更耐穿的衣服」；家樂氏則是希望「提供糧食與滋養全世界」。[15] 它們均設立了額外的機構以推動其遠大目標。舉例而言，高露潔自一八九〇年起在紐約資助高露潔大學、從一九七五年開始舉行高露潔女性運動會，以及於一九九〇年成立星光兒童基金會。Levi's基金會於一九五二年成立，每年在環境與社會計畫投入超過一千萬美元，協助Levi's實現「更好且更耐穿的衣服」的長期目標，例如「節水」和「更好的棉」計畫，以及在Levi's公司內部和供應商的工廠持續進行的教育和健康計畫。

「這是我們作為一間公司的重要支柱。」Levi's的執行長奇普·伯格（Chip Bergh）解釋：「從創新的觀點來看，那是非常重要的支柱，但也可以追溯至我們作為一間公司的價值。這間公司成立一百六十二年了，從我們的創辦人李維·史特勞斯（Levi Strauss）開始，他是神話與傳奇人物。我們大約在一百四十二年前發明了藍色牛仔褲。他是創業家，而我喜歡將我們的公司視為矽谷新創公司的原形。史特勞斯從一開始就鼎力回饋，並確保公司的運作始終符合原則且要做對的事情，因此，

『永續』（sustainability），從最廣義的定義來看不只是環境永續，也有社會及其他層面的永續，而這就是這間公司內在結構的一部分……這間公司，每年都會提撥一定比例的盈餘資助Levi's基金會……作為一間公司，我們愈成功，帶來更多盈餘，就可以提供更多捐款給Levi's基金會，再回饋給社群。這是我們作為一間公司的核心價值……我們對此非常自豪，也是我們企業精神的一部分。毫無疑問地，也有助於吸引並留住人才。尤其是現在的年輕人正在尋找與他們價值契合的公司。我們就是這種公司。我們並非為了吸引千禧世代而做出改變，自這間公司成立開始，我們始終如此。[16]」

同樣地，成立於一九三〇年的家樂氏基金會（W. K. Kellogg Foundation），每年在教育和健康計畫上的投入超過一億美元，例如：牙醫、醫師、護理師獎助計畫、農業研究，以及對全球各間學校與大學的持續資助（家樂氏基金會是美國加州州立大學、密西根州立大學、西北大學，以及英國牛津大學家樂氏學院的最大資助者之一），期盼培養未來的科學家與領袖，以協助實現「提供糧食與滋養全世界」。「我們的核心主題是行動。」羅素．莫比（Russell Mawby）擔任家樂氏基金會的執行長超過二十六年，他解釋：「採用各個領域已知的最佳方法……應對重大的社會問題。」[17]家樂氏基金會是家樂氏公司最大的股東，持有百分之三十五的股份，因此可以協助管理與指引公司的行動。同樣地，聯合愛迪生和道富金融的基金會每年也會向其他組織提供超過一千萬美元的資助，協助實現其理想——「發展更乾淨且更有韌性的社會」以及「為了全球投資人和他們服務的人創造更好的結果」，同時，這兩間公司也鼓勵員工參與志工計畫與加入慈善組織的董事會[18]。

從短期來看，這些公司如果將投入社會計畫的資金轉用於追求利潤，可能會有更好的收益，然而，從更長期的角度來看，轉變資金勢必導致他們犧牲最崇高的目標，引發內部文化的改變，如此一來必定會傷害，甚至可能摧毀公司。這是一個取捨的問題。在標普五百指數中，大多數超過百年的公司其年度銷售額低於百億美元，利潤介於百分之五至百分之十五。相較於在標普五百指數中年紀不到五十歲的兩百間公司，百年公司的銷售額少了百分之十，獲利率則是少了百分之二十，因此，它們往往無法享受年輕公司所體驗的繁榮[19]。但與此同時，它們不會承受經濟衰退，以及經濟衰退必定造成的駭人荒蕪。

麥肯錫全球研究院的研究員多明尼克·巴頓（Dominic Barton）分析了美國六百一十五間公開交易公司（publicly traded company）[20]從二〇〇一年至二〇一六年間的長期財務表現之後，也承認短期主義所造成的代價確實難以準確衡量。但談到評估長期觀點的益處時，他的結論認為：「如果所有美國公開公司都依照我們分析樣本中的長期導向組織的規模創造就業機會，從二〇〇一年至二〇一五年，美國至少可增加五百萬個工作機會，並提高一兆美元的國內生產毛額（等同於國內生產毛額每年平均增加〇·八個百分點）。[21]」

忘了初心的營利追求，終究走不遠

日本索尼（Sony）多年來悲喜交加的命運，足以作為教科書等級的典範，說明追求崇高目標的益處，以及失去這個目標的危險。

回到一九四六年，索尼的創辦人——兩位日本工程師井深大（Masaru Ibuka）以及盛田昭夫（Akio Morita）有個無畏的遠大目標[22]。日本剛掙脫二戰的潰敗，正如盛田後來的回憶：「突然之間，我們的世界變得非常不同。」「日本天皇，」盛田繼續說：「在此之前，從未直接與日本人民說話，而現在他告訴我們眼前的未來黯淡無光。他說我們可以『為了未來的所有世代奠定邁向偉大和平的道路』，但我們必須『忍受無法忍受的，承受無法承受的』。天皇鼓勵日本向前看：『集結你所有的力量，奉獻於建設未來。』天皇要求日本必須『跟上世界的進步』。我知道我的職責就是回到工作崗位，做我該做的事。[23]」盛田與井深成立第一間工廠（位於被戰火摧殘的東京近郊）時，他們告訴員工：「今天，我們的公司踏出第一步，有了卓越的科技與團結的精神，我們將會成長。隨著我們的成長，我們將奉獻於日本社會，協助日本恢復在世上的正當地位。」

他們選擇的公司名稱「索尼」，是經過謹慎考量的。他們將英文的「聲音」

（sound）經過日式變化，希望展現將日本產品銷售至全球各地的雄心壯志。他們同時表達了恢復民族自豪的決心，也期盼員工成為其雄心壯志的一部分。

「以人為本必須是真誠的，有時要非常勇敢大膽。」盛田解釋：「而且相當冒險。但從長期的角度來看（我特別強調這點），無論你多麼優秀或成功、無論你何其聰明或足智多謀，你的事業及其未來都掌握在你聘請的員工手中。用稍微戲劇化的方式來說，你事業的命運，其實掌握在最年輕的員工手中。」

「我們並未強迫徵召你，」新員工入職時，他會這樣告訴他們：「這裡不是軍隊，意思是你自願選擇了索尼，所以這是你的責任。原則上當你加入這間公司時，我們希望你會留在這裡二十年或三十年。」[24]每天晚上，兩位創辦人會和公司的不同團隊成員共進晚餐，探索他們的想法，以及他們認為自己可以如何改變世界。另外，他們也會在兩到三年之間調換員工的職位，讓他們學習新事物、面對新的挑戰。每隔幾年，他們都會推出新的產品，改變人們感受世界的方式，無論是一九五〇年代的 TR-63 收音機、一九六〇年代的特麗霓虹電視、一九七〇年代的隨身聽，還是一九八〇年代的ＣＤ播放器CDP-101。隨著每個新產品的成功，日本重拾自豪，也成為展望未來，走在時代尖端的社會。日本的經濟成長了三十倍，從世界排行第九，大幅躍進為世界第二大經濟體，僅次於美國[25]。

但是到了一九九五年，兩位創辦人卸任後，公司的願景和雄心壯志也改變了。在新的領導人出井伸之（Nobuyuki Idei）——經濟學家而非工程師的帶領之下，公司的焦點從創新與渴望豐富人們的生活，轉變為執著於營收的最大化和成本的最小化。一開始，出井的戰略看似奏效，在三年內，隨著索尼遣散三萬人（六分之一的勞動力），營收增加了四分之一，利潤增加六倍，但旋即開始衰退。「問題在於，」記者布蘭特．施蘭德（Brent Schlender）解釋：「大多數的成長來自於將舊產品銷售至新市場——特別是歐洲。但索尼在核心市場幾乎沒有創新，所以在蘋果的 iPod 以及三星的平板電視問世時，索尼難以與之競爭。[26]」

隨著銷售持續下跌，出井下臺，改由美國人霍華德．斯金格（Howard Stringer）接任。他再度裁員一萬人，並專注於將索尼的既有產品銷售至亞洲的新市場。索尼又獲得了短期利益——銷售額恢復四分之一，利潤提高至超過三十億美元，創下歷史新高，但這種利益只是暫時的。二〇〇九年五月十四日，索尼宣布六十年來的最大虧損。隨後的四年，索尼又損失八十億美元。這間公司已經失去自己的目標，其結果導致缺乏創新，讓他們迅速付出代價。

股市的出現，讓企業愈來愈短命？

不惜犧牲更廣大的願景，只為了不斷追逐短期利潤，已深植於多數現代組織的基因。但情況並非永遠如此。在十八世紀、十九世紀，以及二十世紀的大多時刻，成功的公司有截然不同的哲學，是以建立長久的家庭企業為基礎。彼得．特明（Peter Temin）在對於英格蘭經濟史的詮釋中，描述家族必須在確保企業能成功世代傳承時才會向銀行貸款，好讓在公司工作的大多數員工，能夠在未來的四十年至五十年保有工作[27]。在這段期間，一個重要的經濟發展是股市的興起，它可以提供額外的資本，協助創建或擴展企業。這個創新起源於中世紀的威尼斯，隨後由杜克家族（Dukes）、杜邦家族（du Ponts）、福特家族（Fords），以及洛克菲勒家族（Rockefellers）持續推動[28]。事實證明，股市動盪多變且時有驚人崩盤，最惡名昭彰的一次發生在一九二九年，但多數個別公司依然能夠生存並持續經營。

隨後，納斯達克指數在一九七〇年代初期問世，倏然之間，一切都改變了。這是史上第一次，公司股份能夠使用電子系統交易。短期投機變得更為簡單，使得投機買賣更有吸引力。股票經紀人的數量呈現指數成長，持有股票的人數亦是如此。到了一九九〇年代初期，美國有五分之一的人口是股東，美國股市每天交易超過一億股，股份的平均持有時間低於兩年（到了二〇二〇年，股份持有時間低於六個月）[29]。

隨著股市交易的興起，股東價值的概念伴隨而來。這個詞首次出現在一九五〇年代，並於一九七〇年代開始成為主導原則，其部分歸功於美國經濟學家米爾頓・傅利曼（Milton Friedman）的倡議，他主張「商業的社會責任是增加利潤，僅此而已」[30]。某種程度上這個觀點非常成功，因為在接下來的三十年，隨著企業逐漸專注於獲利好讓股東快樂，其市場價值增加了十四倍。

然而，這些公司的平均壽命同時減半[31]。正如索尼的故事所示，犧牲一切，追求銷售與利潤必須付出代價。從短期來看，收益的最大化也許會有所回報，必定能讓股東高興，但從中期至長期來看，為了達成目標而必須使用的策略，例如：削減成本、將舊產品銷售至新市場，則是扼殺創新、埋下過時淘汰的隱患。事實上，似乎可由此理出一個規則：公司的成長速度愈快，愈快失去掌握自身命運的能力。請讀者回想一下，有哪些公司在隕落不久之前享受最佳銷售期？這是一份長長的清單，例如：黑莓（BlackBerry）、通用汽車、惠普，以及朗訊（Lucent）都在崩塌的兩年前，達到銷售和利潤的巔峰；諾基亞（Nokia）三年、摩托羅拉是四年、克萊斯勒五年，德士古（Texaco）則是六年，隨後都陷入危機。

這種例子不勝枚舉。在他們最終毀滅之前的短期成功，**證明了不是市場環境讓他們失敗，而是他們的決策。**

持續創新改變，是營利的不二法門

有了以上的故事為鑒，值得思考另一間與索尼同類型公司的故事：蘋果公司（Apple Inc.）。索尼和蘋果之間有許多相似之處。蘋果和索尼一樣，他們的創辦人都執著於公司能夠實現的科技潛能。井深大和盛田昭夫是工程師，而蘋果在一九七六年的創建之父，包括：史蒂夫・賈伯斯（Steve Jobs）、史蒂夫・沃茲尼克（Steve Wozniak），以及羅納德・韋恩（Ronald Wayne），也都是熱愛科技的好友，曾一起在雅達利（Atari）和惠普工作。井深大和盛田昭夫希望創造嶄新的未來，改變日本在全球的地位。賈伯斯、沃茲尼克，以及韋恩想要讓電腦普及化——正如賈伯斯所說：「我們希望打造每個人都可以使用的簡單電腦。」[32]

索尼早年持續推動創新；蘋果開創了個人電腦的新市場，在一九七六年推出蘋果一代，隨後在一九七七年推出蘋果二代。索尼停止創新，找來財務專家；蘋果陷入五年的低潮期，在那段期間，其作為實際上只是生產既有產品的修改版，市占率只剩下原本的四分之一，低於百分之六，於是蘋果也聘請了一位財務專家約翰．史考利（John Sculley），想要扭轉乾坤。索尼舉步維艱，蘋果則遭逢低潮[33]。「那個時候，」記者歐文．利茲邁爾（Owen Linzmayer）解釋：「史考利在百事可樂工作，因為創造了百事可樂挑戰而聲名大噪——電視上的人們被要求喝一杯可口可樂與一杯百事可樂後，說出自己比較喜歡哪一杯，當然，答案永遠都是百事可樂！[34]」

「你想要餘生都在銷售糖水？」賈伯斯問史考利：「還是你想要跟我走，一起改變世界？」「我想改變世界！」史考利回答。但那不是史考利真正的野心，他想要專注於金錢。他以加薪作為條件進入蘋果，並在三年內成為矽谷最高薪的執行長，但最後史考利因為對於未來策略意見的根本差異，將賈伯斯踢出公司。「賈伯斯認為，他們應該停止所有的舊產品，專注在麥金塔以作為前進方向，」賈伯斯的傳記作家華特．艾薩克森（Walter Isaacson）解釋：「但史考利主張他們應該從現有產品身上盡可能地賺錢。[35]」正如索尼的新管理高層，史考利開始尋找削減成本的方法，並取得了相應的成功（在隨後的八年，銷售增加四倍，利潤增加八倍）。史考利的接班人麥可・史賓德勒（Michael Spindler）在一九九三年上任並延續其策略，在三年之間見證了銷售額再度增加百分之五十。但隨後，正如索尼的情況，無可避免的衰退發生了，也正如索尼的情況，衰退發生得非常迅速。蘋果的銷售在一九九五年至一九九七年間驟減三分之一，損失了將近二十億美元。蘋果絕望地四處尋找拯救自身的方法時，收購了 NeXT（這是賈伯斯被開除之後所創立的公司），並重新聘請了賈伯斯。

長久以來的迷思認為，賈伯斯重返蘋果象徵了蘋果公司命運的即刻轉變，但實情並非如此。事實上，賈伯斯重返蘋果的前幾年平淡無奇，主要原因是賈伯斯所推行的策略更像傳統公司，而非突破性的公司。他將產品線從十五個縮減為三個。雖然賈伯斯確實推出 iMac 與多彩機種，但這個策略可以說是更為接近「例行業務」而非尖端創新。直到賈伯斯於二〇〇一年推出 iPod 後，蘋果才真正開始經歷了文化的徹底改變。也許蘋果的新設備 iPod 還要等待幾年才會開始盛行，但 iPod 盛行後，銷售一飛衝天。到了二〇〇七年，蘋果一年售出五千萬臺 iPod。

在承上的背景之下，值得我們深思史蒂夫・賈伯斯同年於座無虛席的舊金山劇院中發表新產品時的演說內容：

> 有時，一個革命性的產品出現，改變了一切。蘋果向來有幸，能將其中一些產品推向全世界。一九八四年，我們推出了麥金塔……麥金塔改變了整個電腦產業。二〇〇一年，我們發表了第一臺 iPod……iPod 改變了整個音樂產業。今天，我們要發表這種類型的三個革命性產品。第一個是觸控式寬螢幕的 iPod、第二個是革命性的行動電話，第三個則是突破性的網路通訊裝置……它們不是三個獨立的裝置，而是一個，我們稱之為 iPhone。[36]

「革命性」出現了三次，「改變」出現了三次，很容易讓我們假設蘋果的成功單純來自於創新的能力，但這種想法只能講述一半的故事。**賈伯斯想要改變人們對於世界的感受，而這個強烈的企圖心，才是帶來創新改革的動力。**「我們知道必須保持創新。」領導 iPhone 與 iPad 開發的軟體工程師史考特．福斯托（Scott Forstall）解釋[37]：「才能繼續前進，並在老舊的產品淘汰之前，推出新的產品。因此，甚至在 iPod 大紅之前，我們就已經在尋找下一個產品，嘗試不同的想法，因為我們知道，一般需要四年開發一個產品，再用兩年讓人們喜歡那個產品——如果你運氣夠好，也許可以有四到八年的銷售佳績。所以，在舊產品淘汰之前，你通常會有十年到十五年的時間在推出新的產品。」到了二〇二一年，全球持有 iPhone 的人數已經超過十億[38]。

立定好目標，就算遭遇挫折也能回到正軌

在過去的二十年間，《財星》（*Fortune*）雜誌每年都會進行一項採訪超過三千人的調查，詢問受訪者仰慕哪家公司及其原因。《財星》雜誌發現，最受讚揚的公司，既不是擁有最高銷售額的最大型公司，也不是獲利最高的公司。相反地，答案是能

正向塑造社會，並證明自己能夠多年堅持的組織[39]。

「如果我們最仰慕的公司是獲利最高的公司，Visa信用卡和萬事達卡（Mastercard）永遠都會是榜上首選，因為它們每年獲利將近百分之五十，但它們不是！」其中一位研究人員解釋。「如果答案是最大型的公司，那沃爾瑪超市（Walmart）會是榜上首選，因為它們每年的銷售金額超過五千億美元，但它們也不是！」相反地，有四間公司始終名列前茅，且在過去十年來，每年都穩居前十名。這四間公司分別是：改變我們買賣產品方式的亞馬遜（Amazon）、改變我們與世界互動方式的蘋果、改變我們如何尋找和使用資訊的Google，以及改變我們相處方式的星巴克（Starbucks）。每間公司的崇高目標都伴隨著一系列的輔助目標。

亞馬遜的宗旨是實惠、便利，以及多元選擇；蘋果的宗旨則是設計、創新，以及簡潔；Google的宗旨為可得性（availability）、普及性（democracy）和實用性（usability）；而星巴克的宗旨是歸屬、聯繫和社群。然而它們並未止步於此，在建立核心價值之後，它們繼續思考如何將核心價值融入所有作為[40]。

以星巴克為例。咖啡店是簡單的商業模式，商品也易於提供。那麼，要如何找到方法，將平凡無奇如咖啡的事物，變得卓越非凡？自從霍華．舒茲（Howard Schultz）在一九九六年造訪北義大利的咖啡館、回到美國之後，這個問題一直縈繞在他的腦海中。他想要找到方法，在北美重現義大利的咖啡文化，以及其中強烈的歸屬感、聯繫感和社群感，而這個目標讓他在過去兩年來，於西雅圖努力經營的六間咖啡店，搖身一變為全球企業。「從一開始，」舒茲解釋：「我就希望我們是間與眾不同的公司。不只頌揚咖啡以及豐富的文化傳統，還要帶來一種聯繫感。我們的使命是鼓舞並滋養人性精神——一次服務一個人、一杯咖啡，以及一個鄰里。[41]」星巴克的名字來自於《白鯨記》（*Moby-Dick*）的角色史達巴克（Starbuck），他象徵了故事中的理性與善良[42]。

舒茲顯然不只是為了賺錢，他希望打造能轉變整個社群的企業，並留下傳承。「我的父親在一九八八年一月因肺癌過世的那天，是我人生最悲傷的日子。」他回憶道：「他沒有存款，也沒有退休金。更重要的是，他不曾在他認為有意義的工作中獲得自我實現與尊嚴。我還是小孩時，從沒想過有朝一日我會領導一間公司。但我打從內心知道，一旦我真的擁有了能創造改變的地位時，我絕對不會拋下任何人。」[43]在舒茲的領導下，這種追求更高目標的感受，引領了星巴克的一切——從星巴克如何對待供應商和店內員工，到星巴克為了客戶與在地鄰里創造的感受。這間公司深入剖析自身的所有作為，以確保有助於達成目標。

「星巴克現象，」企業規劃基金會（Corporate Design Foundation）的一位研究員解釋：「不只來自於產品的品質，也是源自購買咖啡時的整體氛圍：店內空間的開放性、精美的包裝、友善且知識豐富的服務、有趣的菜單看板、櫃檯外型、燈光品質、牆壁紋理，以及乾淨的地板。比起模仿者，星巴克更早明白零售咖啡的藝術遠不只是產品本身。整體消費經驗的細節非常重要。」[44]「我們不能辜負咖啡。」在二〇〇五年接替歐林・史密斯（Orin Smith）擔任星巴克執行長的吉姆・唐納（Jim Donald）表示：「日復一日，我們必須貫徹並妥善執行各個細節。」[45]

但對於舒茲來說，重要的不只是顧客，而是希望確保星巴克能對於更廣大的社會帶來正向的影響。「我的使命從來不只是為了成功或營利，」他說：「還有打造一間偉大長久的公司，這個使命永遠代表我們必須努力在利潤和社會良知之間達到平衡。[46]」這正是舒茲在一九九七年成立星巴克基金會的原因。星巴克基金會起初的目標是藉由提供剩餘咖啡渣作為肥料，以減輕咖啡產業鏈對於環境的影響，而時至今日，星巴克基金會致力於「強化全球的各個社群」。因此，星巴克在二〇〇八年推出可重複使用的咖啡杯，星巴克供應鏈也在二〇〇〇年引進公平貿易商品，並投資從墨西哥到印尼種植星巴克咖啡豆的社群[47]。

人們喜愛星巴克這樣更宏大的使命感，以及相應擴展的商業成果，從一九八七年只有六間分店的地方咖啡店，轉變為一九九七年擁有一千三百間店的全美企業，並在二〇〇七年成為在四十三個國家擁有一萬五千間店的國際企業。但後來星巴克迷失了方向。「我們執著於成長，卻忽略運作，分散了對於事業核心的注意。」舒茲解釋。強烈的歸屬感、聯繫感，以及社群感消逝。「我們不會怪罪任何錯誤的決策、策略或人物。」舒茲繼續說道。「傷害緩慢無聲，且漸進累積，就像一縷鬆脫的毛線，一寸又一寸讓一件毛衣散開。」星巴克的銷售額開始下滑，以致必須關閉超過一百間美國分店。「我們失去了靈魂。」舒茲承認[48]。

重大的轉機始於二〇〇八年二月二十六日的下午五點三十分，星巴克暫時關閉全美七千一百間店，並用三個小時重新訓練員工（代價是損失約為超過六百萬美元的銷售額）。每間星巴克的前門都放著一個牌子，寫著：「我們正在花時間讓我們的義式濃縮變得完美。傑出的義式濃縮需要練習，因此我們致力於砥礪技巧。」「重點不是這間公司或品牌。」舒茲在訓練課程的開場短片中告訴員工：「重點不是其他人，而是你自己。由你來決定夠不夠好，而且你有我完全的支持，最重要的是，還有我對你的信念與信心。用那份完美的義式濃縮，衡量我們的行為吧！」「那是一次激勵人心的活動，」舒茲後來回憶：「就像立下標竿，協助重建在我們追求快速成長的那些歲月中，揮霍浪費的情感連結與信任。」[49]

有些公司在面對星巴克經歷的逆境時，可能會考慮削減非核心計畫的投入以藉此降低成本。但星巴克並未如此，甚至還加倍投入。星巴克基金會繼續營運。星巴克基金會從二〇一〇年開始定期向食物銀行提供捐贈，也進行其他新計畫，包括：提供員工免費的線上大學課程（從二〇一四年開始）、健身房會員折扣（二〇一八年）；禁用一次性塑膠吸管（二〇二〇年）；設立一億美元的基金，並每年捐贈一千萬美元來協助地方商家發展，且每年提供兩百萬美元，幫助種植咖啡豆的社群（二〇二〇年）[50]。從當時的情況來看，星巴克的最終淨利確實受損，其在二〇一三年首次出現了虧損，不過與此同時，這個策略也開始獲得回報。消費者重新支持星巴克的目標，再度愛上他們家的商品。星巴克的銷售額在隨後的八年倍增。二〇二一年，星巴克在全球八十四個國家的三萬三千間店，達到兩百九十億美元的銷售額和五十億的美元獲利。

與社會共好，應是每個企業的終極目標

我們應該謹記在心，建立企業的總體目標還不夠。太多企業費盡心力撰寫使命

宣言，隨後卻徹底無法實現。**唯有願景成為組織基因（組織的想法和行為方式）不可分割的一部分時，轉變性的改革才會到來。**舒茲在星巴克所做的一切，其核心是一種心態，而這種心態也存在於每個百年基業的核心。例如：黑衫軍希冀體現平等、謙遜和堅毅；美國航太總署的核心價值是雄心壯志、探索和安全；英國皇家藝術學院重視藝術性、社群和創意；英國皇家莎士比亞劇團看重雄心壯志、包容和正直。「如果你想塑造社會，並改變社會的思維與行為方式。」前黑衫軍執行長史蒂夫・托（Steve Tew）告訴我：「你必須先改變自己的思維與行為方式，如此一來，你才能示範你想要塑造的信念與行為。達成這個目標的最好方法，就是思考如何將信念和行為融入日常生活的儀式與習慣。」[51]

黑衫軍和紐西蘭橄欖球提供了一種教科書級的典範。為了實現平等的目標，他們決定專注於增加種族和性別的多元性，招納更多毛利人與太平洋島裔球員（在二○一一年的世界盃中占了一半），並提供女性球隊更多支持（二○一八年，首次有女性球員獲選為年度最佳球員）。球員輪流負責清潔更衣室，以實現謙遜的目標。

至於他們實現堅毅的方式，則是剖析回顧每次訓練和每場比賽，從經驗中學習，努力追求更好的表現[52]。英國皇家藝術學院也用相似的方式，要求學生進行跨學系的計畫，實現藝術性、社群和創意的目標，而英國皇家莎士比亞劇團為了視覺或肢體有困難的演員設計角色，用以培養雄心壯志、包容，以及正直[53]。

最後，關鍵在於，組織向廣大社群提供的事物，最後均能實現並發展成組織的願景。以特斯拉（Tesla）為例，特斯拉追求的目標是讓全球轉向更永續的能源來源。當然，特斯拉明白這個目標並非一蹴可及，但特斯拉提供的每個元素，都是前往那個方向的一小步，無論是電池、充電器、太陽能板、電動卡車或電動車[54]。

特斯拉的車輛生產歷史，清楚展現了該公司走向終極崇高目標的漸進方法。第一批特斯拉絕對無法改變世界，對於大多數人來說，價格過於昂貴（利潤也不高），但特斯拉從開發生產過程中學到的經驗是無價的，這為特斯拉制定了一個方向，亦即：優先開發更小、價格更低，且讓更多人有能力購買的車，並（期盼）最終每個人都有能力購買非常小、非常便宜的車。購買第一批特斯拉車的富人因此協助推動一種商業模式，最終目標是比最初的型號更普及。當然，也要從特斯拉想要接觸的大眾市場中獲利。由於特斯拉如此真誠地追求願景，贏得了信任和支持。人們知道特斯拉的信念、明白特斯拉所傳遞的訊息，且相信特斯拉真誠渴望實現願景。只要特斯拉忠於其願景，這種支持就會繼續存在，如此一來在這個過程中，就能保證未來的成功[55]。

與此相對，臉書（Facebook）經歷的問題，清楚展現了宣稱目標與實際產品之間的差異會帶來何種危險。一方面，科技巨擘臉書聲稱其遠大理想是藉由臉書、Instagram和WhatsApp「賦予人們建構社群的力量，讓世界更為緊密，以分享想法、提供支持，並創造改變」[56]。但另一方面，臉書主要的關懷是賺錢，導致目標遭到質疑，特別是有鑑於臉書無法應對在網路上散播仇恨的問題。臉書真的努力於正向塑造社會嗎？還是，臉書的興趣只有獲利？如果臉書創造的「改變」不是正向的，且臉書散播的想法與行為無法正向塑造社會時，臉書可以忽略自己可能面對的潛在問題嗎？從短期來看，臉書還可以承受這種言行不一，正如索尼和蘋果，它們在失去創建目標之後，依然維持了數年的繁榮。事實是，臉書目前仍有高額獲利，從二〇一〇年到二〇二〇年的十年之間，臉書的營收與利潤提高了四十倍，每年的利潤平均介於百分之三十至百分之四十。這個成績使臉書和 Visa 公司與萬事達信用卡公司成為全球最成功的公司。當然，從純粹利潤空間的角度來看，臉書遙遙領先蘋果和 Google，後兩者每年的獲利率平均是百分之二十左右。然而，蘋果和 Google 將利潤再投資於健康和教育等領域的眾多新產品[57]，臉書則是仰賴既有的成功。鑒於其他公司的經驗，臉書的成功方式應該成為擔憂的警訊。

正如特斯拉的方法所示，雖然它採取的每個步驟，必須是為了實現終極目標，但個別的步驟本身不一定能夠改變世界。以 Levi's 為例，其為了生產「更好而且更耐穿的衣服」這個崇高目標，曾經推動（且繼續進行）許多規模更小、更在地化的計畫。例如：一八五三年，Levi's 將第一份利潤部分捐贈給一間孤兒院；一九八三年，Levi's 推行新政策，歡迎且支持感染 HIV 病毒或愛滋病的員工加入；二〇一〇年，Levi's 開始與「柬埔寨照護」（CARE Cambodia）合作，改善工廠的環境；二〇二〇年，Levi's 啟動衣物修復和回收服務。高露潔也採取幾乎相同的方法，雖然高露潔主要藉由銷售產品實現其崇高目標，但也會透過針對特定目標的小型行動來表達支持，例如：使用行動牙醫車，每年向數千位孩童提供免費的牙醫照護服務，並經營校園工作坊。Levi's 和高露潔也會進行員工慈善捐款配對，員工可自行選擇捐款給任何一間非營利慈善機構，與此同時公司將捐贈相同金額的款項，其最高額度為兩千美元[58]。

目標、價值，與產出緊密相連時，可以帶來改革性的成果，且這個成果清晰可見。在我研究的百年基業組織中，其成員與合作者都明確理解自己想要實現的目標，以及想要用於追求目標的方法，並可為此列出相關的遠大抱負。無論是演員、藝術家、太空人、運動家、教練、設計師、導演、工程師、科學家、學生或老師，他們都將自己與百年基業合作或為其工作的時間，視為人生的關鍵時刻——他們創造真正的影響力並塑造社會。相形之下，言行不一的公司，可能是令人沮喪的工作場所。

「坦白說，自從離開之後，我一直都很掙扎。」一位曾在百年基業任職的人告訴我：

「我現在共事的人們更專注於賺錢，而不是塑造社會。我告訴他們，我們的眼光必須超越現有的消費者，放眼整體社會，思考我們能夠如何在往後的數年塑造社會，但他們沒有興趣。他們太過專注利用現有的一切賺錢，不是真的在乎未來。」

如何定義是否為一個偉大的組織？就是組織之外的人想要了解其運作方式。「我一直都很熱愛美國航太總署。」一位執行長曾經告訴我：「美國航太總署代表的價值以及作為，從實現不可能、人類首次登月，以及聘請數學家提倡種族與性別多元，正如電影《關鍵少數》（*Hidden Figures*）的故事。對我來說，美國航太總署永遠如此迷人且啟發人心！所以我們全家人都有美國航太總署的T恤，我們也會很自豪地穿著，展現我們對美國航太總署的熱愛！」「我真不敢相信你曾經訪問過英國自行車協會！」另外一位執行長驚呼：「你和誰談過？他們是怎麼樣的人？他們都在做什麼？」這種組織偶爾會被批評，例如：黑衫軍、美國航太總署、伊頓公學，以及英國皇家莎士比亞劇團等百年基業，皆在某個時刻遭到媒體的抨擊，但人們終究還是對於它們懷抱著真誠的喜愛，且渴望更理解它們。

本章重點

百年基業藉由以下方式，致力於形塑正向的社會：

- 建立並明確自己所主張的目標（或者說，北極星），以體現它們希望在社會中創造的信念和行為。
- 邀請供應商、員工、客戶，以及社群，協助孕育並共同維持這個目標。
- 分析自身所有作為和執行方法，以確保能協助它們契合並達成目標。
- 僅賺取維持和實現目標所需的足夠金錢，不會執著於獲利本身。
- 定期回顧目標，以確保目標正確，且保持在正軌上。
- 永遠不會為了符合短期目標而偏離長期目標。

目標
Purpose

習慣2

爲了孩子的孩子而做

你孫子的孫子，是否願意和你共事？

二〇〇九年十月十八日，一個多雲的午後，在加州的美國航太總署研究中心，有四位工程師（兩男兩女），正盯著一臺電腦螢幕，想要釐清下一步該怎麼做。

「怎麼回事？」一位工程師問。「我看不清楚。」

「我想我們卡住了。」另外一位工程師回答。

在螢幕的另一頭是個滿是塵土的坑洞。坑洞的上方有一臺機器，看起來就像史前機器人——頂部有個桶子，底部是履帶輪，側邊則是輸送帶。輸送帶理應蒐集塵土並將其放入頂部的桶子，而履帶輪要負責移動機器，讓桶子可以將塵土傾倒至他處。不幸的是，履帶輪無法運作，機器動彈不得。

努力處理著故障設備的，不只有這幾位工程師。事實上，他們的機器只是美國航太總署表岩屑挖掘挑戰（Nasa Regolith Excavation Challenge，此為全美大學生的年度科技競賽）的其中一位參賽者。由於挑戰獎金高達五十萬美元，每年吸引了數百人參與[1]。

「那是一個艱鉅的挑戰。」一位美國航太總署的工程師解釋：「每隊都要打造一臺機器，寬度得少於四英尺，重量低於兩百磅，如此體型夠小才能送到月球；速度要快，能在不到三十分鐘之內，移動三百磅的塵土；也要夠靈活度，以便使用遠端控制鏡頭進行遠距離操作——操控者和機器之間只有兩秒鐘的延遲，如同在月球上使用的情境。」超過三年以來，這些綜合的挑戰已足以打敗想戰勝難題的所有隊伍。這次最新的嘗試本身，陷入了美國航太總署工程師從前見過的一個特定問題：塵土卡在履帶輪中，學生的機器人必須快速激烈地來回移動，方能排出，但他們的機器人似乎沒有能力做到。

這群學生深呼吸，再度嘗試。這一次，機器移動了，甚至在接下來的二十分鐘，這臺機器搬運了六百磅的塵土。這群學生已經知道自己是五十萬美元獎金的得主。

美國航太總署的年度競賽，聽起來可能純粹是為了趣味而舉行，但實際上這個比賽有兩個非常嚴肅的目標。**第一個目標或許顯而易見，亦即：藉由實質上的群眾外包挑戰，吸引出類拔萃的人才解決問題。**其實在過去二十年以來，美國航太總署已經向無所不能的參賽者提供高達兩百萬美元的獎金，從製造可以將二氧化碳轉化為糖的設備，到只用一加侖燃料就能在兩個小時內飛行兩百英里的環保飛機，以及能夠在攝氏零下兩百度的月球上運作的太陽能電池。

第二個同樣重要的目標，就是啟發學生，使他們畢業後想要投入科技創新。美國航太總署也並未止步於大學生。「重點也是啟發與培養小孩。」一位工程師表示：「因為我們希望他們從小就熱愛科學，以便長大後研究科學，這樣他們就可以協助我們解決我們必須解決的問題，且願意和我們共事。」因此，這也是美國航太總署決定向學生和家長提供線上資源、設立校園實驗室，資助科學學徒計畫與實習計畫，舉辦科學巡迴展以及眾多相關活動的原因[2]。

成果會說話。在過去二十年間，太空人計畫的申請人數增加為四倍，從二〇〇〇年的三千人，提高至二〇二〇年的超過一萬兩千人。不僅如此，太空人計畫的申請者人才庫也變得更為多元。美國航太總署在一九六〇年代召募了第一位非軍人出身的太空人，在一九七〇年代接納第一位女性太空人，而第一位非白人太空人則是出現在一九八〇年代。在過去十年加入的二十位太空人中，一半為女性，三分之一為非軍人出身，五分之一是非白人[3]。

以培養球隊二軍的概念，思考企業所需的人才

大多數的組織不會積極與未來的同仁互動。它們假設工作領域中所有的需要準備，都會由學校和大學完成——人才在需要時隨時可用。但百年基業的運作方式並非如此。百年基業明白，如果它們無法在人們年輕時吸引他們注意力、引發熱情，並協助他們培養合適的能力，等到選擇職業之時，就不會有相關人才加入，或者需要的人才將遠走他方。

「我們有些最重要的工作是與學校有關。」英國皇家莎士比亞劇團的執行總監凱瑟琳．馬利昂向我解釋：「那些工作讓我們保持活力，與世界保持關聯。如果孩子不想在藝術領域工作，也不願意和我們共事，那麼我們的消亡只是時間早晚的問題。[4]」這就是為什麼英國皇家莎士比亞劇團和美國航太總署一樣，都在大專院校

內設立廣泛的外展計畫。顯然，英國皇家莎士比亞劇團希望向更廣大的世界分享成果。不過這類型的計畫，例如：為了學生和教師設計的夏季計畫、線上表演、導演和製片工作坊，以及資助學徒和實習，目標也都是為了接觸最好的次世代人才，說服他們考慮投身藝術職業生涯[5]。黑衫軍也用相同方法推廣孩童安全橄欖球（Rippa Rugby），四歲以上的孩童即可參與。同樣地，英國自行車協會每年會舉行大量的競賽，以協助推廣這項運動[6]。

當然，這些事情有一定程度的理想主義，但其實也是務實的常識。無法從長遠角度觀看未來的組織，其往往會發現當它們需要人才時，卻沒有人才可用。或者，正如英國自行車協會的運動表現總監戴夫．布萊斯福德（Dave Brailsford）所說：「孩子的目光可能隨時會被吸引到其他方向。如果你無法在身邊協助並引導他們，在你察覺之前，所有人才早已離你而去。[7]」

板球界對此提供了教科書級的例子。在一九七五年至一九九五年間，西印度群島的板球代表隊（West Indies Test cricket team）在三十八場比賽中，贏得三十四場。

隨後，他們經歷了災難性的十年，在這段期間只贏得三分之一的比賽，並於二〇〇五年十一月六日遭遇史上最慘烈的挫敗。在布里斯班以近四百分的懸殊差異，首次在對抗賽中輸給澳洲。對於此種情況，最簡單的解釋是他們在這十年間召募球員的運氣不佳，原因就是沒有人才。但仔細觀察就會發現某些更為根本的原因：培養新球員的生態系統已遭到擾亂，球隊的命運因而承受了損失。

西印度的許多島嶼都有悠久的板球傳統。維夫・理查斯（Viv Richards）在一九七四年加入西印度群島板球代表隊，他說自己幾乎是在會走路時，就開始與兩位哥哥一起玩板球。「我喜歡和我父親一起玩板球。」理查斯回憶：「他是我的體育英雄。畢竟，他在安地卡打過很多場板球，讓他有點像地方明星，他經常把球棒帶回來給我們玩。[8]」理查斯很快就加入了當地的板球隊——在崎嶇不平、布滿馬蹄印的場地比賽，也會和朋友在溼沙上用網球來打板球。「當時我還不知道，我正在接受盡可能的最好訓練。」

成年之後，理查斯在早期的板球生涯體驗了高峰與低谷。真正改變一切、讓理查斯獲得他所需的技巧和心智能力，則是一段待在英格蘭的漫長時間。一開始是阿爾夫·高佛（Alf Gover）板球學校，隨後則是取得郡球員的身分；他和其他同樣來自西印度群島的球員一樣，幾乎都透過相同的方式在板球比賽中崛起，例如：高登·格林尼奇（Gordon Greenidge，在一九七四年至一九九一年間攻得七千分）、戴斯蒙德·海尼斯（Desmond Haynes，在一九七八年和一九九四年間拿下七千分），以及馬爾康·馬歇爾（Malcolm Marshall，在一九七八年至一九九一年製造三百次的擊球手出局）[9]。換言之，理查斯受益於從一開始鼓勵孩子打球，接著提供成長中球員培養技巧機會的板球環境。

後來情況改變了。英格蘭板球理事會不滿於英國國家代表隊屢屢無法戰勝西印度群島代表隊，決定將英格蘭郡隊的海外球員數量減半，從兩位減少為一位。與此幾乎就在同時，其他國家決定招攬西印度群島最好的球員，並將他們吸收為國家運動代表隊的成員。美國的棒球隊開始召募西印度群島地區的傑出打者，而美國的籃球隊開始吸收西印度群島高大的投手，進而讓許多原本考慮投身板球的運動員，決定轉向其他運動，例如：派翠克．尤英（Patrick Ewing）加入了美國職業籃球聯盟；尤塞恩．博爾特（Usain Bolt）成為短跑選手[10]。幾乎就在一瞬間，多年來運作良好的西印度群島人才供應鏈被切斷，代表隊也為此付出了代價。

同一時間，牙買加的運動代表隊則是經歷了同樣但完全相反的命運。多年來，展露潛力的牙買加運動員往往希望尋求國外的體育獎學金，特別是美國。在一九九〇年代晚期和二〇〇〇年代初期，情況開始發生轉變了，牙買加的教練成立了兩個當地的跑步俱樂部——一九九九年的「速度與力量最大化」（Maximising Velocity and Power）以及二〇〇四年的「競速者追蹤俱樂部」（Racers Track Club）[11]。

真正的突破來自阿薩法．鮑威爾（Asafa Powell）的到來。他過去的表現平平，沒有美國的大學想要招攬他，但牙買加的教練們在他身上看到傑出的潛力。二〇〇五年，鮑威爾打破男子一百公尺短跑的世界紀錄時，也證明了同胞對他的信心是正確的。鮑威爾的例子鼓舞了其他人。二〇〇四年時，只有五位牙買加訓練的運動員參與當年的奧運，而到了二〇〇八年，則有十二位。牙買加斬獲的獎牌數從五面提高至十一面，而牙買加的選手在女子一百公尺短跑決賽中，同時贏得金牌、銀牌，以及銅牌。十三年之後，牙買加女子運動代表隊於奧運單項賽事中兩度完成包辦金銀銅的壯舉。

向下扎根的人才培養，才會真正茁壯

我們往往會假設大多數的人都是在比較晚期（就讀中學或大學時）才決定自己的職業。事實上，職業選擇的根源深植於我們最早的歲月。

早在一九八〇年，來自芝加哥大學的研究者就決定調查一百二十位成功人士的發展，其中包括：四十位藝術家、四十位運動員，以及四十位科學家。他們分別參加過大型展覽、大型競賽，或贏得重大獎項來展現自己的成果。透過詳盡採訪本人、家長和教師，研究者嘗試理解他們如何成長，以及他們職業選擇的決定性時刻（倘若有這個時刻）[12]。「我們期待能找到一種規律，」研究主持人班傑明·布魯（Benjamin

Bloom）後來解釋：「但我們並未預期這個規律竟如此明確。」

基本上，研究人員發現，無論成長背景或他們可能擁有的任何天生能力，人們都是用四個不同的階段來獲得生活技能。

第一階段「有目的的遊玩」，通常始於孩子四歲至五歲時，一位「熱情的家長」（或手足、祖父母）將一個活動介紹給他們，並與他們一起遊玩，同時鼓勵他們嘗試各種活動，範圍可能從體育、音樂、繪畫到素描。從成年人的觀點來看，在鼓勵孩子參與的活動之中，確實有個嚴肅的目標，但主要的重點依然是樂趣。基本上，孩子會獲得機會來嘗試許多不同的事物，好讓他可以決定何者有吸引力。心理學家通常將這個階段稱為「體驗期」[13]（sampling period）[14]。

三到五年之後，如果孩子依然享受早期嘗試的一項活動或多項活動，就會開始進入第二階段的發展——「玩樂的練習」。到了這個階段，「熱情的家長」通常會為孩子尋找一位「培育教師」，讓孩子獲得一定程度的正式訓練，也許是每週用兩到三個小時，如此一來，孩子的活動內容會更為結構化，但重點仍然是，或者說應該是「樂趣」。

第三階段「認真的練習」，在三到五年之後開始，這時孩子大約十歲至十五歲。此時，「培育教師」已經讓位給「嚴格的教師」，嚴格的教師讓學生回到基礎，開始重新培養學生的能力。此時的訓練變得更強烈，且時間更長（每週用五到十個小時）。與此同時，學生也會需要在訓練之外進行自主練習。然而，即使在這個階段，也常有人轉換跑道，或者在專注核心熱忱活動的同時，藉由玩樂的練習，培養其他興趣。

假設這種核心熱情可以維持，學生將進入第四階段，也就是最後階段「認真的表現」，此時他們的年紀介於十三歲至二十歲之間。這時，他們的訓練時間加倍，每個星期為十個小時至二十個小時。學生可能會在競賽中與其他人競爭，但同時也許會有其他嗜好。與主要興趣相比，其他嗜好所能獲得的注意力，必然相對的比較少。等到學生的年紀介於十六歲至二十歲之間後，曾經只是玩樂的活動，將逐漸成為職業及其生活方式[15]。

這些發展階段並非偶然，實際上這些發展階段描繪了我們心智能力的發展[16]。神經科學家認為，在生命的前四年，我們的大腦體積成長四倍；接著，待我們開始學習、形成新的神經結構和連結時，大腦的血液流量也提高三倍。隨後，大腦保持相對穩定的六年，直到我們成長至十歲之時，大腦血液流量會減少三分之一，但我們在十歲至十六歲期間的成長速度，依然是人生往後任何時期的兩倍。

由於在我們大腦的高速發展時期（從四歲至十六歲），我們的熱情更容易點燃，能力也更容易培養，因此，這正是灌溉熱忱與培養早期能力的時機。如果當時未能激發並滋養熱忱，其結果，孩子若不是無法發展相關能力，就是尋找其他事物來消磨時間。然而，這不代表人生往後的時間無法發展熱情與能力，大腦就像肌肉，能夠回應新的刺激與心智訓練。

但事實依然成立，獲得未來能力最穩健的方法，就是在早期階段發現並加以培養。假設其他人會為組織培養它們的人才，這其實是在下很大的賭注。它們也許幸運，但同樣也可能會發現在需要人才時，人才早已遠走他方，或者根本不存在[17]。

電腦、工程等產業之所以鮮少女性加入，是大眾造成的？

將人才培育的早期參與和鼓勵交由他人，並假設其他人會提供需要的人才是危險的，而這種危險結果已明確展露在電腦科學（Computer Science）[18]領域中。

目前，電腦科學相關的畢業生人數不足以滿足需求，其中女性畢業生的供需差異尤其明顯[19]。畢業人數和女性畢業人數的不足都有嚴重的影響。整體畢業生人數的不足，代表欲追求創新與因應新的挑戰時，可能會出現未來人才短缺的問題。缺乏女性畢業生則是扭曲了科技世界，因為這種情況導致男性為了男性創造環境，例如：智慧型手機的尺寸往往過大，女性無法輕鬆自在地掌握；亞馬遜的Alexa智慧型助理也難以理解女性的聲音，因為人工智慧的設計並未將女性納入考量，導致人工智慧參與藥物和自駕車開發時，可能也會對於半數的人口造成潛在的危機[20]。

事實上，情況並非一直都是如此。一九四〇年代，破解密碼的英國軍事基地布萊切利莊園（Bletchley Park）曾有女性密碼破解員；一九六〇年代，美國航太總署也有女性科學家；到了一九八五年，在全美獲得電腦科學學位的大學畢業生中，有半數是女性，但個人電腦的出現帶來了重大的改變。「轉捩點出現在一九八四年，」加州大學洛杉磯分校的教育研究學者珍．馬格利斯（Jane Margolis）解釋：「人們開始為了兒子購買個人電腦，不是為了女兒，而且將電腦放在兒子的房間，所以他們的女兒無法接觸電腦。」[21]由於男孩子非常享受在家裡玩電腦，甚至還在學校成立社團，好讓他們在學校也可以玩電腦。突然之間，電腦成為男孩子的專屬玩具，不屬於女孩子的了，女孩的天分只好轉往他處發展。正如馬格利斯指出的，許多早期的電腦遊戲與電影都是明確針對男孩所設計，以致無助於改善情況[22]。

一九八五年至一九九〇年間，美國電腦科學科系的女性畢業生人數減少了超過一半，從一萬五千人縮減為七千人。自此以後，情況不曾有過真正的改善。研究科學的女性也許在絕對數量上有所增加，但在相對比例來說，依然遠遠落後於男性。更多女性在如醫療保健等領域任職，而不是電腦科學[23]。

對於電腦產業的雇主來說，重點在於，如果他們等到未來世代的電腦科學家進入大學時才開始接觸，時機就已經太晚了。南猶他大學的研究員夏莉尼・奇撒（Shalini Kesar）指出：「轉捩點似乎是十三歲。在此之前，半數的年輕女孩希望能夠在電腦領域工作。五年之後，只有十分之一決定在大學期間主修電腦科學。」[24]正是因為這個傾向如此根深蒂固，美國航太總署和其他機構才會努力在年輕女性之間培養早期的興趣和熱忱。這個戰略必須長期進行的原因，就在於美國航太總署全體只有三分之一的太空人，和四分之一的工程師與科學家是女性的事實[25]。這個策略最後也讓美國航太總署獲得了回報，因為美國航太總署過去十年召募的太空人有百分之五十是女性，而過去五年來聘請的工程師與科學家中也有百分之五十的女性。值得一提的是，相較之下，全美只有五分之一的工程師和科學家是女性——這個情況從二十年前開始就不曾改變[26]。

思考未來人才時，同樣重要的，是必須明白不能只是為了既有的情況而培養人才。事實上在生活的許多領域中，我們並無法知道未來二十年後的世界情況。經濟合作暨發展組織（The Organisation for Economic Co-operation and Development;

OECD）與世界經濟論壇（World Economic Forum）近期預測，在往後的二十年，六分之一的既有工作型態將消失，一半的工作會發生重大變化[27]。如果這個觀點看似不切實際或危言聳聽，我們應該思考一九八〇年至二〇〇〇年間，美國農業工作數量減少了一半，並在之後的二十年，隨著製造業外移或自動化，工作也減少了四分之一[28]。現在，是服務業面臨此種情況，很快就會輪到科技業。因此，為了未來，我們需要的不是只能完成目前工作的人才，而是擁有多元技能組合、思維敏捷，可以為了新舊問題和挑戰找到創新方法的人才[29]。

從實務的角度來看，這代表任何領域的雇主不能只思考與目前任務有直接關聯的能力，也要考慮何種能力可以在未來幫助他們。百年基業非常習慣這種思考方式。黑衫軍知道他們需要物理治療師，但也明白他們需要找到頂尖的營養師和心理師；英國自行車協會曉得在各種能力的組合中，他們需要睡眠專家；美國航太總署召募地質學家和醫師；英國皇家藝術學院聘請數據科學家和健康專家。為了核心任務尋找未來的人才很關鍵，但為了未來的各種可能，尋找未來的人才也同樣重要。

之所以要現在就開始尋找未來的人才，還有另外一個理由。許多領域都傾向於同質化——尋找相似人才的傾向。然而，研究結果一再顯示創新和集體思維並不相容。最好的觀念來自於有不同角度、提出不同問題，以及彼此有不同方式看待事物的團隊。唯有現在接觸並培養未來的人才庫，方能使人才庫足夠寬廣，從而提供創意所需的多元性。百年基業同樣在這個層面指出了正確的方向。得益於外展計畫，黑衫軍現在有一半的球員是毛利人或玻里尼西亞後裔；美國航太總署有五分之二的太空人並非軍人出身；英國皇家藝術學院有三分之二的學生來自於海外[30]。

讓學生提早認識產業運作，是最划算的員工訓練

有些非百年基業的公司已經開始意識到培養正確人才的需要，以及只仰賴教育機構從事培養任務所帶來的風險。舉例而言，蘋果和微軟為了學生開發課程、指南以及應用程式；英國廣播公司每年舉行寫作競賽；企鵝藍燈書屋集團設立校園圖書

館，幫助小孩培養他們所需的能力，也為了未來人才成立相關計畫[31]；家樂氏、諾德斯特龍，以及星巴克均設置實習計畫。這些公司都明白，如果它們現在不行動，有朝一日它們的人才來源就會乾涸[32]。

無可避免地，有些公司認為這種活動是浪費時間與金錢，尤其是在有即刻迫切問題需要處理的時候，例如：如何在今年獲利。但正如電腦科學領域的問題所示，這種觀點非常短視，這些公司日後將會陷入困境。這個觀點也忽略了只要願意與年輕人接觸，就能帶來的即刻益處——理解次世代消費者和員工的思維行事方式，讓他們對於新產品和新觀念提供意見，並及早洞察每個世代都會發生的文化轉變[33]。

有些敏銳的小企業已經察覺早期外展接觸所帶來的益處。對它們來說，這是獲得延攬人才優勢的方法，否則人才可能會選擇任職於規模更大、更知名的企業。與此同時，也可以減少聘請不適任人才的風險，同時提高組織的知名度[34]。「為在校的孩子提供職場體驗機會，不只提升了我們在當地社群的知名度，也鼓勵更多學生來應徵工作。」一位小型家庭建築公司的主管表示[35]。「如果他們在職場體驗中表現良好，通常我們就會聘請他們。」一位小型餐廳的老闆提到，他們向兩間在地學校提供免費餐點作為獎品，此舉不只有助於提高企業的公共形象，也創造了穩定的兼職員工來源[36]。

有效的外展計畫不需要太多成本。職場體驗、挑戰競賽和相應獎品，既有效也容易安排；學徒指導、畢業生計畫和實習也不需要龐大的規模，也能帶來成效。這些計畫對於企業和學生來說都有益處，不僅能協助年輕人學習必要的知識，也能向企業展現年輕人想要與追求的事物。

幾乎沒有其他學科領域可以比電腦產業，更清楚地彰顯了未能與人才建立早期溝通的危險。研究顯示，許多高度符合資格且有才能的女性之所以放棄從事電腦科學的職業，是因為她們不想「在黑暗房間中長時間工作」，也不想要在「下班後必須去喝一杯」，更沒有「看見許多女性擔任高階職位，所以她們不知道應該與誰交流，也不清楚未來的發展」[37]。換言之，企業高層不理解（也不想理解）如何激勵潛在人才中的女性，其結果導致嚴重的人才流失。「編碼女孩」（Girls Who Code）的執行長塔莉卡・巴雷特（Tarika Barrett）發現：「即使女性決定在大學時期學習電腦科學，也只有三分之一在畢業後決定任職於科技公司，且其中只有半數會在任職一年之後繼續留在原公司。[38]」五年前，蘋果、臉書以及 Google 只有五分之一的工程師是女性。即使到現在，也只有四分之一[39]。由此可見，電腦科學只能吸引到部分的人才，而不是全部。

對此，早期外展有助於修正這種有害的異常情況。更廣泛地說，早期外展更能創造未來的專家與領袖。

本章重點

為了繼續生存以及維持與世界的關聯，百年基業用以下方式與未來世代互動：

- 處理他們認為自己將在未來二十年至三十年會面對的問題，以及解決問題需要的能力。
- 參訪學校和大學，分享線上影片，向孩子和學生展現百年基業面對的問題與需要的能力。
- 為四歲到十五歲的孩子，創造他們能解決的「有趣」挑戰；為十歲到二十五歲的孩子創造「嚴肅」的挑戰。
- 善用暑期計畫、線上遊戲和教學導覽，協助孩子的學習，以及幫助教師教導百年基業所需的能力。
- 善用職場體驗、學徒指導計畫、實習計畫以及畢業計畫，鼓勵人們與百年基業共事。
- 邀請孩子與學生協助百年基業重新設計工作場所。
- 盡可能與眾多不同的孩子合作，協助孩子培養百年基業所需的能力。

善牧守望
Stewardship

習慣3

建立強壯的根基

第一次只有一次。

新生來到伊頓公學時，會被安置在一間房子。往後的五年，他們會經常穿梭於校園中，前往不同的課程、活動和聚會，但房子永遠都是他們生活的中心——他們的家。他們與其他五十位男孩會經常回到這裡進食、喝水和相處。他們每個學期會用五分之一的時間在教室上課讀書，但其餘的多數時間都是在這間房子裡放鬆、社交，向彼此學習[1]。

這個房子由三位成年人共同管理，分別是：舍監（the house master）[2]、照顧學生起居的「女士」，以及負責監督學生課業表現的輔導教師。但最終的責任落在舍監身上，他必須確保學生完成課後作業、建議他們參加哪些社團，以及從事何種休閒活動。換言之，舍監負責對於學生成長來說非常重要的教牧關懷（pastoral care），這就是為什麼舍監是如此重要的角色，以及要成為舍監需要極大的投入。每位被選為擔任舍監的人，都會與家人一起全天候住在宿舍，持續待命。更重要的是，他們會連續擔任舍監十三年。因此，新入學的學生完成普通教育高級證書（A level，英國中學生在進入大學之前最後兩年的課程），於五年之後離開伊頓公學時，可能還是同一位舍監。「從某個意義來說，這件事情很瘋狂。」伊頓公學的教學暨學習主任喬尼·諾克斯（Jonnie Noakes）向我解釋：「因為舍監上任時不能太年輕，他們必須具備一定程度的經驗。但如果你要求他們任職十三年，那會占據他們職業生涯的中期。我們之所以這麼做，理由是宿舍系統是學生獲得教育的核心，比如：社交能力、性格教育，以及其他層面。價值在此傳承，不僅藉由教職人員，也是透過更年長的學生。舍監負責監督這個過程，因此，至關重要的是舍監不能只是將此視為前往他方的過度角色，他們必須理解自己任職的環境，得完全投入，願意傳承這個社群的價值。他們監督並守護伊頓公學的社群價值。」[3]

多年來，伊頓公學因其顯見的社會菁英主義而遭到批評，同時，伊頓公學也有些校友從事有爭議性的職業與生活。但值得記住的是，在過去六百年來，該校培育了一些非凡的人物，從演員、運動員、宗教領袖，到科學家和小說家，他們共同讓社會的思維行為變得更好[4]。另外，伊頓公學也是個超乎想像的多元社群。伊頓公學每年招收的許多新生確實來自於更富裕的社會階級，但並非全然如此。四分之一的學生獲得校方的財務資助，以協助支付學費，其中校方每年支出超過兩百萬英鎊。從長期的角度來看，伊頓公學致力實現「錄取學生時，不考慮其支付能力」（need blind），並向財務弱勢的家長和監護者提供免費的教育[5]。「我在伊頓公學認識了一群非常多元的人們。」一位學生告訴我：「我們都來自不同的地方，擅長不同的事情。我有位朋友是來自黎巴嫩的難民，另一位則是領主的兒子。一位是英格蘭橄欖球選手，還有一位則是協奏曲鋼琴家。但我們都相處愉快，一起消磨時間，因為沒有誰的背景或才能比其他人更優越。[6]」

伊頓公學的雄心壯志，遠遠超越想要單純在學術上取得卓越的表現。根據前伊頓公學校長東尼．利托（Tony Little）的表示，伊頓公學的目標是盡可能提供最廣泛的重要教育內容，而不是滿足考試標準。因此，確保學校盡可能吸引多元的學生不是次要目標，而是核心目標。伊頓公學希望來自各種不同背景的孩子們可以融洽交流，追求廣泛的興趣（校方的課程涵蓋四十種科目和五十個社團學會）。舍監就是這個偉大志向的核心。他們塑造了學校充滿活力的精神，鼓勵學生成為努力、有自信、充滿熱忱，以及多元兼容的人才，並在往後繼續用正向的方式塑造社會。

舍監來到伊頓公學，也是為了長期服務。每位伊頓公學的舍監在任職前必須具備至少二十年的經驗。他們在上任之後必須擔任舍監超過十年。值得注意的是，這種長期的服務投入，高度契合為人父母或從事醫學等照護職業的時間週期。培養、持續孕育價值，以及教育次世代都是費時且需要長期投入的過程。

改變與創新得在範圍之內，否則終將走向毀滅

許多組織可能會認為這種策略很不明智。他們認為，長時間在相同職位工作的人們或許能提供延續性，但想要追求延續性，往往容易淪為抗拒必要的改變和創新。

他們的觀點確實有道理。「不創新就滅亡！」是每個組織的重要箴言。如果你不能保持前進，適應瞬息萬變的世界，就會被淘汰。從這個意義上來看，每個組織都需要「顛覆專家」，例如青少年，他們質問並挑戰一切的要求，但正因他們具「顛

覆性」的這個事實，代表他們也需要指引。創新思維的出現，往往以犧牲對於背景脈絡或意義的理解作為代價。顛覆或許能順利促成創新，然而，沒有適當的指引，顛覆可能導致組織忘了自己是誰、成功的原因，以及成功的方法。在最糟糕的情況下，顛覆可能會引發組織的崩解。

安隆（Enron）可以作為一則警世故事，這間能源集團的執行長傑佛瑞·史基林（Jeffrey Skilling）堪稱終極的顛覆者。史基林在安隆成立僅五年之後上任，他擁有哈佛大學企業管理碩士學位（在班上名列前茅），出身於麥肯錫顧問公司（曾是該顧問公司史上最年輕的合夥人）。史基林到職之後，立刻大刀破斧改革。首先，他設立「人才管理計畫」，其根據麥肯錫模式，每年直接從校園聘請數百位企業管理碩士，讓他們重新思考安隆過往商業模式的所有面向。隨後，他引入「評鑑與拔除」管理流程，聽取客戶、副理、經理和同儕的意見，每年讓前百分之十的員工晉升，以及開除最後百分之二十五的員工[7]。「我不希望人們原地踏步，百無聊賴。」史基林解釋：「對於我們公司來說，保持流動性很重要。我們聘請的人員會執行這個策略[8]。」為了在不同的業務部門之間創造「人才戰爭」（另外一個來自麥肯錫顧問公司的觀念）——薪資和頭銜將依據個人表現決定，而不是職位，並公開鼓勵挖角人才（安隆在二〇〇〇年成立新的寬頻業務時，在不到一個星期的時間內，將超過五十位的「百大績優員工」從其他業務部門調往寬頻業務）。[9]為了鼓勵同仁創立新業務，安隆也將獎金延伸至股價和盈餘。至於史基林本人的職位，則幾年就會更換一次。

在這些內部改革的過程中，史基林將安隆轉變為一間令人振奮的新企業，持續推出新產品，進入新的市場。這種公式曾經短暫奏效。史基林接管安隆的五年之後，銷售額倍增，隨後的五年又增加了十倍[10]。媒體非常喜歡史特林的作為。美國《商業周刊》（*Business Week*）認為史基林是美國「最頂尖的經理人」之一。《財星》雜誌認為安隆是美國「最創新的公司」。「想像在鄉村俱樂部的晚宴舞會上，」《財星》雜誌的記者寫道：「一群老古板和他們的妻子，隨著蓋伊・隆巴頓（Guy Lombardo）和燕尾服樂團演奏的平淡音樂，心不在焉地搖曳起舞。年輕的貓王艾維斯突然從天而降，穿著金色亮面西裝，拿著閃亮的吉他，狂野地扭動臀部……在公用事業與能源公司井然有序且一成不變的世界中，安隆就是闖入表演舞臺的貓王艾維斯。[11]」

但是，所有的顛覆都有代價。「顛覆創造了混亂文化。」安隆的其中一位主管後來解釋：「在這種文化中，每個人都在尋找下一個目標，除非專案計畫可以在前六個月帶來具體的成果，否則他們不願意投入，因為他們想要拿到獎金、獲得升遷，然後繼續前進。[12]」對於資深可靠的員工毫無尊重——實際上，他們反而受到冷眼相待，所以沒有集體記憶能引導新人與剛出現的新觀念。由於老舊的經營方式遭拋棄、個人的野心取而代之，安隆變得毫無方向，開始用愈來愈快的速度，往錯誤的方向前進。二〇〇二年，在史基林加入安隆的十二年之後，安隆在一次惡名昭彰的過度投機行為中墜毀焚燒——這間能源巨頭將未來獲利簿記為當期收入。在更為穩定的石油與天然氣事業中，這是種標準的會計手法，但也是高風險的策略。在事後的餘波蕩漾中，曾經貴為商業世界萬人迷的史基林，被判處四千五百萬美元罰金以及二十四年有期徒刑，這是有史以來對於白領階級犯罪第二長的刑期。

每家企業，都需要一群穩定的守望者

百年基業在顛覆與穩定之間謹慎地取得平衡。一方面可稱為「顛覆的專家」，他們是創新和改革的必要元素，永遠在質疑、挑戰和推動前進，另一方面則是「穩定的守望者」，他們保存組織文化中的最佳特質，防止組織偏離正軌。

百年基業的顛覆專家大約是總員工人數的三分之一至三分之二。為了確保顛覆專家始終保持最佳狀態，他們可能會被輪換，或分散參與範圍廣泛的專案計畫中。舉例來說，英國自行車協會的營養師、心理學家和科學家同時與另外兩支奧運代表隊合作。美國航太總署的生物學家、工程師，以及氣象學者則同時參與三個以上的計畫，其中一些計畫可能是與外部機構合作（我們會在習慣七中進一步討論）。

在團隊人數介於五十人至七十人的大型組織中，穩定的守望者通常為組織總人

數的四分之一（公司總人數的十分之一至一半左右，則是實際完成目標的「高效執行者」）。穩定的守望者全職為組織工作，且分散於組織之中。舉例而言，黑衫軍有一位長期服務的執行長，就會有一位長期服務的教練，可能也有一位長期待在陣中的球員。英國皇家音樂學院也會尋找能夠長年服務組織的校長、部門主任和音樂導師。這種穩定的守望者總是低調謙遜，更關心他們可能疏忽的，而不是他們已經達成的；他們較少關注當下，而是重視往後留下的傳承。正如英國皇家莎士比亞劇團的執行總監凱瑟琳．馬利昂如此向我描述她的職務：「承擔這個角色，就像被交付了一個珍貴的花瓶，且要在溜冰場上行走。我的任務就是謹慎地拿著花瓶，確保花瓶安全，再輕柔地將花瓶交給下一個人。那是你永遠不會遺忘的感覺。」[13]

近年來，商業界輕描淡寫地看待這種人物的重要性。商業界持續求新求變，特別是最高階的管理層，例如執行長。二十年前，美國前五百大企業的執行長平均任期時間為至少十年，時至今日，則是五年，其原因與強調增加利潤和股東價值有密切的關係。執行長達成目標所獲得的報酬與獎勵都遠勝以往，因此，他們的薪資在過去四十年間增加了二十倍，來到每年平均一千九百萬美元，這個數字是其管理員工平均薪資的三百倍[14]。話雖如此，他們達成目標的壓力也呈現指數型成長。由於許多執行長無法達成這種野心勃勃的目標，他們位居高位的時間也因而減少。二〇一九年，有超過一千六百位執行長被開除，而這個數字在過去二十年間成長了一倍[15]。支持這種新現況的人們指出，執行長所領導的企業市場價值在過去四十年來增加二十倍，因此他們主張，企業的目的證明了手段的正當性[16]。但如果仔細觀察，「高薪資和高層人員快速流動」以及「公司獲利和股東價值」之間的關聯只是表面成立，實則不然。

每年，哈佛大學都會評估全球前一千兩百間大公司執行長的表現，其藉由多種衡量指標（獲利、客戶服務及碳足跡等），嚴格檢驗公司表現[17]。如果大眾觀點值得相信，你可能會認為表現最佳的公司就是頻繁更換執行長，藉此達成創新最大化，避免自滿與表現不彰的企業。然而，哈佛的研究結果恰好相反。哈佛的研究發現，在每年評比的前一百名執行長中，有百分之八十來自內部晉升，也有百分之八十已經在任至少十年。

提到其中最傑出的佼佼者（在過去六年來，每年都會進入榜單的六位執行長），最令人驚訝的是，首先，他們的平均任期都遠超十年，其次，除了其中一位執行長之外，其他人如果不是親自創立公司，就是從他們現在經營的公司內部晉升至執行長。最高層的人事確實有異動——在哈佛研究認定的頂尖領導者中，每年大約有三分之一會出現異動，某些人退休、辭職，或因表現下滑而被迫離開，但即便如此，其中展現的延續性仍然非常明確。相關人物的大名與任期時間足以說明一切，分別是：亞馬遜的傑夫．貝佐斯（Jeff Bezos，在位二十六年）、CCR集團[18]的雷納托．阿爾維斯．華勒（Renato Alves Vale，在位二十三年）、鋼鐵石油公司泰納瑞斯（Tenaris）的帕羅．羅卡（Paolo Rocca，在位二十年）、房地產公司美國電塔（American Tower）的詹姆斯．泰克雷特（James Taiclet，在位十九年），以及時尚集團公司印地紡（Inditex）的帕布羅．伊斯拉（Pablo Isla，在位十七年）。

與此相對，數據顯示個別執行長在位的時間愈短，他們率領的公司其生命也會愈短[19]。有些人認為，這是因為比較不成功的公司需要擺脫表現不佳的執行長（確實，多數經營困難的公司在最終瓦解之前，至少會更換三任執行長）。但實際的情況是許多執行長離職時，造成傷害的原因是公司本身缺乏延續性。許多執行長在職時，往往更關注職涯與薪酬，而非公司利益，這個情況削弱了公司的根基。他們認為自己的角色是推動前進的顛覆專家，而不是必要時會親自指揮改革，同時確保公司維持必要延續性的穩定守望者。

體育世界有個值得注意的類比。在二〇〇七年十月六日，紐西蘭在世界盃橄欖球賽中遭到淘汰，以十八比二十的比數，於八強賽事中輸給法國。這是紐西蘭國家代表隊唯一一次無法進入四強，迄今仍是他們最糟糕的世界盃成績[20]。

後續的檢討分析提出了許多論點，解釋為何黑衫軍的表現如此低迷。有些論點主張，黑衫軍過於傲慢自滿，輕信他們可以輕鬆打敗法國，因為他們當年已兩度擊倒法國。有些論點認為，黑衫軍挑選了不適合的球員，在賽前休息過久，導致在賽事當天派出狀態並未調整好的完整陣容。其他論點則表示，黑衫軍使用錯誤策略，過於專注在追求達陣，而非採用更能輕鬆取分的踢罰射門[21]。

但經過兩個月的爭辯與討論，黑衫軍得到不同的結論。他們認為，敗北的理由是缺乏能夠指引團隊並在壓力之下知道如何應對的穩定守望者。在過去的二十年間，正如其他的世界盃橄欖球代表隊，紐西蘭也會每四年更換教練，時間點是每屆世界盃週期開始之前。如果他們認為某位教練在更換教練的時間點之前仍未帶來成效，就會在任期經過兩年之後更換。他們現在明白這種策略並未奏效。**如果你每隔四年就更換領袖，就無法建立集體記憶、無法將這屆世界盃學到的經驗應用至下一屆，也讓自己沒有足夠的時間累積需要的所有知識。**

鑒於對戰法國的慘況，黑衫軍必定想要開除教練，但他們並沒有這麼做。他們繼續支持教練。隨後，黑衫軍迎來了被普遍認為是紐西蘭橄欖球的黃金時代。

在二〇〇七年世界盃之前的十年，黑衫軍的勝率為百分之八十，這已是非同小可的成就。但是，在二〇〇七年世界盃之後的十年，他們的勝率是百分之九十，得分為對手的兩倍，並分別在二〇一一年和二〇一五年奪下冠軍，成為在世界盃橄欖球史上第一個達成二連霸的國家。黑衫軍的教練葛拉漢・亨利（Graham Henry）任職八年，從二〇〇三至二〇一一年。隨後，他將教練一職傳承給史蒂夫・韓森（Steven Hansen），韓森在這段期間一直擔任亨利的助理教練。韓森任職七年，從二〇一二年開始，直到二〇一九年[22]。

採用紐西蘭模式的國家不多，但願意採用的國家，往往是最成功的。在橄欖球的世界中有許多案例。如果教練加入教練團的時間至少六年，其執教的球隊通常會贏得世界盃。最成功的球隊通常有四分之一的球員效力國家代表隊至少八年。穩定的守望和穩定的成員必然相輔相成。永遠需要嶄新的人才，但世界級的成功也需要延續性[23]。

保有四分之一的資深員工，是企業長治久安的底線

如果組織希望穩定守望，需要處理三個關鍵問題：我們有哪些人才擁有正確的

知識和影響力，能成為一位穩定的守望者？我們如何留下他們？以及，我們如何帶來明日的守望者？

在此必須記住的最重要關鍵，是並非所有的守望者都會位於組織最高層。事實上，最重要的守望者，其職位可能會低於兩到三個層級。他們不一定是管理者或資深專家。相反的，他們是非常有能力的人物，對於組織的作為、組織的運作，以及組織的根本信念和行為，都有非常深刻的理解。他們很有可能是不求晉升的人物，因為他們從事自己想要的工作，且知道自己已經擁有必要的影響力。

舉例而言，他們是伊頓公學的舍監、黑衫軍和英國自行車協會的教練和資深運動員、美國航太總署與英國皇家莎士比亞劇團的總監和資深專家，以及英國皇家音樂學院和英國皇家藝術學院的系主任。在一間公司裡，他們可能是任何人——從長年任職的部門成員，到早上向每個人問好，奠定每日氛圍的櫃臺接待人員。

所有數據均顯示，無論在哪個時間點，組織都需要四分之一的成員擔任穩定守望者。他們是組織的家長，或者，用軍隊的術語來說，他們是「中士」——部隊內部晉升的成員，不是外部委任的軍官。有趣的是，守望的概念深植於英國陸軍和全球其他成功的軍事部隊。英國陸軍的中士是骨幹。他們從軍十年左右，大約為英國陸軍總人數的四分之一，也就是說，在三百人的營隊中，有七十位中士；在七十人的排中，有二十位中士；在五人小隊中，有一位中士[24]。

合適的穩定守望者上任時，要如何確保他們願意在此服務十年？以家長作為比喻，或許會更清楚明白。家長奉獻多年的時間養育孩子，不是因為他們希望獲得報酬或晉升，而是因為他們認為自己的行為很有價值。這種使命感是他們的關鍵動力。同時他們知道，隨著孩子成長，他們的角色也會持續改變，每天都會帶來新的挑戰或必須克服的障礙。

同樣的，守望者必須堅信自己的工作很重要，且自己的角色也會持續改變。舉例而言，伊頓公學的舍監每年都會與數十位專家合作，可能是新同仁或聘請外界的演講者；他們負責照顧的學生團體也會持續改變，因為新的學生到校，而年滿十八歲的學生畢業離開。換言之，基本角色仍保持不變，但人物、挑戰和觀念則是持續變化。雖然舍監在學期間的工時很長（從早上七點到晚上十一點），但仍可享受學校假期（一年大約有三分之一的時間），用於充電，追求其他興趣，當然，也用於準備下個學期。

黑衫軍的教練亦是如此。他們同樣與全球各地的外部專家合作，包括體壇與其他領域。黑衫軍從長期待在陣中的球員身上實現延續性，而新人才則帶來改變的刺激。他們在賽季期間付出驚人的努力，但也有六個月的休息時間，以追求其他興趣。美國航太總署的科學家、英國皇家藝術學院的導師，以及英國皇家莎士比亞劇團的導演也是如此。

許多組織可能會抗拒這種守望管理方式。他們主張，讓角色有彈性，而非單一專注沒有效率；引入外部專家，協助激勵和啟發守望者不切實際；讓同仁有定期的休息在財務上則不可行。但這種思維是錯誤的，因為缺乏彈性會導致無趣；缺乏讓人們保持投入的興趣，其最後會導致創意和生產力的減少；維持嚴格緊密的時間管理，則會導致精疲力竭和壓力。

除此之外，組織還有許多方法能讓守望者保持動力，而這種方法，對於百年基業來說，就像第二天性一樣自然，例如：讓守望者臨時調任處理另外一個專案計畫；讓管護者有時間從事能夠感受熱情的其他事物，在例行公事中獲得休息；讓他們有彈性，而非事事干涉地微觀管理。這些方法都是改變「留住長期服務的珍貴同仁，使其保持熱忱」或「失去這些同仁」之間的重大差異。

理想情況下，最資深的守望者已在組織內，你只需找到他們，並確保職位內容的規劃方式能持續地使其參與其中。雖然，組織有時必需從外部尋找新血的加入（正如哈佛大學研究的百大執行長就有百分之二十來自於其他公司）。然而，搜尋外部人才必須謹慎處理。想要一位守望者發揮高效表現，他們需要具備曾經在其他領域展現毅力和能力。

舉例而言，這就是為什麼英國皇家藝術學院在二〇〇九年尋找新的校長人選時，決定聘請保羅．湯普森。湯普森是一位學者、策展人和研究員，曾領導紐約史密森尼設計博物館八年，並在倫敦設計博物館擔任館長十八年。擔任倫敦設計博物館館長期間，他和英國皇家藝術學院合作了數個計畫。換言之，湯普森嚴格來說確實是外部人士，但他熟悉這個領域，且事先對於新單位也有相當程度的認識了[25]。

當然，**每位守望者的任期最後都會結束，而守望者即將卸任時，有新的人才在旁待命非常重要**。伊頓公學在任何時刻通常皆有至少兩位行政領導者和四位舍監（一般只需要填補其中一半的人數）。英國皇家藝術學院通常有一位資深長官與四位計畫主持人準備接任。在百年基業組織中，情況都非常相似。守望者的平均服務時間介於十年至十五年，至少會有一個人準備接任。

由於百分之二十的新守望者來自外部，持續尋找需要定期繼位的候選人才很關鍵。「我們永遠都在尋找新的人才指引我們。」英國皇家藝術學院的湯普森說道：「但我們不是坐著等待他們出現。我們會主動搖一搖樹木，看看能不能找到人才。[26]」

「他們用了五年的時間說服我加入。」英國皇家藝術學院的時尚設計系主任佐威・布羅區（Zowie Broach）表示：「因為我忙於經營自己的時尚品牌，不想教書。但後來我還是來了，我現在非常高興自己加入了這裡。[27]」伊頓公學的現任戲劇主任，描述了他與英國皇家莎士比亞劇團合作時，如何「出乎意料」地收到伊頓公學的聯繫。「在此之前，我從來沒有考慮過教書。」他坦承：「但他們在我身上看見了連我自己都沒有看見的特質，而且能夠成立一個學系，留下傳承，有機會影響許多生命，實在無法拒絕！」[28]

本章重點

百年基業藉由以下方式善用穩定的守望者，以協助百年基業前行：

- 將組織分為由五十人至七十人所構成的各個社群。
- 在每個社群中，讓四分之一的人成為穩定的守望者。
- 確保守望者擁有重要且有趣的角色，好讓他們願意擔任這個職位至少十年。

- 確保延續性：有至少可以因應組織兩年需求的未來守望者，能隨時準備接任。
- 百分之八十的未來守望者來自組織內部；有需要時，再從外部引進百分之二十的守望者。

善牧守望
Stewardship

習慣4

當心間隙

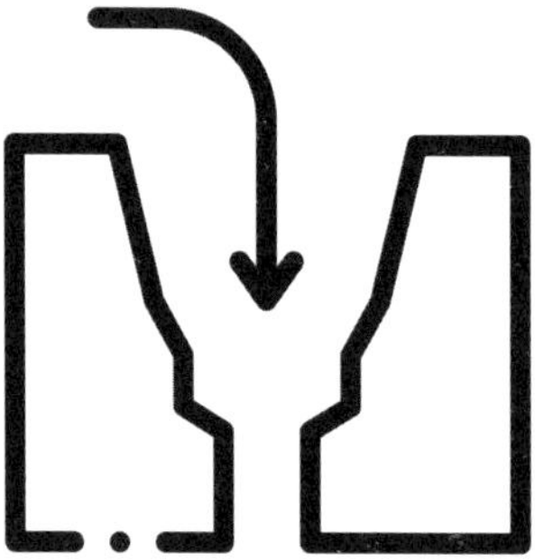

祖父母可以和青少年一樣酷。

二〇一五年世界盃橄欖球決賽，黑衫軍對決澳洲。比賽剩下十五分鐘時，黑衫軍領先十八分，看起來完全掌控了比賽，但黑衫軍的後衛被罰下場，使得局勢開始崩盤。在短到令人擔憂的時間之內，澳洲隊拿下十四分，不過黑衫軍看起來還是很有贏面，但他們需要迅速做出決定——繼續堅持讓他們迄今取得領先的戰術？還是嘗試不同的戰術？

「你怎麼想？」黑衫軍的傳接鋒（fly-half）丹·卡特（Dan Carter）詢問隊長里奇·麥克考。「我們應該長踢，打陣地戰？還是短踢，希望他們失誤？」[1]「短踢。」麥克考告訴卡特。「他們不會猜到，短踢可以改變比賽的局勢。」黑衫軍改變戰術，重新回到進攻，迅速將壓力打回到澳洲隊身上。比賽結束哨音響起時，紐西蘭隊以十七分的優勢獲勝，成為歷史上第一支完成世界盃橄欖球二連霸的國家。

黑衫軍迅速改變戰術，成功守下比賽勝利。但他們的戰術改變並不是因為其他方法失敗，基於絕望之下的恣意決定，而是經過時間磨練、過往就曾採用的成功戰術。最近一次是在上週四強賽對陣南非，以及在四年前上屆世界盃的小組賽中對抗法國。換言之，這是黑衫軍砥礪已久的戰術之一，可以在需要時有效使用。

黑衫軍之所以能不費吹灰之力的臨陣應對，可說有兩個原因。**第一，黑衫軍有正確的新人老將搭配**。麥克考是第四次參加世界盃，已經隨隊征戰超過十年（實際上，麥克考有四分之一的隊友都是如此）。黑衫軍陣中有四分之一的球員是第二次參加世界盃，一半則是首次參加世界盃的新人。換言之，除了年輕的人才，黑衫軍也有穩定的守望者，能夠善用長久的集體記憶，指引球隊前進。

第二個因素與第一個因素有關，但略有不同。召募處於職業生涯發展不同階段的球員，建立一支世界級的球隊時，**黑衫軍確保蓄勢待發的球員能成為未來的隊長，並向現任的隊長學習，再將經驗傳承給下一任隊長**。麥克考本人師法塔納・烏馬加（Tana Umaga），再將自己的知識傳承給基蘭・里德（Kieran Read），里德也參與了那屆決賽，這是他第二次參加世界盃。里德隔年成為隊長，接著也會隨著時間經過，交棒給山姆・凱恩（Sam Cane，凱恩也參加了那次世界盃決賽，那是他第一次參加世界盃）。凱恩於二〇二〇年第二次參加世界盃之後，接替隊長職位。

因此，即便麥克考在二〇一五年那個非凡的日子戰勝澳洲之後，黑衫軍得面對棘手的問題：「誰會是下一任隊長？」這也已經有了答案。

企業猶如球隊，不能同時換掉教練和球員

組織往往口頭上重視他們所謂的「接班計畫」，但鮮少重視實務。一般來說，高層人事變動時，前朝想要盡速迎接自己的下一個挑戰，而上任新官則是想要清除老舊勢力，帶入自己的班底，以致即使是簡單的交接也可能只是行禮如儀。例如，美國最近的一項研究發現，只有三分之一的現任執行長在公司指定繼任者之後選擇留下。但問題就出在此處——同一篇美國研究提到的三分之二新執行長接班人來自外部，因此必然會有明顯的領導脫節問題。領導脫節會帶來極大的風險。在面對危機且需要根本改革的公司中，這種風險或許尚可接受，但如果公司過去非常穩定或蓬勃發展，這種顛覆就可能會導致完全負面的影響[2]。

基於上述的觀點，值得思考來自體育界的另外一個警喻——這次是足球。如果黑衫軍展現了縝密接班的智慧，曼徹斯特聯合（後簡稱為曼聯）在二〇〇〇年代初期的失敗，揭示了莽撞解僱的內在風險。

在總教練亞歷克斯．佛格森（Alex Ferguson）的帶領下，曼聯曾有過一段非凡的成功。佛格森充滿競爭心且富有動力，在一九八六年加入曼聯後，為球隊帶來驚人的成果。他透過深入剖析的態度解決問題，以及在剛加入球團時，願意花費數週時間與球團人員討論經驗，以發現哪些因素帶來成功，哪些因素則否。「在小佛加入的前五天，我們和他交談的次數，已經超過了過去五年來和前任總教練朗．阿金森（Ron Atkinson）交談的次數。」一位教練後來回憶道[3]。

佛格森帶來的一些改變，簡單務實。例如，他改善了球隊的飲食（注重燕麥和蔬果的益處）；他讓球員更努力訓練，捨棄前任總教練寬鬆的練球時間，要求球員每天早上在九點三十分準時到場；佛格森堅持球員出席賽事時，必須穿西裝、打領帶，希望藉此逐漸培養更強烈的團隊榮譽感和凝聚力。然而不僅如此，佛格森的某些改革更為深入。他下定決心鞏固未來的人才，因此他讓教練數量倍增，與青年隊的球員合作，也讓球探的數量增加為三倍，以協助尋找與招攬其他球團的新球員。

隨著佛格森的改革，球員的狀態改善，表現也進步了。「曼聯對於球員有不同的要求。」佛格森解釋：「曼聯的期待更高，檢視更為嚴格。如果你想成功，你需要一種特定類型的球員，還要有一種特定類型的性格。」[4]

但是佛格森非常謹慎，以避免在改革過程中捨棄了好的元素。他克制許多領導者往往想要從零開始的衝動，留下四分之一的老球員，讓他們協助指引新球員成長。例如，一九八一年至一九九四年間效力曼聯的布萊恩・羅伯森（Bryan Robson），以及待在球團十五年、直到一九九五年的馬克・休斯（Mark Hughes）。另外，佛格森也建立了一個細緻的守望者交疊系統，尋找既能閃耀才華，也可以提供必要的延續性，協助球團保持興盛繁榮的明日之星。例如，他在一九八七年簽下當時年僅十四歲的萊恩・吉格斯（Ryan Giggs）——吉格斯待在曼聯超過四分之一世紀；蓋瑞・奈維爾（Gary Neville）從一九九二年至二〇一一年總計效力十九年；羅伊・基恩則是待在陣中十二年，直到二〇〇五年。除了這些人，佛格森還創造了下個世代的守望者，包括：達倫．佛萊契（Darren Fletcher，二〇〇三年至二〇一五年）和韋恩．魯尼（Wayne Rooney，二〇〇四年至二〇一七年）。

在二十年期間內，四個世代的守望者彼此交疊，將知識、專業、團隊精神傳承給下一代。這種交疊砥礪的領導模式，以五到十年的週期，從一個世代傳承至下一個世代，讓曼聯球員和教練的集體知識持續增加，從一九八六年球員與教練的總經驗時數為一百年，一九九二年來到一百五十年，一九九九年時為兩百年，到了二〇一〇年則是三百年[5]。

佛格森方法的成功，旋即反應在曼聯的勝場數上。在佛格森到來之前，曼聯於過去二十年不曾贏得聯盟冠軍。雖然佛格森上任的前六年，曼聯未能贏得冠軍，但在一九九三年至二〇一三年間，曼聯贏得了十三次聯盟冠軍，即便未能奪冠，排名也皆為第二或第三。

後來，亞歷克斯．佛格森下臺，由大衛．莫耶斯（David Moyes）取而代之。但莫耶斯幾乎抹滅了佛格森所建立的一切。他開除了球團的三位教練，認為他們的方法過於老舊，而在這個過程中，一舉讓曼聯教練團失去二十九年的經驗（如果加上佛格森本人的二十七年，則是五十六年）。莫耶斯用自己在前東家艾佛頓的合作班底取代原本的教練，但那些人過去不曾與曼聯共事。艾佛頓在莫耶斯等人的帶領下並非特別成功，其輸掉了一半的比賽，且從未在聯盟中取得超過第五名的成績。因此，除了想要讓身邊都是熟面孔，實在很難理解莫耶斯為何認為這種策略會成功[6]。

曼聯球團也出現了大規模的出走。莫耶斯開除了半數的球團職員，讓曼聯在這個過程中失去了四十年的經驗。莫耶斯留下的多數守望者（四名具備十年經驗的球員）對於新環境感到不滿，在隨後的十二個月之內也離隊了。整體而言，不到三年的時間，「曼聯的集體經驗」減少了一半——從三百年的經驗減少至一百五十年[7]。

球場外的動盪伴隨著球場內的失敗。在莫耶斯擔任總教練的第一年，曼聯輸掉了三分之二的比賽，最終排名聯盟第七——這是曼聯二十多年來最差的表現。二〇一四年四月二十日，曼聯以〇比二輸給艾佛頓，而這場輸球是最後一根稻草。兩天之後，莫耶斯被開除。在隨後的八年，曼聯又聘請了四位總教練，想要重拾往日榮光，最終皆以失敗收場，因為傷害已經造成——曼聯已經有了傷痕，過往的經驗也不復存在。

「莫耶斯的問題，」一位教練後來表示：「就是他以為自己在領導曼聯重建，但他不是。曼聯在過去七年贏得五次聯盟冠軍。他加入曼聯不是為了改變現況、修正問題，而是應該要協助曼聯維持成功！」遺憾的是，唯一不曉得此事的，就是大衛．莫耶斯本人。在許多領域的組織中，這種場景往往似曾相識。

企業的集體經驗，勝過英雄式的一人創新

曼聯成立於一八七八年，嚴格來說確實是個百年基業。但在佛格森離開之後那些年的錯誤決策，證明了即使是最成功的組織，只要失去了最初使其成功的戰略目光，也會跌跌撞撞。更睿智且穩定延續的組織，懂得如何避免掉入這個陷阱，他們

會謹慎地建立跨世代的組織結構，結合三個甚至是四個世代的人才，例如：祖父母、父母，以及青少年世代。

根據伊頓公學的教學和學習主任喬尼・諾克斯表示：「我們通常希望新的舍監人選在正式成為舍監之前，先至少在學校服務四年，同時我們會在現任舍監離開前的兩年就宣布新的舍監。所以在重要的時刻與活動，人們看見新的舍監人選跟隨現任舍監時，並不會覺得意外。新舍監正式上任之後，原本的舍監會留在學校至少兩年，以提供建議和支援。[8]」

其他的百年基業也有相似的模式。在美國航太總署，二〇二一年阿提米絲計畫（Artemis programme）的十七位太空人中，有四分之一擁有十年經驗，且是執行第三次太空任務；另外四分之一擔任太空人超過五年，執行第二次太空任務；剩餘的一半則是新人，是未來的人才。在此值得留意的是，美國航太總署的新舊人員比例與其他百年基業相同。例如，二〇二〇年英國自行車代表隊的運動員分配，以及二〇二二年英國皇家莎士比亞劇團《瑪蒂達》（Matilda）製作團隊的演員和劇組比例都是如此。

計畫繼任和培育人才時，確實有可能找到一個數學規則。**基本上，一個成功的五人團隊通常需要累積至少二十年的集體經驗，以維持成功；五十人的組織，則需要累積超過兩百年的經驗。**由此可證，當曼聯的集體經驗減少、低於一百五十年這個數字時，就難以東山再起。[9]

除此之外，神經學研究也支持百年基業實踐方法的智慧。研究顯示，右腦的思考能力（關於創意和解決問題）會隨著時間經過而緩慢成長。雖然有些作者認為，並非每個人都需要一萬個小時才能精通所有情境和任務，但大多數的任務，特別是複雜且有挑戰性的任務，確實需要至少十年的時間才能精通。[10] 在這段期間，隨著愈來愈熟練，無論是想要從事什麼特定的任務，還是獲得何種特定的能力，都會有更多的血液開始流入右腦[11]。與此同時，他們的身體能力成長，他們的心智能力也隨之成長。最終，身體能力和心智能力相互強化，創造了良性循環。

不過，這個十年法則似乎有些傑出的例外。數學家、哲學家和科學家布萊茲．

帕斯卡（Blaise Pascal）、數學家史里尼華瑟・拉馬努金（Srinivasa Ramanujan），以及作曲家沃夫剛・阿瑪狄斯・莫札特（Wolfgang Amadeus Mozart）就是三個天才兒童的例子，其年紀輕輕就達成了非凡成就。然而，即使是這些天才，也都要經過多年費盡心力的付出之後，方能臻於真正的精通。莫札特在八歲時譜寫了個人第一部交響曲，但他最細緻的作品必須等到至少十年後才開始出現。亞伯特・愛因斯坦發表相對論論文時，也許只有二十六歲，但在那個時刻，他的人生已經有超過一半的時間用於研讀科學。至於大多數才華洋溢的作家、執行長、企業家，以及諾貝爾獎得主，通常都要等到四十歲或五十歲，才會達到所謂真正的精通[12]。

這個關鍵十年累積經驗的益處，得以清楚展現在一篇於一九八七年完成的研究。該研究比較一群沒有經驗的醫學院學生以及一群執業五年以上、經驗豐富的醫師，而所有受訪者都被要求根據病歷資料和簡短的症狀描述，分析三十二位病患以及建議合適的治療方法。「我們想要讓情況盡可能符合現實，」研究主持人之一派・霍布斯（Pie Hobus）解釋，並補充道，在現實生活中，往往會有毫無用處的資訊且缺乏關鍵細節。每位受訪者都有一分鐘時間檢閱資料，還有另外一分鐘思考建議的治療方法[13]。隨後，他們會被要求具體解釋如何形成最終結論。

那些研究者理所當然地假設醫師的診斷能力會優於學生的診斷能力，畢竟學生還在就讀醫學院，但他們並未預期醫師的準確度是學生的兩倍。醫師更為擅長從不重要的資訊中篩選出重要資訊，他們知道如何整合看似相互衝突的醫療證據，他們知道如何以及何時提出往往非常艱困的假設。簡單地說，他們強烈地展現了為什麼累積集體經驗如此重要。他們的例子也證明了為什麼無法建立有效機制，以確保集體經驗和智慧能夠世代傳承的組織，只是卯吃寅糧，難以維持。

對企業而言最重要的小事——交接

大多數的組織，正如我所說，都非常不擅於發掘下個世代的領袖，同時也無法確保他們有足夠的時間，成長為自己未來的角色。它們也鮮少確保下個世代的領袖可以獲得現任領導者的適當指導，並確保舊的領導集團能夠平順地交接至新的領導集團。

然而，如果現任領導者是一位卓越的人物，或是一位啟發人心的創建者，則會產生另一個特殊問題。由於他們強烈的主導地位，很難想像沒有他們的組織會如何，以致繼承規劃的問題從來不曾出現在人們的心中。關於這點，時尚設計師克里斯丁・迪奧（Christian Dior）提供了一個適當的例子。

迪奧在一九四六年創辦的時裝公司，以及不久之後推出的「新風貌」（New Look）風格，與他本人的關係如此緊密，以致於他在一九五七年因為心臟病驟逝時，尚未制定接班計畫。迪奧的商業合作夥伴賈克・魯艾（Jacques Rouët）在驚慌之中想要關閉公司，但時裝產業和其他人設法阻止（此時，迪奧占全法國出口額的百分之五），於是最後魯艾自己負責日常營運，伊夫・聖羅蘭（Yves Saint Laurent）則擔任藝術總監。一段動盪的時期隨之展開。聖羅蘭在那時年僅二十一歲，只在迪奧公司工作兩年，並於四年之後收到兵役通知；馬克・博昂（Marc Bohan）——也是一位相對的新人，迅速接替聖羅蘭的位置。迪奧公司撐過來了（雖然將在一九七八年時宣布破產），但確實可以主張，迪奧在混亂之中失去了領先優勢。唯有在貝爾納・阿爾諾（Bernard Arnault）[14]過去三十九年的穩定守望之下，迪奧才重拾優勢[15]。由此可見，顯然必須規劃能夠協助領導角色順利交接的組織結構。話雖如此，仍必須思忖其他考量。

首先，必須找出新領導者需要採取，且對於組織成功至關重要的週期決策，以確保即將背負重責大任的領導者不只有能力制定決策，也接受過訓練，知道如何決策。他們面對的某些決策是可以預期的，例如：提案爭取新的機會、在高度關注的活動中表現或主持重要會議。但是，也有可能突然出現其他決策（但過去幾乎都會以某種形式發生），例如：管理有害的團隊成員、應對突發危機，與令人感到龐大壓力的利害關係人共事。因此，確實是有可能「訓練」未來的領導者，以應對未來出現的絕大多數挑戰。

第二，現任領袖卸任前，必須提前四年左右決定繼任者。誠如所述，現代組織往往容易受到新穎事物的吸引。過去二十年，在美國，藉由外部招攬的新執行長（而非內部晉升）人數倍增[16]。根據一位召募顧問的說法，許多公司都相信「帶來新的視角和不同的觀念組合，以藉此改變現狀」的概念十分合理[17]。但正是在外部領導者人數倍增之時，美國公司的平均壽命減半，這個事實應足以顯示這個策略並未奏效。與此同時，這也是一種危險的自我延續循環——缺乏對於接管組織的全面理解，新的領導者往往令人失望，於是迅速被另一位外來的新領導者取代，而這位新的外來領導者必定同樣令人失望。顛覆動盪成為常態，公司因而蒙受傷害。

關鍵的領導者，例如：亞馬遜的安迪・賈西（Andy Jassy）、微軟的薩蒂亞・納德拉（Satya Nadella）、或蘋果的提姆・庫克（Tim Cook）皆為在公司長期服務的員工，並在成為執行長前曾與過去的執行長緊密合作——賈西與傑夫・貝佐斯合作十五年，納德拉與史蒂夫・鮑爾默（Steve Ballmer）合作四年，庫克則是與史蒂夫・賈伯斯合作十三年。這種延續性以及對於世代交棒的謹慎處理，就是每間公司維持穩定性與持續成功的關鍵。

最後，公司必須建立適當的交接時期和過程，但這種現象一直很少見，現在則更為罕見。隨著執行長交接的「旋轉門」速度愈來愈快，幾乎沒有任何卸任執行長在原公司停留足夠的時間，以引導繼任者。遺憾的是，這些情況加劇了領導高層之間的不穩定，也是現在常見的情況。由於周圍無人可以解釋公司文化，並暢談挑戰與契機，使得學習曲線更為陡峭，失敗的可能性也隨之顯著增加。新的領導高層愈來愈像盲目飛行，使得他們及其經營的組織也因此蒙受傷害[18]。

相形之下，建立適當交接時期的組織和機構，展現了更堅強的穩健性。哈佛大學近年來對於世界最佳執行長的一項研究顯示，百分之九十的執行長在完全承擔職責之前，皆獲得前任執行長至少一年的協助。同樣地，蘋果公司的董事長亞瑟・李文森（Arthur Levinson）留在公司協助提姆・庫克，而艾瑞克・史密特（Eric Schmidt）留在 Google 支持桑德爾・皮查伊（Sundar Pichai）。

以上這些做法，都會帶來不同的結果。

本章重點

百年基業藉由以下方法，慎重處理接任問題，以避免過程不會有損失：

- 時刻在所有社群中維持至少三個世代的領導者。
- 在五人團隊中，維持二十年的集體經驗；在五十人的團隊中，維持兩百年的集體經驗。
- 在新守望者接任的四年前，先決定人選，讓他們在這段期間盡可能累積經驗與承擔責任。
- 百分之八十來自內部晉升，百分之二十來自外部召募。
- 新守望者接任之後，讓老守望者擁有重要且有趣的職責，好讓他們願意繼續留在組織，支持新的守望者至少兩年。

開放性
Openness

習慣5

公開展演

陌生人是最好的觀眾。

二〇〇八年，三位美國心理學家邀請兩百二十位民眾解決一宗謀殺懸案[1]。每位參與者都會拿到一張犯罪現場地圖、一篇關於事件經過的新聞報導，以及三位嫌犯的筆錄。隨後，所有參與者皆要提出他們認為的犯人是誰。

「參與者接受了解決謀殺懸案的任務，」研究主持人凱瑟琳・菲利普斯（Katherine Phillips）解釋：「他們有二十分鐘的時間思考，自行決定三人之中最有可能的嫌疑人是誰，並寫下其選擇的簡短解釋。[2]」接著，參與者被分為四組，再用二十分鐘與團體中的其他成員討論案情，結束時必須提出團體共識。每個團體中都有彼此相識的成員。然而，為了稍微增加變數，半數團體會在指定的討論時間結束時，加入一位「陌生人」，並與陌生人進行額外十五分鐘的討論。

「新成員加入團體時，」菲利普斯繼續解釋：「原本的成員會被告知：『X（新成員）的上一個任務需要比較久的時間。X來自XYZ組。為了讓X能了解情況，不妨告訴他，你們一開始從資料推論的謀殺犯是誰，X也會告訴你們，他認為誰是兇手。你們還有十五分鐘可以討論。』[3]」

結果發人省思。單獨作答時，有五分之二的參與者找到正確答案（略高於單純猜測是三分之一的正確率）；在隨後進行的團體討論中，準確率相同，但陌生人加入團體之後，準確率倍增至五分之四。

觀看數個團體的討論影像紀錄後，很快就揭露出其中的原因。由熟識者組成的團體，其迅速採納所有人都可以接受的答案；增加一位陌生人的團體，則是更為謹慎嚴格地檢閱證據。那位陌生人知道的不比他們多，也沒有更好的專業知識，然而，**外部聲音的存在打破了團體思考容易妥協的傾向，強迫人們更謹慎地閱讀文件，以思考不同的角度和可能性，提出更深思熟慮的結論。**「團體的表現之所以高於個人，其實不是來自新成員的想法或協助，」菲利普斯補充道：「更準確地說，老成員對於新成員產生的反應，才是表現改善的原因。」[4]

謀殺懸案研究的結果並非特例。過去二十年來，數十個研究都揭示了非常相似的結果。幾乎毫無例外，當有外人在場時，團體的表現都會更好[5]。「面對需要合作的任務時，他們更願意分享資訊和公開交流。」心理學家裴紅（Hong Bui）檢閱了過去三十五篇的研究後提出了這個結論[6]。「他們用更長的時間審議，討論更多資訊，事實錯誤也減少了，」心理學家山繆・桑默斯（Samuel Sommers）觀察兩百名陪審員在不同類型團體的討論之後表示：「此外，如果出現了不準確的情況，也更有可能得到修正。」[7]心理學家查爾斯・龐德（Charles Bond）檢閱了另外兩百四十一篇研究之後總結道：「光是一位陌生人的存在，就足以影響一個人的生理情況與表現。」陌生人的存在創造了想要表現更好的動力和渴望，亦即向陌生人展現你的能耐[8]。

另外，還有一個重要的必然結果。人們被挑戰時會承受輕微的壓力，而壓力會刺激大腦的前方區域——大腦皮質（the cerebral cortex，這個區域負責處理意識和理性），從而會促進更清晰且更好的思考。然而，如果挑戰變得過於強烈，以致與威脅相似時，杏仁核就會受到刺激，導致一種茫然的恐慌。

想要讓討論變得有益，外人能夠表達意見非常重要，但外人的聲音不能過於攻擊性或壓制性，以免破壞或噤聲他人的意見。在挑戰和支持之間達成正確的平衡時，就能創造心理學家所說的「巔峰表現」或「心流」（flow），讓團體的每個人都覺得自己完全投入並受到刺激，進而發揮最佳的能力表現[9]。

「你站在挑戰的刀鋒上，」心理學家蘇珊・培里（Susan Perry）解釋：「這個情況對於每個人來說都不盡相同……刀鋒究竟過於艱難，還是過於輕鬆。[10]」「你受到充分的挑戰、可以在任務中保持投入，但不至於因為無力完成任務而過度沮喪，或因焦慮而決定放棄。你忘了自己是誰，你的時間改變，或停滯了，你覺得你成為某個比自己更偉大事物的一部分。」培里繼續說道：「某個事物流淌過你——就是你——你的大腦，但不同的部位點燃了，不是左腦，不是右腦，而是整個大腦，上層意識、潛意識，有時候甚至是無意識。」或者，正如神經科學家、音樂家，以及外科醫師查爾斯・理姆（Charles Limb）的簡單描述：「我認為在那個時候，會覺得自己真正活著。[11]」

然而，想要平衡錯誤時會導致壓力、運作失調、錯誤決策，以及團隊不和諧。換言之，逆向思考固然珍貴，但需要謹慎處理。如果只是讓一個以「跳脫框架思考」

而感到驕傲的人加入，可能會帶來災難性的後果。更好的方法是找到一位可以稱為「鄰近陌生人」的人——他與目前正在進行的任務保持足夠的距離、可提供嶄新的視角，但也不至於過於遙遠，證明他們只是過於追求顛覆。

外部意見有助釐清內部盲點

來自美國航太總署的一則故事不只證明了「陌生人」的價值，也證明用正確的方式善用陌生人的能力與洞見何其重要。

一九七七年三月二十七日，荷蘭航空的波音七四七飛機從特內里費（Tenerife）機場起飛時，在跑道上撞擊到一臺正準備起飛的泛美航空波音七四七飛機。在隨後的爆炸和烈焰中，將近六百人死亡，只有六十人倖存，迄今仍是航空史上最致命的事故。後來根據駕駛艙錄音調查顯示，泛美航空的副駕駛羅伯・布拉格（Robert Bragg）在荷蘭航空的飛機開始加速穿越濃霧時已經察覺，並向機長維克特・格魯伯斯（Victor Grubbs）大叫，格魯伯斯也試圖將飛機轉向離開跑道，但為時已晚。「那臺飛機在那裡！」格魯伯斯大喊：「看啊，可惡，那臺混帳飛機衝過來了！」[12]兩分鐘之後，兩臺飛機皆爆炸起火。

悲劇發生之後，西班牙政府召集航空領域的七十位專家，仔細檢視當天究竟發生什麼問題，並提出相關建議[13]。他們充分運用了十五個月，聆聽數個小時的飛航錄音，查核並交叉確認證人證詞，以及分析當天的詳細天氣報告。最後，他們提出的五十頁報告認為，泛美航空的飛行員誤解他收到的飛行指示，而荷蘭航空的飛行員並未察覺飛行路線上有一臺飛機。報告因而建議未來應只用一種語言——英語，作為航空產業的共同語言，並制定統一接受的標準名詞和用語清單，供飛行員和航空交通管制人員使用。「這次事故並非由單一原因造成，」報告指出：「之所以產生誤解，是因為常用的流程、詞彙和行為習慣模式。然而，正是因為誤解及一些其他因素的不幸巧合，導致這場致命的事故。[14]」

該份報告包含許多常識內容，但在某些層面上，也確實非常有限。報告可能解釋了特內里費空難的具體情況，並提出一些有用的建議，但報告並未留意到，縱然特內里費空難事件駭人聽聞，但絕非個案。當年還有六十起致命的事故，其空難的死亡人數仍是航空產業名聲的嚴重污點。

在一九五〇年代，大約九千人在商用航班事故中喪生；在一九七〇年代，數字提高為超過一萬八千人。儘管整體航班數量的增加，確實可以解釋死亡人數的提高，但這個數字依然高得令人擔憂。確保英語成為航空產業的通用語可能有助於略為減少空難死亡人數，但並非根本的解決之道。

意識到航空產業過去已用至少三十年整頓自身問題卻仍未見改善，美國政府決定採取行動了。當然，美國政府本來可以選擇委託更多商業航空飛行專家提出另外一份報告，但美國政府並未如此。相反地，美國政府決定引介一個截然不同但可能相關的領域專家——太空探索。

美國航太總署並非使用傳統的商業飛機，也無須處理民間機場的複雜營運，但他們瞭解飛行科技，也深知飛行員承受的壓力，並且每天都要處理風險與安全問題。

正如前泛美航空機長亞伯・弗林克（Albert Frink）所說：「這似乎是交換觀念和資訊的合適時機……協助完成相關行動，並藉此成立美國航太總署和航空產業的聯合工作坊，專注在飛行資源管理。」[15]前聯合航空機長羅伯・克朗（Robert Crump）則說：「我們很有興趣邀請一個中立的組織，特別是美國航太總署，從事這個研究以建立資源管理的標準。」[16]

為此，美國航太總署成立了一個縝密平衡的團隊，結合五十位商業航空內部人士（機長、組員、航空交通管制人員和工程師），以及二十位「陌生人」（太空人、心理學家，科學家，以及社會學家）。一九七九年六月，他們用三天的時間，共同舉行了四次工作坊（每次工作坊有四場座談會），由內部人士向陌生人解釋問題的本質，再由陌生人提出問題，並分享自己的觀察和洞見[17]。隨後，他們將大團體分為小組，深入具體議題，確保每個小組都由內部人士和陌生人混合組成，而每個小組都會探索整體問題的不同面向[18]。

最後完成的兩百頁報告，提出了範圍極為廣泛的議題和主題。例如，該份報告要求重新設計飛機駕駛艙以改善視線、建議改善飛行科技的方法、提出新天氣預測機的設計概要，以及善用心理學的洞見和建議更好的訓練方法[19]。隨著美國航太總署的建議實施之後，航空事故發生率下降了，從特內里費空難時期的二十萬分之一，減少至三十年之後的一千九百萬分之一[20]——這是非凡的成就。

從飛安事故到麻醉意外，認識外部意見的重要性

許多醫療安全的突破也用相似的方式誕生。以麻醉為例，在一九四〇年代，美國麻醉醫師協會（the American Society of Anesthesiologists, ASA）邀請兩位哈佛醫學院的醫師，評估讓病患接受全身麻醉時的風險因素。分析超過六千名個案之後，兩位醫師認為，這種相對簡單的麻醉醫療程序導致一萬名麻醉個案會出現一次嚴重的問題，他們甚至誇張地表示這種情況可能會導致美國每年有八百萬人喪命。

「麻醉可以比喻為每年影響美國八百萬人的疾病，[21]」兩位醫學醫師亨利・比徹

（Henry Beecher）和唐納．陶德（Donald Todd）在一九五四年時寫道：「在全國總人口中，麻醉死亡人數是小兒麻痺死亡人數的兩倍，而小兒麻痺此時被視為全球最危險的疾病之一。麻醉導致的死亡當然是『公共衛生』問題。」[22]這是一個重要且帶有警訊的研究發現。雖然醫學專家有能力找出問題的嚴重程度，但在往後的二十年，想要解決這個問題的努力，大多被證明是徒勞無功的。[23]

到了一九七四年，美國麻醉醫師協會邀請兩位工程師研究這個問題。兩位工程師使用了一種關鍵分析技術（這在他們的領域中宛如第二天性，但醫學領域無人知曉），迅速發現問題不在於使用的藥物，而是使用藥物的人。[24]他們估計，美國每年有五百萬人因呼吸設備未正確連接，如：呼吸管插入至病患的胃部、儀器刻度被錯誤調整，或讓病患服用錯誤的藥物或劑量，導致不必要的死亡。「大多數可避免的事故都涉及人為錯誤（百分之八十二），」他們在最終報告中寫道：「呼吸器管路的沒有連接、氣體流量的錯誤調整，以及注射器使用失誤為常見的問題。在所有可避免事故的總數中，明確的設備故障只占了百分之十四。[25]」

在工程師提出其發現的結果之後，美國麻醉醫師協會向另外一群外部專家尋求進一步的釐清。「一九八四年，」西雅圖華盛頓醫學院的麻醉科醫師弗雷德烈克・錢尼（Frederick Cheney）解釋道：「對於美國麻醉醫學傷害的範圍和起因，幾乎沒有完整的資訊。因為重大的麻醉傷害是相對罕見的事件，難以進行前瞻研究或根據病歷進行回顧分析，即便使用多間醫療機構的資料也難以達成。」[26]然而，協會突然想起醫療保險公司必定徹底調查了過去四十年來針對麻醉科醫師的索賠案件——不只是致命事故，也包括差點發生的事故和併發症。

由於保險公司有所有案件的詳細紀錄，如：醫院紀錄、訪談稿、專家證人報告，以及陪審團判決，因此確實可能在每個索賠案件中，明確找到有哪些問題，以及出現問題的原因[27]。

感謝醫療保險公司提供的完整資料，終於找到造成問題的模式與常見的錯誤，從而採取實務步驟以減少人為疏失的風險。在隨後的幾年，呼吸設備重新設計，使其更為簡單安全；測量血氧濃度的螢幕也改善了；儀器的調整按鈕簡化；讓病人服用麻醉藥物時，必須有另一位醫學人員在場，也成為標準要求。所有的改變都來自於陌生人的建議——工程師、心理學家和科學家，而他們過去都不曾在醫學領域工作[28]。「麻醉的歷史，在本質上，就是持續的創新和發明。」麻醉醫師伯尼・黎本（Bernie Liban）表示[29]。另一位麻醉醫師艾倫・艾肯海德（Alan Aitkenhead）指出，「即使是簡單且成本低廉的實務改變，都能對安全性產生重大的影響。[30]」——當然，圈外人只能提出這種「簡單且成本低廉的改變」。無論如何感謝他們的介入，醫學事故的數量減少了二十倍，從一萬分之一，減少為二十萬分之一，讓每年有數百萬人因而獲救[31]。

醫學研究員安・邦納（Ann Bonner）以圈內人和圈外人的身分研究數十位護理師，解釋在這些案例的情況。「（作為一位圈外人）我覺得自己有一種本能，可以用開放的客觀態度，領略細微的差異……但圈內人顯然也會失去直覺和敏銳度……然而，作為一位圈外人，我能夠觀察並仔細釐清日常工作……（並）察覺已經熟悉情況的觀察者很容易忽略的護理實務模式。[32]」

如何避免內外之別的人性衝突？

願意傾聽圈外人的意見，似乎是個顯而易見的合理策略，以致幾乎不需要強調。然而，事實是這種特質在大多數的組織中極為稀有。想要考量外部觀點，必須要有一定程度的謙遜，但鮮少有人願意表現這種特質。坦率承認「我們知道自己並不完美」其實很困難。

然而問題不只如此。人類依其本性是部族的生物，以致我們有一種深刻的內在感受，會區分「我們」與「他們」，其背後也有個自然且根深蒂固的理由。正如神經學家羅伯・薩波斯基（Robert Sapolsky）的解釋，猜疑圈外人是「保持我們安全」的策略[33]。除非我們已經稍微了解某個人，否則無法確認他們究竟是否有威脅或危險，以及他們的友善程度。在腦部掃描時讓人們觀看與其外表非常不同的人物照片（因為種族、國籍及其他原因），結果顯示，血液會立刻流向大腦負責偵測潛在危險的部位，也就是杏仁核；如果讓他們觀看生活方式與自己不同的人物照片（例如毒癮者或遊民），大腦中負責感知厭惡情緒的部位——島葉（insula），就會受到刺激[34]。**換言之，我們天生就不信任圈外人，通常也缺乏同理心。**因此，研究也發現，如果看見有人用針頭刺入與我們不相似的手臂時，我們不會本能地握拳，但如果是與我們相似的手臂，就會產生反應[35]。「人類普遍地區分『我們』和『他們』，」薩波斯基解釋：「基於種族、族群、性別、語言團體、宗教、年齡、社會經濟地位，以及其他因素。這種情況當然不甚美好，但人類的確以驚人的速度和神經生物學的效率，區分『我們』和『他們』。[36]」由此可見，**我們難以接受陌生人的智慧，其實是符合自然本性的。**

話雖如此，人的天性會用懷疑眼光看待圈外人的這個事實，不是屈服於這種傾向的藉口。無論如何，已有行之有效且值得信任的方法，可以減少彼此不熟悉的人們被要求評論對方的想法和觀念時所經常出現的摩擦。例如，溫和緩慢地進行，而不是強制實施，永遠是最好的方法。研究顯示，在圈外人實際加入之前，先向圈內人妥善解釋引進圈外人的好處，就能緩解緊張。如果圈外人只會在特定時間短暫停留（所以不會變成實質的圈內人），但頻率又可以讓圈內人覺得待在圈外人身邊更輕鬆，也會有所幫助。藉由這個方法，圈內人更有可能接受他們所獲得的觀念[37]。讓人們「專注於任務，而不是專注於社交」，正如心理學家蘿拉．巴比特（Laura Babbitt）所說[38]。「專注於共同的目標，並練習換位思考」，薩波斯基補充道[39]。

最重要的是，必須謹記在心（並向人們保證），雖然在他們之中的陌生人可能擁有值得傳授的珍貴智慧，但組織的圈內人——特別是穩定的守望者，才是最後必須善用智慧的人。畢竟，對於組織的根本利益，圈內人才有最深刻的理解[40]。圈外人應該因其能夠提出的貢獻而獲得珍惜，亦即：不偏頗的觀點，通常能夠讓圈內人採用新的視角；圈內人應該因為作為擁有執行力的專家而受到重視。換言之，兩者之間的關係應該是共生的。正如社會學者哈利．沃考特（Harry Wolcott）所說：「圈外人讓『熟悉的事物變得陌生』，以協助圈內人發現新事物；而圈內人讓『陌生的事物變得熟悉』，並協助執行。」[41]

把員工丟在陌生人面前，會有更好的表現

對於百年基業而言，讓陌生人參與——在他們面前表現自己，是其行事和進步的核心因素。例如：英國皇家莎士比亞劇團定期在網路上直播排練、美國航太總署邀請外部心理學家參與團隊會議，英國皇家藝術學院則開放社會大眾參觀藝術家的工作室。他們並不孤單。在非百年基業的組織中，正如我親身所見，諾德斯特龍善用「神祕客」（mystery shoppers，受僱假扮顧客，檢閱服務品質）；捷豹路虎（Jaguar Land Rover）邀請客戶參觀汽車製造過程；哈雷機車和豐田汽車讓圈外人瞭解他們的工作。這種活動並非公關手法，而是一點一滴蒐集有用資訊的方法，用以詢問與獲得回應，並藉此付諸行動[42]。

西南航空主動邀請客戶、員工及供應商在網路上分享他們的經驗，以便每個人都能看見，因為西南航空知道此舉有助於改善這間長久成功的公司其未來的服務品質[43]。當我走進大樓、造訪西南航空位於德州達拉斯的總部時，注意到的第一件事情

是有臺巨大的壁掛螢幕，播放著其臉書和推特的即時動態。「我們每天都會收到超過四千則推特或臉書貼文。」西南航空的其中一位社群關懷專員莎拉．希克斯（Sarah Hicks）告訴我[44]。

「有一天，有個人在推特上說，中途機場（Midway airport）的報到隊伍移動得太慢了。我們立刻聯絡了當地經理，發現現場工作人員的休息時間溝通不良，導致櫃檯沒有足夠的服務人員。所以我向那位客戶回覆表示：『嗨！謝謝你的通知。我們會立刻派更多工作人員。』幾分鐘之後，櫃檯增加了兩位服務人員，當地的經理也找到發送那則推文的客戶，他還在排隊，經理感謝他讓我們知道問題。一切都在八分鐘之內完成。」西南航空的資深社群業務顧問布魯克斯．湯瑪斯（Brooks Thomas）則說：「我們的目標，基本上就是將社群完全整合為南西航空的生活方式，無論是前線工作、溝通工作、行銷、聘僱或訓練。[45]」西南航空的所有人，永遠都在公共場合表現。

百年基業亦是如此。「無論你是在球隊的場合上，」前黑衫軍隊長里奇．麥考克解釋：「還是在家中，或外出活動，你都是黑衫軍的一員，你代表了球隊，所以你的表現應該就像一位黑衫軍。對於許多球員來說這難以接受。沒錯，你在家裡有空閒時間，你並非處於球隊場合；你和自己的朋友外出休閒，轉換心情，放鬆平靜……但你仍然是一位黑衫軍，因為一旦出問題了，新聞頭條就會如此報導。」[46]

除此之外，**接觸陌生人時的表現，可以產生適度的腎上腺素，刺激人們發揮出最佳表現**。「藉由要求學生展現作品，」前英國皇家藝術學院陶瓷和玻璃藝術系主任菲莉西提．艾利夫（Felicity Aylieff）告訴我：「我們設定學生必須完成的期限，因為期限能促使學生做出平常不會採取的決策和行動。另外，藉由要求學生向陌生人展現作品，我們也創造了讓學生表現出色的時刻。」[47]

前英國自行車協會的運動表現總監彼得．基恩（Peter Keen）則是從他的角度表示：「我們發現隊上最好的運動員總是在壓力之下發揮最佳表現，在重大的時刻或重要的舞臺上，部分原因是我們正是如此計畫——我們希望運動員在奧運比賽中達到巔峰，但也是因為舞臺提高了他們的表現，並鼓勵了他們發揮出最好的實力。」[48]

顯然，沒人可以隨時保持在這種高昂的狀態，因此，百年基業藉由沒有外部嚴格檢驗的時刻來平衡表現的壓力，並在不同的時間點公開展現組織的不同面向。前黑衫軍隊長基蘭・里德表示：「對我來說，想要有良好的表現、有良好的成績，我必須在某些時刻抽離。」[49]

無論如何，所有人都明白那些週期性的腎上腺素，對於創作過程來說至關重要。

名曲〈哈雷路亞〉是廣納百川的創作？

即使是最偉大的藝術家，也會在表演時向陌生人學習，並為了回應他們收到的反應，反覆調整作品的段落。歷史上最知名的其中一首歌曲〈哈雷路亞〉，就是一個明證。李歐納・柯恩（Leonard Cohen）用了數年時間創作這首歌曲，撰寫了超過八十段歌詞，直到找到自己想要的四個段落。「我寫完了兩本筆記本。」柯恩後來回憶道：「我還記得在（紐約的）皇家頓飯店（Royalton hotel），穿著內衣，坐在地毯上，用頭撞擊地板，口中說著：『我寫不完這首歌。』」[50]從類型上來看，柯恩的作品是首緩慢的福音歌曲——「聖歌和華爾滋的結合」，正如肘樂團（Elbow）的主唱蓋伊．賈維（Guy Garvey）所說[51]。但柯恩的唱片商不要這個風格。根據柯恩的唱片製作人約翰．李薩爾（John Lissauer）所說：「那首歌交給哥倫比亞廣播公司唱片部門的總裁華特．葉特尼可夫（Walter Yetnikoff）時，他說：『這是什麼東西？這不是流行音樂。我們不會發行這首歌。這首歌是場災難。』」[52]

〈哈雷路亞〉最後由獨立唱片公司PVC發行。這首歌在商業上並不成功。記者艾倫．萊特（Alan Light）後來描述，「幾乎沒人注意」該張黑膠唱片專輯《多元立場》（*Various Positions*）B面的第一首歌[53]。唐．雪威（Don Shewey）於《滾石雜誌》（*Rolling Stone*）所發表的評論中，甚至沒有提到〈哈雷路亞〉，即使雪威確實認為這張專輯擁有「令人意外的鄉村和西部音樂風格」[54]。

根據萊特的說法，柯恩在一年後將這張專輯納入巡迴演出的曲目時，「他很快開始重新思考〈哈雷路亞〉的歌詞，嘗試加回或替換在龐大凌亂的初稿中所刪除的歌詞」，創造了「戲劇化程度較低，但更為人性化與個人化」的版本。由於「兩位和聲歌手取代了合唱團」，柯恩也讓這首歌變得「更有旋律」[55]。

美國非法利益合唱團（The Velvet Underground）的其中一位創始成員約翰・凱爾（John Cale）在一九〇年的紐約燈塔劇院所聽到的，就是這個版本。「我確實是柯恩詩作的仰慕者。」凱爾後來回憶道：「他的詩永遠不會讓你失望。他的詩有一種永恆。[56]」但是，凱爾不喜歡這首歌的表現方式，所以他捨棄了兩位和聲歌手與樂器，改為單一人聲和一部鋼琴，並從柯恩寄給他的歌詞中挑選出自己的版本，收錄在隔年發行的致敬專輯《我是你的支持者》（*I'm Your Fan*）。「我致電給李歐納，請他將歌詞寄給我，數量很多，一共有十五段歌詞，用了一大卷的傳真紙。我選出真正能夠代表我的歌詞。有些歌詞是宗教的，從我的口中唱出可能有些難以置信。我選了比較大膽的歌詞。」

兩年之後，傑夫・巴克利（Jeff Beckley）在紐約朋友的公寓，聆聽凱爾的CD版本。他非常喜歡〈哈雷路亞〉，所以他開始在紐約市各地的酒吧表演，只有單一人聲搭配一把電吉他。不久之後，這首歌成為巴克利表演的焦點，也是每晚的壓軸表演。等到巴克利於一九九四年為了自己的專輯《恩典》（*Grace*）錄製這首歌時，他已經公開表演超過三百次，並嘗試了不同的版本和編排，持續修改與精進。即使是專輯錄音，也是在有現場觀眾的面前完成。

「晚餐後，或者任何時候，」專輯製作人安迪・華勒斯（Andy Wallace）回憶：「傑夫就會過來演奏整套曲目。我們試著營造有聽眾的氣氛，也許是六個人或十二個人，讓他不會停下，而是完整地表演。我想要用最親近的方式替他錄音，讓聽到唱片的人覺得自己坐在他前方兩英尺，就像在小型俱樂部中觀看他表演的最佳位置。[57]」

「我們沒有所謂的『錄音時段』，」專輯的執行製作人史蒂夫・柏克威茲（Steve Berkowitz）解釋：「傑夫表演歌曲，我們錄音。我們很努力地不要製造任何隔閡，讓他專心表演，沉浸於其中。讓傑夫有一種氛圍，一種臨場感——就像鮑伯・迪倫（Bob Dylan）[58]或邁爾斯・戴維斯（Miles Davis）[59]一樣，專心地做音樂。[60]」

巴克利在錄音室反覆演奏這首歌，在錄音室的觀眾面前一再表演並徵求他們的意見，進行細緻的調整，直到他覺得對了。「即使我們認為這首歌已經完成了。」柏克威茲回憶：「正在進行最後的混音，傑夫決定還需要再錄一個聲軌。[61]」

「變化和調整都不劇烈。」萊特後來寫道：「它們代表巴克利尋找自己想要的細緻和細微差異，在這首歌最終表現中，找到準確的色彩……此處要停頓，那裡要呼吸，還要一段吉他過門——他仔細琢磨細緻的變化，以便能夠準確傳遞他努力表達的感覺。[62]」

正是這些持續的反覆修改，讓一首剛發行時被極為忽視的歌曲，成為巴克利所稱頌的「生命的聖歌。這是一首失去愛的聖歌。一首愛的聖歌。即便是存在的苦痛，你作為人的苦痛，都應該獲得一聲阿門——或哈雷路亞」[63]。

「聆聽傑夫·巴克利的版本時，」音樂家傑克·島袋（Jake Shimabukuro）解釋：「那種感覺如此親密，彷彿你侵入了他的個人空間，或者你正在傾聽自己不該聽見的事物。[64]」學者作家達芙妮·布魯克斯（Daphne Brooks）認為：「正是〈哈雷路亞〉

開場的呼吸聲讓你明白，他即將孤注一擲，毫不保留地投入。」[65]

二〇〇七年九月三日，傑夫．巴克利版本的〈哈雷路亞〉（而不是柯恩的版本），被全球五十位最偉大的歌曲創作者票選為史上最完美的十首歌之一[66]。

本章重點

百年基業藉由以下方法在公開場合「展演」，以確保所有人都能發揮出最佳表現：

- 理解陌生人如何改善我們的決策，以及陌生人可以帶來的洞見。
- 創造特定的時刻，讓他們願意在陌生人面前「表現」，詢問陌生人的建議，並向陌生人展現自己的能力。
- 邀請陌生人觀察他們最重要的活動以及最日常的活動。

- 善用陌生人的洞見，理解哪些事情是成功的，哪些則否，以尋找新的進步方式。
- 也要有遠離陌生人的時間，藉此休息、進步，並準備下一次的「表演」。

開放性
Openness

習慣6

給予愈多，獲得愈多

一切攸關於信任。

伊莉莎白・霍姆斯（Elizabeth Holmes）向來好勝且野心勃勃。身為一位九歲的孩子，當阿姨詢問她長大想要做什麼時，她簡短地回答：「億萬富翁。[1]」她在學校努力讀書，取得很好的成績；二〇〇二年，她進入史丹佛大學攻讀化學工程學位。

那是適逢其時的睿智之舉。矽谷剛剛從幾年前發生的網際網路泡沫崩盤中大致恢復，也重新渴望獲得具有創業精神的聰明人才[2]。霍姆斯先擔任實驗室助理，後來在新加坡待過一段時間，並於該國的基因研究所工作。就是在新加坡用針筒抽取了無數的血液樣本時，她靈機一動，有了個精巧的想法：用一個配戴式的貼片監控病患的血液，並根據血液情況提供和調整藥物劑量，再用無線傳輸的方式，向醫師更新貼片記錄的數據。

隨後的那個學期，她離開大學，專心投入成立公司——療診（Theranos）[3]，致力於製造與行銷想法。一開始，她專注於貼片技術。後來，她著手進行一個更有野心的計畫：生產一種手持的小盒子，可在不到一分鐘的時間，用一滴血完成數百項檢驗。她召募了桑尼・巴爾瓦尼（Sunny Balwani，畢業於加州大學柏克萊分校的企業管理碩士，九年前以四千萬美元賣掉了自己創辦的公司）負責經營日常業務，她本人則是將時間投入募資和推動銷售[4]。

二〇一四年九月十日，她踏上了舊金山TED醫學（TEDMED）的研討會舞臺，推銷她的理念。「我相信個人就是醫療問題挑戰的答案，」她說：「但除非個人能夠獲得他們需要的資訊，否則我們無法讓個人參與醫療系統。」[5]她的壯志如她所說：「就是創造一個世界，再也沒有人會說『但願我能早點知道』，一個再也沒有人必須太早『道別』的世界。」

金錢和支持滾滾而來。僅僅兩年的時間，她募得超過七億美元，在全美各地的沃爾格林（Walgreens）藥局成立四十間健康中心、建設一間聘請五百位科學家的實驗室，並召集《財星》雜誌描述的「史上最好的管理董事會之一」[6]。這個董事會坐擁兩位前美國國務卿、一位前國防部長、兩位前參議員，以及兩位前美國軍事高層將領。該公司的投資董事會也不遑多讓，成員從甲骨文的創辦人賴瑞・艾利森（Larry Ellison）、擁有沃爾瑪超市的沃爾頓（Walton）家族，到新聞集團魯伯特・梅鐸

（Rupert Murdoch）。值得注意的是，兩個董事會都沒有任何科學家或醫學人員[7]。

但是，幕後的情況並非如此順利。霍姆斯或許已遠遠超越了童年時期的遠大目標——在某個時間點，她的身價高達四十五億美元，但她聘請的科學家難以實現相關技術[8]。誠如負責第一臺原型機的工程師艾德蒙・顧（Edmond Ku）後來的解釋：「我們必須處理的血液量非常少（因為使用刺針，而不是針筒抽血），以致需要用生理食鹽水稀釋，才能增加更多劑量。這種情況讓原本屬於例行公事的化學工作變得更有挑戰性。[9]」另外，由於有些血液細胞會被刺針破壞，導致檢驗變得更加困難。

然而，霍姆斯拒絕傾聽質疑者。在她看來，他們是沒有信仰的人，應該被邊緣化或開除。她只有興趣傾聽那些認為船到橋頭自然直的人。於是，她成立了兩組競爭隊伍，分別是：「侏儸紀公園」使用西門子製造的既有科技進行血液檢驗，而療診公司的目標就是取代這種既有科技；第二隊是「諾曼第」（取名自諾曼第登陸日），而她希望諾曼第可以迅速取得領先，實現必要的突破。但那些突破不曾出現。不久之後，公司外的人們開始提出難堪的問題。質疑聲四起，詢問療診公司為何尚未公開任何同儕審查報告。新聞媒體四處打探消息。隨後，二〇一五年十月十六日，《華爾街日報》（*Wall Street Journal*）採訪了幾位持懷疑態度的科學家和心有不滿的前員工，以〈熱門新創公司療診無法推動血液檢驗科技〉為標題，刊登頭版報導[10]。報導之後的一個星期，美國食品和藥品管理局啟動調查[11]。二〇一八年六月十四日，霍姆斯和巴爾瓦尼因九項詐欺罪名遭到起訴[12]。

對於許多親身參與療診公司大崩盤的人來說，這件事情必定就像一次「黑天鵝事件」（black swan event）[13]——因為幕後的不誠實與貪婪，導致了不可預見的商業崩盤。然而，對於想法更為更客觀的人們來說，所有的危險跡象早已存在。這間公司提出宏大的主張，卻拒絕讓外界仔細檢驗。這間公司禁止反對的聲音，這間公司的文化建立在祕密之上。「一切都是如此封閉且保密。」一位前療診公司的員工回憶道：「我們不相信彼此，所有人進入公司時都要簽署保密協議。我們的電子郵件會被檢視，查看信件的內容。有人會檢查我們的安全紀錄，確定我們何時進入和離開公司。有些人因為將隨身碟裝在電腦上遭到開除，其他人則是在離職時被公司控告。我們被要求不能向任何人討論工作，避免公司的想法遭到竊取。公司內部的門都安裝了指紋掃描機，所以我們不能四處走動。辦公桌之間裝了隔板，我們也不能彼此交談。窗戶也做了染色處理，我們看不見彼此。我要說的意思是，情況很瘋狂，就像高度警戒的監獄！」[14]

療診是間在「幽影」之中運作的公司。

比起保密合約，開誠布公更能使企業長久立足

療診故事的啟示或許顯而易見，但並非許多組織都能銘記在心。這些組織之所以採用祕密運作，不是因為它們必須隱瞞任何事情，而是它們擔憂自己透露太多、它們害怕其他人會竊取其想法、它們認為如果公開分享自己的作為，終究會失去競爭優勢。

這不是百年基業的運作方式。實際上，百年基業採取恰好相反的做法。他們

不遺餘力地向全世界分享自己的故事。例如，二〇一八年亞馬遜串流平臺Amazon Prime的影集《唯有勝出》（*All or Nothing*），我們跟著黑衫軍穿梭在球場內外，看著他們討論戰術、回顧比賽，仔細檢討個人表現。我們見證了利馬．索波加（Lima Sopoaga）詳細說明對戰阿根廷時的那個踢球戰術[15]。我們傾聽總教練史蒂夫．韓森和首席助理教練伊恩．佛斯特（Ian Foster）討論戰略。黑衫軍的成員也拍攝了其他紀錄片、寫書，並接受電視臺和報紙媒體的採訪。他們不會隱藏造就獨特的祕訣，而是向全世界分享[16]。

英國自行車協會也是如此。多位運動員、教練、營養學家、物理治療學家和心理學家，都發表了文章、書籍以及網路影片，持續向其他人提供訣竅和建議。美國航太總署也是公開透明地運作。有人可能會假設美國航太總署強烈希望價值數十億美元的科技維持保密狀態，且不願意分享觀念和策略。畢竟，在航太領域中，美國航太總署同時要面對國內外的競爭。但事情遠非如此。美國航太總署熱於分享研究成果，並公開表達其遠大抱負。美國航太總署甚至有一個YouTube頻道，迄今已有九百萬位訂閱者。與此同時，美國航太總署還彙編並分享數千個公開資料庫，展示管理實務、儀器測試、天氣預測及行星軌道運行模式等，讓圈外人也能進行分析，以協助美國航太總署發現新的問題、開發新的觀念[17]。

為什麼百年基業應該熱衷於這種運作方式？有兩個緊密相關的理由。第一，百年基業相信，**公開能創造信任**。第二，百年基業相信，**信任能帶來資金與人才**。

信任，尤其是來自內外部的信任，在商業界經常短缺。根據愛德曼（Edelman）這間全球最大的公共關係公司，其持續數十年的年度調查報告可見端倪。在二〇二〇年時，該項調查詢問來自全球二十八個國家的三萬四千名受訪者，只有百分之五十一相信商業領袖（相信億萬富翁的比例僅為百分之三十六），但是，百分之八十的受訪者相信科學家[18]。根據該研究，理由在於商務人士小心翼翼地隱藏底牌，不願輕易透露自己的想法。相形之下，科學家以更公開透明的方式行事。哈佛大學的科學史教授娜歐蜜·歐雷斯克斯（Naomi Oreskes）認為：「科學進步與科學機構密不可分，例如：研討會和工作坊、書籍著作和同儕審查期刊，以及科學協會組織，科學家藉此分享資料、獲得證據、接受批評，並調整自己的觀點。」[19]換言之，透過分享思考過程和發表研究結果，科學家讓我們知道他們正在做什麼，以及他們的理由，因此我們信任科學家。與此相對，商業人士（特別是億萬富翁）則是隱藏作為或模糊應對，引發其任職組織內外的不信任。

信任就能像機油一樣，能潤滑企業運作的輪軸。根據克萊蒙研究大學神經經濟學主任保羅・薩克（Paul Zak）的觀點，信任可以降低交易成本、促進創造財富、減少人事流動、改善工作滿意度，並讓人們更快樂、更健康。信任，薩克認為，與「更高的員工收入、更長的任期、更好的工作滿意度、更少的慢性壓力、更好的生活滿意度，以及更高的生產力有關」[20]。人們在高度信任的環境工作時，更有活力，且更願意合作。他們合作時的工作表現更好，時間更長久，隨之緩慢提升表現。相形之下，在低信任環境中工作的人們，則是更封閉且更保密。他們浪費時間在職場政治，擔憂無關緊要的事情。他們的生產力也因此更低。隨著時間經過，他們的壓力增加，以致如果不是請假休息，就是索性離職[21]。

信任之所以能以這些方式產生影響，有個非常強烈的生理因素。人與其他人進行正面互動時，大腦會分泌催產素荷爾蒙[22]。分泌催產素的過程在母親哺乳孩子，以及人們擁抱與親吻彼此時發生[23]。除此之外，催產素分泌也會發生在非肢體接觸的社會聯繫行為，例如：一起用餐、飲酒、跳舞、歌唱和講述故事[24]。分泌催產素的時候，我們會覺得更輕鬆，也更有同情心。某實驗發現，經鼻腔噴霧施用催產素的受試者，比未使用催產素的受試者，更容易相信對照組的其他成員，願意借錢給陌生人的可能性甚至是未施用者的兩倍。事實上，服用催產素引發了一種良性循環：實驗中有愈多自願受試者相信陌生人，那位陌生人的催產素濃度也會提高。換言之，**只要願意提供信任，就能贏得信任**[25]。唯有公開和誠實能創造信任，而不是祕密和逃避。

信任，是一切的重點

一旦信任到位，資金和人才就會隨之到來。以英國自行車協會為例，「保持祕密也許在短期內有幫助。」前運動表現總監彼得・基恩告訴我：「因為保持祕密可能讓你從現有的一切獲得更多成果，所以你可以贏得這次奧運，甚至是下一次奧運，但是沒有辦法幫助你吸引下一次奧運，或下下一場奧運所需的次世代資金與人才。」[26]

多年來，英國自行車協會向圈外人敞開心胸的意願，已為其帶來龐大的益處。例如，蓮花汽車協助設計單車、麥拉倫F1車隊提供技術建議、普蘭頓醫院（Rampton Hospital）開始參與心理健康計畫，而英國皇家芭蕾舞劇團提供巡迴表演的建議[27]。然而，基於同樣的道理，英國自行車協會的陰暗面——被指控隱瞞服用禁藥，則削弱了信任的羈絆，並在這個過程中，對於自行車協會的形象造成嚴重的傷害[28]。

一旦信任帶來了外部的協助和專業，也就可以吸引新的人才加入，以擴展內部的人才庫。華特・迪士尼（Walter Disney）的加州藝術學院（CalArts）以及畢業之後進入皮克斯動畫工作室任職的校友，就足以作為明證。

加州藝術學院是間位於加州聖塔克拉利塔的私立藝術大學，由華特・迪士尼

（Walt Disney）於一九六一年創立——就在他辭世的不久之前[29]。「我不要很多理論家，」迪士尼曾告訴人們：「我要知道如何製作電影的人。[30]」因此，迪士尼在洛杉磯北部的瓦倫西亞買了一間老房子，改建為學校，其沒有傳統大學會有的兄弟會或體育隊伍，而是更為波西米亞風格的環境，鼓勵學生飼養寵物和塗鴉創作。「那裡就像一個開放空間。」加州藝術大學的校友克雷格．麥克雷肯（Craig McCracken）回憶道：「每個人就是走出去，尋找紙板或任何能找到的材料。這裡看起來就像簡陋的小鎮。我們在瓦倫西亞找沙發或任何物品，開始創造這個蜂巢空間。[31]」從剪輯、錄音到創造光影效果，加州藝術學院的學生學習每件事。另外，他們也不斷被鼓勵用不同的方式觀察事情，改變規則，打破常規。根據另外一位校友喬伊．蘭夫特（Joe Ranft）所說：「學校的教授會這麼說：『不要每天行駛相同的路線回家！從不同的路線回家，做出改變！觀察事物的背面，上下顛倒觀看事情！』[32]」

迪士尼希望分享自己所有的祕密，因此，他邀請傳說中的「迪士尼九大元老」——他們創造了經典作品，例如：《白雪公主與七個小矮人》、《小鹿班比》，以及《一〇一忠狗》，向齊聚一堂的學生分享他們如何成功，又克服了哪些挑戰。他們具體透露了迪士尼的動畫電影十二個基礎原則，從「讓你的故事有重量和目標」（擠壓與伸展）、「強調特定的元素，讓那些元素更為刺激」（誇張），到「從許多角度觀察你的角色，使其變得真實」（立體造型）。[33]「我現在可以體會他們當初在做什麼，」約翰．拉薩特（John Lassetter）後來終於明白，「他們將火炬傳承給我們。[34]」

一位在加州藝術學院學習角色動畫四年的學生，正是未來《玩具總動員》的導演約翰．拉薩特。畢業之後他在迪士尼公司找到一份工作。諷刺的是，這份工作並不長久。他的周圍都是傑出的人才，包括以前的同學，例如：布萊德．博德（Brad Bird，執導《超人特攻隊》）、克里斯．巴克（Chris Buck，執導《冰雪奇緣》）、約翰．馬斯克（John Musker，執導《小美人魚》）、麥可．吉莫（Michael Giaimo，執導《寶嘉康蒂》）以及提姆．波頓（Tim Burton，執導《剪刀手愛德華》）。然而時代已經變了。迪士尼不再是過去那間開放的公司，而是變得封閉且孤立。轉折點在於拉薩特提出自己的企劃，希望製作一部電腦動畫，作品名為《小麵包機歷險記》（*The Brave Litte Toaster*）。「他們基本上聽完了拉薩特的提案。」布萊德・博德回憶：「然後他們說：『好了，就這樣，你該離開這間公司了。』拉薩特呆若木雞，因為他和我一樣接受過老一輩大師的訓練，但突然之間，對於我們被教導追求的所有目標，已經沒人有興趣了。」[35]

賦閒無業的拉薩特幾個星期後，參加在長灘舉行的電腦動畫研討會，尋找可能對他的想法有興趣的人。他在研討會中遇見匠白光（Alvy Ray Smith）和艾德・卡特莫爾（Ed Catmull），這兩人在四年前成立了皮克斯。

皮克斯有種開放的特質，那是迪士尼一度擁有但現已失去的。「我們大多數的競爭對手都採納一種嚴密執行的保密文化，甚至就像中情局一樣。」卡特莫爾後來回憶道：「畢竟，我們正在競爭製作第一部電腦動畫長篇電影。因此，許多追求這個技術的人，都會將自己的發現藏於心中。討論之後，我和匠白光決定反其道而行——向外界分享自己的成果。就我看來，所有人距離達成我們的目標都還非常遙遠，所以藏著想法只會妨礙我們抵達終點的能力。相反地，我們接觸電腦圖學社群、發表我們發現的一切、參與各個委員會、審查由各類研究者撰寫的論文，並積極參與大型的學術研討會。這種公開透明帶來的益處無法立刻顯現，但隨著時間經過，我們建立起的人際關係和聯繫，證明了其價值遠超我們的想像。」[36]

皮克斯迅速獲得了這種開放性所帶來的益處。隨著許多人加入，協助解決皮克斯面臨的眾多技術難題，尤其是如何讓物體行走或說話。他們在拉薩特身上看見了一位說故事的大師。「約翰的才能是創造一種情感張力，即使是在最簡短的形式之中。」卡特莫爾表示。皮克斯在隔年的同一場電腦圖學研討會上，展示首部製作的動畫短電影《安德魯和威利的冒險》（*The Adventures of Andre and Wally B.*）。該部電影的敘事如此強烈，以致沒有人在意由於一個技術問題，影片的某些場景必須以黑白方式呈現。「這是我第一次遇到這種現象，在我的職業生涯中，也會一再看見，」卡特莫爾繼續說道：「無論在藝術創作中投入多少心力，只要你用正確的方式講述故事，視覺的精緻程度往往無關緊要。」[37]

在命運的再度轉折中，迪士尼又出現了。皮克斯的作品及其開發軟體讓迪士尼印象深刻——迪士尼本身也將這個軟體用於創作，例如《小美人魚》和《救難小英雄澳洲歷險記》等電影，於是迪士尼委託皮克斯在未來八年內創作了三部長篇電影。第一部是《玩具總動員》，這是拉薩特創作的故事，以玩具本身的視角，講述一位男孩與玩具之間的關係。雙方在一九九三年簽約，吸引了一群才華洋溢的團隊，包括加州藝術學院的校友，例如：安德魯．史坦頓（Andrew Stanton）、喬．拉恩夫特（Joe Ranft），以及彼特．達克特（Pete Docter），而《玩具總動員》也成為全球首部完全由電腦動畫製作的長篇電影。在一九九五年十一月的首個週末，《玩具總動員》創下近三千萬美元的票房，並在上映的第一年持續獲得超過三億美元的佳績。這部電影也改變了動畫電影的製作方式[38]。

由此可見，皮克斯之所以成功，確實就是攸關於願意分享自己的故事。創下皮克斯首次主要成功的人們，受益於華特．迪士迪締造的開放文化；皮克斯本身能夠精通電腦圖像技術，則是藉由願意向其他人分享自己的祕密和遠大目標。皮克斯愈開放，就會湧入愈多資金和人才。往後十年的賣座強片已經說明了一切，包括：《蟲蟲危機》（一九九八年）、《玩具總動員2》（一九九九年）、《怪獸電力公司》（二〇〇一年）、《海底總動員》（二〇〇三年）、《超人特攻隊》（二〇〇四年），以及《汽車總動員》（二〇〇六年）。二〇〇六年一月，這個動畫故事回到原點——迪士尼提出以七十億美元收購皮克斯[39]。

正如英國皇家莎士比亞劇團的執行總監凱瑟琳·馬利昂對我說的：「我們相信所有人都是同舟共濟。我們幫助別人愈多，所有人都會獲得更好的結果，亦即：更多資金和人才投入藝術領域，從而能夠幫助所有人。[40]」

取得信任的最佳方法就展現弱點

所謂「分享故事」，不只是願意分享成功，也要願意分享失敗。唯有如此，方能創造真正的信任。畢竟，如果信任需要開放，那麼開放則需要願意展現自己的脆弱[41]。美國航太總署以艱難的方式，學到了這個教訓。在一九六〇年代，這個太空機構發展了開放且齊心合作的文化——這個文化確保時任美國總統約翰．甘迺迪希望在這個十年結束前，將人類送上月球的宏願得以實現。但到了一九八〇年代，美國航太總署變得更加自我封閉且保持機密，形成一種封閉的文化，而一九八六年的挑戰者號災難事故以致命的方式揭露了這個缺點。設計上的缺陷導致太空梭在發射不久之後爆炸，造成機上七名太空人全數罹難。該起災難事故的準確分析必須交給圈外人——物理學家理查．費曼（Richard Feynman），而這個事實揭露了美國航太總署與事件實際情況的脫節程度，以及對於這間太空機構的未來而言，與他人分享其故事何等重要。

後來美國航太總署做出了改善，看似事情變得更好，但二〇〇三年災難再度發生——哥倫比亞號太空梭爆炸，造成七名太空人罹難。美國航太總署此時完全接納過去學到的教訓。美國航太總署邀請科技專家解析問題所在；心理學家受邀加入，提出如何改善溝通的建議。同時，美國航太總署也進行了內部改革，建立信任，創造更齊心合作的文化，尤其是讓工程師（而非管理階層）負責自己的工作。以上這些改變，都帶來了轉變性的結果[42]。

分享的作用是共同成長，而非角逐競爭

組織分享的所有故事，不一定都要是宏大的雄心壯志。關於小細節的趣聞，其作為組織基因一部分的儀式和日常小事也非常關鍵。的確，正是因為這些小事情與重要研究和大型突破沒有關聯，往往更容易理解與產生連結。例如，英國自行車協會討論其重大成功時，也會分享日常故事，比如：運動員每日的飲食、睡眠及訓練、如何培養在壓力之下表現所需的心智強度，以及如何評估與調整騎車時的表現[43]。當然，競爭對手可以輕易利用他們分享的實務觀點，但正如英國自行車協會的評估結果，公開分享的長期益處遠超於短期的缺點。在二〇一〇年至二〇二〇年間，英國自行車協會的收入倍增，會員人數成長四倍的事實，也顯示了其策略的睿智[44]。

這種長期收益，也可證自一份在截然不同領域中所完成的研究。囊腫性纖維化（Cystic fibrosis）是一種遺傳疾病，如果雙親兩人都有相同的隱性基因，就可能會遺傳給下一代。這種疾病相對罕見（舉例而言，每年大約影響美國三千名嬰兒），但可能會帶來極為嚴重的影響。承受病況所苦的人，其細胞會產生過多氯化物，導致肝臟和肺臟出現黏液堆積，最終停止運作。

在一九六〇年代，罹患囊腫性纖維化的孩子，大多無法活到三歲[45]，然而，專家發現，在特定醫學中心接受治療的孩子壽命更長，平均可以多活十年。因此囊腫性纖維化基金會邀請明尼蘇達大學的小兒科醫師華倫・沃維克（Warren Warick）進行研究並解釋這個差異。在隨後的四年，沃維克開始比較全美各地三十間醫學中心採用的不同方法。沃維克的報告指出，成效良好的幾間醫學中心所採用的方法，在幾個層面上與傳統方法不同。他說，那些醫學中心更早開始檢驗小孩是否罹患囊腫性纖維化，也更早開始治療，讓病患在「氣霧帳」（mist tent）中睡覺，每天輕拍胸腔兩次，防止黏液堆積。他們甚至讓病患使用不同於傳統的咳嗽方式，以幫助咳出黏液[46]。沃維克的報告在一九六八年發表之後，他的建議獲得採用，使得相關病症的患者平均壽命在兩年內提高三倍，在往後的六年中又提高兩倍。到了一九七六年，病患的平均壽命為十八歲[47]。然而進步開始停滯，到了一九八〇年，囊腫性纖維化患者的平均壽命依然只有十九歲。於是，基金會發表了表現評比表，而這是該領域的第一次，呈現每間醫學中心的運作方式與改善方法。基金會也成立訓練和研究設施，以協助個別的醫學中心[48]。隨著基金會公開研究結果，更多的資金和人才湧入，促成了更進一步的突破。首先，遺傳學家找到了囊腫性纖維化基因。隨後，外科醫師發展了肺臟、肝臟、腎臟的移植方法。在二〇〇〇年代早期，研究人員宣布他們現在能夠修改囊腫性纖維化基因，大幅減少患者的症狀。到了二〇二〇年，患者的平均壽命提高至超過四十五歲——相較於六十年前，提高了十五倍[49]。

有趣的是，即使基金會謹慎地向所有人分享其研究和突破，表現最好的醫學中心始終處於領先地位——事實上，它們領先了十年，同時其超凡的表現有卓越的一致性。在一九六〇年代，他們協助患者生活至十三歲，而其他醫學中心可能會在患者三歲之前目睹其死亡。二〇二〇年，囊腫性纖維化患者平均可以活到四十五歲時，在表現最佳醫學中心接受治療的患者，則能夠看見自己的五十五歲生日。即使表現較差的醫學中心正在進步，十年平均壽命的差異依然毫無改變。「大多數的人認為，如果分享了你的觀念，其他人就會迎頭趕上。」囊腫性纖維化基金會的資深副總裁布魯斯・馬歇爾（Bruce Marshall）解釋：「但我們發現的情況並非如此。我們發現，表現良好的中心分享其想法時，湧入更多的資金和人才，所以帶來更多突破。雖然其他中心也正在進步，但它們依然名列前茅。[50]」最關鍵的法則——公開帶來進步，永遠適用。**卓越和公開是一個強大的團隊。**

將信任和公開發揮到極致的產物——矽谷奇蹟

如果在商業世界中有個領域證明了這個觀點為真，那必然是矽谷。時至今日，我們傾向於將矽谷視為獨立公司的集合，但實際上矽谷的生態系統更為複雜。追根究底，矽谷是由專家和創業家所組成的社群，他們通常共享資金和觀念，且經常從一間公司轉任至另一間直接的競爭對手。二〇〇六年的一篇研究發現，在矽谷工作的二十萬人中，超過四分之一在前一年曾更換任職公司，這個比例相較於同篇研究調查的其他科技群集區域，高出了百分之四十[51]。由於這種流動性和相互依賴性，矽谷社群得以蓬勃發展，呈現指數級的成長。一九五九年時，矽谷有一萬八千個高科技工作職位。到了一九七一年有十一萬七千個，一九九九年時，數字提高為四十九萬八千個，二〇二〇年時則有超過一百七十萬個工作職位[52]。

矽谷的起源可說是弗雷德烈克．特曼（Frederick Terman）於二戰結束時，在史丹佛大學所做的一個決策。身為工程學院的院長，他把工程學院開放給商業世界。在那個時候，特曼的決定被視為革命性且有些爭議的舉動。根據一九七〇年代於蘋果任職的傑米斯．麥克尼文（Jamis MacNiven）所說：「史丹佛是第一個接觸商業社群的重要大學且規模很大，他們說：『嘿，我們現在採用門戶開放政策。進來吧，一起學習商業，然後出去做生意！』」[53]

「拿史丹佛大學與常春藤聯盟的學校相比，」在一九八一年創立視算科技（Silicon Graphics）以及在一九九四年創立網景（Netscape）的吉姆・克拉克（Jim Clark）表示：「常春藤學校自視甚高，他們認為『我們在商業之上，商業很骯髒。我們談的不是應用，我們關心高階知識和研究。』」[54]然而，特曼明智地忽略了唱反調的人。他出租半平方英里的校方土地，邀請高科技企業成立據點，也鼓勵它們與大學討論其想法，比如：創立課程、俱樂部，以及社團，讓所有人都能從中獲益。與此同時，特曼也接觸投資人[55]。

接下來的幾年，資金和人才開始湧入，例如：崔普、蓋瑟與安德森（Draper, Gaither & Anderson）和文洛克（Venrock）等創投公司[56]，以及奇異（General Electric）、惠普、洛克希德・馬丁（Lockheed Martin）等企業[57]。隨著這些公司的加入也帶來了重大突破，例如：一九六〇年代的半導體（貝爾實驗室）與網路（史丹佛）；一九七〇年代的微處理器（英特爾）、電腦遊戲（雅達利）以及個人電腦（蘋果）。

一九七一年，在貝爾實驗室發明半導體的威廉・蕭克利（William Shockley，現任職於快捷半導體〔Fairchild〕），要求《電子新聞》（*Electronic News*，十四年前，快捷半導體成立了這間報社）的一位記者向社會大眾分享史丹佛故事。該位記者遵守蕭克利的指示，以連續三篇報導描述他所謂的「矽谷」（Silicon Valley），這個五十平方英里的區域，從加州的紅木城往南延伸至聖荷西，是如何誕生與成長，以及矽谷達成的成就。全美媒體迅速留意這篇報導，也開始廣為流傳[58]。

隨著報導的流傳，更多資金和人才湧入、更多企業成立，進而開始有了更多重大突破。從一九八〇年代的圖像（視算科技）、網路科技（思科），以及工作站（昇陽〔Sun〕）；到一九九〇年代的電子商務（ebay）、搜尋引擎（Google）以及伺服器（甲骨文〔Oracle〕）；到二〇〇〇年代的智慧型手機（蘋果）、社群媒體（臉書）以及計程車（Uber）；到二〇一〇年代的電動車（特斯拉）、平板裝置（蘋果），以及智慧型手錶（蘋果）[59]。一切都發生在更多雜誌和報紙媒體相繼成立，分享持續出現的新故事之時，而相關的出版品，包括：一九八〇年代的《蘋果世界》（*Macworld*）、《個人電腦雜誌》（*PC Magazine*）、《個人電腦世界》（*PC*

World），以及一九九〇年代的《連線》（*Wired*）。矽谷於其中蓬勃發展。二〇二〇年，全球前六大最有價值的公司，有四間以矽谷為家——蘋果、Google、臉書，以及特斯拉，四間公司的總值超過四兆美元[60]。在這六間公司組成的獨家俱樂部中，另外兩間公司——亞馬遜和微軟，也許未將矽谷作為總部，但仍然在矽谷成立了辦公室和研究中心。

在矽谷之內，人才經常四處流動，從其中一間公司學習，再將所學技能應用至另外一間公司。高登・摩爾（Gordon Moore）和羅伯・諾伊斯（Robert Noyce）創辦英特爾前，曾經在快捷半導體工作；史蒂夫・賈伯斯和史蒂夫・沃茲尼克創辦蘋果前，分別在雅達利和惠普任職；伊隆・馬斯克協助創辦 PayPal，馬丁・艾伯哈德（Martin Eberhard）曾在慧智電腦（Wyse）工作，隨後共同創立特斯拉；比茲・史東（Biz Stone）在 Google 任職，而伊凡・威廉斯（Evan Williams）在惠普工作，後來一起創辦推特……這份清單永無止盡[61]。

對於相信封閉型公司文化的人而言，這種人才流動性，毫無疑問的，他們會將此描述為不忠，令人深惡痛絕。**但實際上，人才流動性正是矽谷運作的方式，也是為什麼矽谷作為一個對抗全球其他地區的競爭者，能夠如此強大的原因。**曾在二〇〇〇年代於Napster[62]和臉書工作的亞倫．希提格（Aaron Sittig）如此描述：「最好的思考方式就是將矽谷視為一間大型公司，而我們所認知的公司，實際上就像各個部門。有時候，某些部門關閉了，但有能力的人可以在公司的其他部門找到職位。也許是一間新創公司，也許是一個非常成功的部門，例如Google，但每個人永遠都在流動。[63]」開放性就是一切。

這種心態持續見於百年基業之中。即使面對潛在的競爭者，它們依然分享自己的故事、成就、挫折，好讓每個人都能夠從中學習進步。當它們如此時——正如表現良好的囊腫性纖維化醫學中心，就會有更多的資金和人才湧入，進而使更多的重大突破也出現了。正因如此，伊頓公學推動接觸其他學校的外展計畫，美國航太總署協助其他的太空機構，英國皇家莎士比亞劇團支持其他劇團。有些人可能會主張，這種方法過於慷慨，甚至愚笨，認為主動接觸其他機構不符合組織本身的利益，但事實上，真相是恰好相反的。

本章重點

百年基業藉由以下方法獲得信任，以及信任所帶來的益處：

- 分享自身成功和失敗的故事，以協助理解事情的經過和可學習之處。
- 分享故事的方式不只是討論，還有接受訪問和演講、製作紀錄片和影片，以及撰寫文章和書籍。
- 建構並分享公開資料庫，用以鼓勵其他人加入、提供幫助，並會透露何者成功與何者失敗。
- 與圈內人、圈外人，以及競爭對手共同尋找方法，將資金與人才帶入自身的領域。

Centennials

PART 2

顛覆的邊緣

專家
Experts

習慣7

保持開放，廣納外部意見

善用兼職的聰明人才。

在一九七〇年代初期的短短三年內，英國流行音樂傳奇大衛・鮑伊（David Bowie），完成了幾乎沒有其他英國藝人能夠做到的成就——他在美國大受歡迎。鮑伊在洛杉磯所創造的舞臺人格「瘦白公爵」（The Thin White Duke），宛如暴風般登上美國五大單曲（〈名聲〉〔Fame〕）與五大專輯（《站與站之間》〔*Station to Station*〕）。他正值巔峰，但隨後在一九七六年他放棄了一切，扼殺了瘦白公爵的舞臺形象，搬到柏林，開始新的人生階段，並在三年內錄製了五張專輯，其中兩張與伊吉・帕普（Iggy Pop）合作，分別是《白痴》（*The Idiot*）和《生命的渴望》（*Lust for Life*），另外三張專輯《低》（*Low*）、《英雄》（*Heroes*）和《房客》（*Lodger*）則是與布萊恩・伊諾（Brian Eno）和東尼・維斯康提（Tony Visconti）合作。

這不是他第一次激進地轉向。在一九六〇年代晚期，首次達成英國五大單曲成就（〈太空怪談〉〔Space Oddity〕）時，他採用了非常成功的舞臺人格「齊格星辰」（Ziggy Stardust）。柏林也不是鮑伊的最後一站。在職業生涯往後的所有時光，鮑伊每過幾年就會持續地「變檔」，找到新的目標——他到了法國、倫敦，然後是紐約。

許多人對於鮑伊的轉變感到困惑不解。在超過四十七年的音樂職業生涯中，鮑伊一共推出了二十六張錄音室專輯，其中十二張專輯的製作人是維斯康提，而維斯康提認為：「每一次，鮑伊發行一張新專輯，就有許多人討厭那張專輯⋯⋯人們會說，為什麼他不願意再度錄製〈反叛的反叛者〉（Rebel Rebel），或者他為什麼不能再寫另外一首〈太空怪談〉？」維斯康提也解釋了為什麼鮑伊總是求新求變，答案非常簡單：「因為他已經做過了。[1]」

鮑伊永遠都在求新，他的創意永不止息。他的創作才能亦是如此，雖然許多人起初抗拒，最終仍會接受鮑伊的自我重塑。「隨著《美國新生代》（*Young Americans*）的發行」，維斯康表示：「你聽到人們說白人本來就不該創作靈魂樂，而唱片公司幾乎不願意發行《低》，因為專輯的人聲不足。但每個人都喜歡《低》——這張專輯孕育了蓋瑞·紐曼（Gary Numan）以及許多其他風格的英國電子音樂。」直至鮑伊在二〇一六年過世時，他已經被普遍承認為是有史以來最有影響力的音樂家之一。幾乎每個人都翻唱過他的歌曲，從節奏藍調明星到龐克和嘻哈的狂熱信徒。

他有十九張專輯入選為英國五大專輯，在美國還有另外五張專輯達成這個成就。他的最後一張專輯《黯黑祕星》（*Blackstar*）融合了藝術搖滾和爵士，榮登英美兩國的排行榜冠軍[2]。

鮑伊的持續成功，多歸功於他願意不斷地求新求變。他如此描述自己搬至柏林：「柏林，是一個奇異的獨特之地。戰後，柏林被吸入東德的中央——成為東德中央的島嶼，以致所有產業、所有的大型商業都移出柏林，只留下了空蕩的大型工廠和倉庫。於是，後來學生和藝術家搬入柏林。整個柏林變成一座工作坊。正因如此，待在柏林這個地方感覺非常美妙。[3]」

當時東西德之間蜿蜒的柏林圍牆，也讓鮑伊在藝術上受到了啟發。事實上，由於他深受啟發，他甚至決定緊貼著柏林圍牆錄製新專輯。「你可以看見守望塔上的士兵，」伊諾解釋：「但我不認為任何人曾經有任何時刻認為，那些士兵會隨意朝著我們開槍或做任何事情，但確實為那張專輯增添了一縷地理特質，因為我們身處在一個性格強烈的地方。我猜想，那種感受所帶來的轉變，則是讓你認為自己也要做件強烈的事情。在那種氛圍之中，表達某種平庸或索然無味的事物毫無意義。於是，你想要提出強烈的主張。」[4]

然而，還有另外一個關鍵因素。鮑伊也許是一位全球巨星，但他從來不會害怕尋求他人的協助和啟發。回憶錄製《低》這張專輯時，維斯康提描述鮑伊如何工作：「他永遠會有樂團的核心，在這張專輯時，核心是擔任鼓手的丹尼斯．戴維斯（Dennis Davis）——他是我合作過的最佳鼓手之一，卡洛斯．阿洛馬（Carlos Alomar）演奏吉他，而喬治．穆瑞（George Murray）是貝斯手。他們大致上一直與鮑伊合作，從《美國新生代》開始，鮑伊就帶著他們一起旅行，所以他們三個人是樂團的核心。」[5]他們還會在每張新專輯中加入七、八位新的樂手，比如：吉他手、電子琴手、和聲歌手，好讓每首歌有不同的稜角。在鮑伊的職業生涯中，他與將近兩百位樂手合作，平均一張專輯十二位。大約四分之一是鮑伊過去其中一張專輯合作過的樂手——他們是穩定的守望者，知道鮑伊的創作方式；其他人（大多數的新樂手）則是鮑伊欣賞的對象，且往往是新人，鮑伊希望他們可以挑戰他，並且改變他。

《低》的製作方式充分展現了鮑伊的創作方法。錄音的核心是三位樂手，分別是：貝斯手、主吉他手，以及鼓手，而鮑伊在過去三年來都與他們合作；還有六位新加入的藝術家，鮑伊往後再未與之合作，其中，最值得一提的是布萊恩．伊諾。伊諾在五年前和羅西音樂（Roxy Music）樂團闖出名號。伊諾設計了一組卡片，共有一百二十七張，他將其稱為「迂迴策略」（Oblique Strategies）。他用這些卡片打破熟悉的模式，改變既有的創作方式。每張卡片會建議一個行動，強迫你用不同的方式看待事物或採取行動[6]，例如：「要求人們違背自己的最佳判斷」、「改變樂器的角色」、「做無聊的事情」或「強調缺陷」。

「我們每個人拿一張卡片，但必須保密。」伊諾解釋：「每張迂迴策略的卡片都告訴你一種運作方式——一種技巧，然後我們開始處理相同的音樂段落，但採用完全不同且保密的目標。例如，其中一張卡片上面寫著：『創作是盡可能安靜且低調的東西。』另外一張卡片樂手則說『弄得亂七八糟』或類似的想法。所以會有兩個人想要將這段音樂拉到完全相反的方向。有了這種張力，當然就能創造出非常出色的樂曲。」

「我們設計了一套系統，舉例來說，我用鋼琴彈一段，」鮑伊回憶道：「再調低混音器的音量，所以他們只能聽見鼓聲，（布萊恩）只知道我用什麼調。接著，他錄製另外一段旋律——他聽不到我演奏的部分，但知道用什麼調。我們隨後開始輪流錄製，但聽不見彼此的段落。到最後，我們結合所有片段，看看情況如何，看看這種創作結果怎麼樣。『哦，第三段、第七段，以及第五段聽起來很棒。』於是我們把其他段落的音量完全消除，只留下第三段、第五段，以及第七段，而那就是那首歌的基礎。」[7] 鮑伊和伊諾也不害怕讓其他人跳脫舒適圈。例如，《英雄》專輯第三首歌的主吉他手羅伯·費利普（Robert Fripp）被要求在完全沒有聽過的情況下，全力演奏旋律。其他樂器完成錄音之後，鮑伊就會進入錄音室，錄製主人聲，直接回應其他人完成的段落。以這種方法所引發的創作張力，根據維斯康提的說法，正是我們在同名歌曲〈英雄〉中聽見那股獨特昂揚吉他旋律的由來。

參與鮑伊十一張專輯製作的吉他手卡洛斯·阿洛馬，如此總結鮑伊的創作哲學：

「他是永不止息的人。他不喜歡舒適。舒適是被特定的音樂類型驅使，但你必須小心，因為舒適比你更長久，舒適會超越你。大衛有一句話很棒：『如果你不放手，就會被拖著走。』他是大衛二・〇，大衛三・〇。如果我想用五個吉他音箱，他就會替我準備五個音箱；如果我想用不同的方式錄製某個東西，我們就會這麼做。重點在於改變、改變、改變。（其他樂手）可能會加入某個元素，停留於此。大衛則是加入某個元素，然後放手。[8]」

故步自封的黑莓機

要像鮑伊一樣，定期更換地理位置，以藉此激發創意和嶄新的視角，對於大多數的人而言可能過於激進且不切實際，然而，其中的「納入圈外人」並非如此。話雖如此，人們往往排斥「值得從不同角度思考事情，或外部專家能教導某些有用的事情」的這個概念。換言之，我們必須要有一定程度的謙遜（正如鮑伊所展現的），才能開放心胸，接受外部的檢驗和觀念。

封閉心態所帶來的危險經常可見。封閉自我的組織會重蹈覆轍、延續錯誤或效率不彰的工作方式。他們無法看見機會和威脅，到最後，他們故步自封的心態可能會摧毀他們自己。

行動電話公司黑莓的命運，清楚展現了這個觀點。長久以來，黑莓一直都是非常成功且位居領先的公司。黑莓公司的創辦人麥克．拉薩里迪斯（Mike Lazaridis）白天接受電子工程師訓練，到了晚上則是學習電腦科學技能，並在一九八〇年代中期，創辦了黑莓公司（公司名稱為「行動研究」〔Research in Motion〕），當時的他年僅二十三歲[9]。隨後，他用了八年時間研究不同的想法，直到他與一位來自哈佛大學的企業管理碩士吉姆．巴爾西利（Jim Balsillie）合作。巴爾西利鼓勵拉薩里迪斯專注開發雙向呼叫器，而這個產品後來成為了一支行動電話，最後蛻變為黑莓機——全球第一個搭載簡易電子郵件功能且具備完整鍵盤的智慧型手機。新黑莓機立刻大受商務人士的喜愛。二〇〇六年，黑莓公司聘請超過六千名員工，一天銷售超過五萬支智慧型手機，並且每年持續推出新的改良版本[10]。在黑莓機的巔峰時期——二〇〇九年，黑莓公司掌握了將近半數的全球智慧型手機市場[11]。

然而，蘋果在二〇〇七年推出iPhone時，黑莓機已經變得自滿。黑莓公司認為其核心市場非常穩固，輕視競爭對手。「iPhone不安全。」黑莓公司的營運長賴瑞・康利（Larry Conlee）在iPhone上市時這樣告訴一位記者：「iPhone的耗電量非常高，鍵盤設計不良。」黑莓公司執行長巴爾西利補充道：「情況就像又有人加入一個已經非常飽和的市場，這個市場的消費者有很多選擇。但如果要說這種情況會對黑莓機造成重大改變，我認為言過其實了。[12]」摩立特集團（Monitor Group，由哈佛大學教授麥可・波特成立的管理顧問公司）所提出的報告讓黑莓公司感到寬心，該報告指出，iPhone永遠不會成為重大威脅，而黑莓公司若想要保護目前的市場主導地位，只需要「加強廣告和推銷產品」[13]。

關鍵的問題在於，黑莓公司未能理解iPhone實際代表了什麼。儘管設計良好，但黑莓公司只將iPhone視為另外一支手機；黑莓公司並未明白iPhone實際上是一臺電腦，只是「剛好」擁有電話的通訊能力[14]。相較於 iPhone 的軟體，黑莓的軟體過時。除此之外，黑莓公司遵守傳統的專用開發路線，而當時蘋果和 Google 等公司都在開發作業系統，吸引數千位獨立開發者為其創造應用程式。因此，蘋果和 Android（俗稱的安卓系統）的行動電話可以不斷強調「我們有這種功能的應用程式！」時，應用程式的開發人員則是在部落格上抱怨與黑莓機合作是不可能的[15]。

待黑莓公司恍然大悟時，已經太晚了。二〇一三年，黑莓機商店有八萬個應用程式。相形之下，蘋果和安卓系統的消費者有超過一百萬個應用程式可選擇。黑莓公司還可以苟延殘喘幾年，將業務拓展至重視價格且創新產品較晚進入的市場，例如：亞洲、拉丁美洲、中東。但等到使用 Google 軟體的廉價三星手機問世且網路速度開始提高時，黑莓機的銷售額一落千丈——從二〇一一年的兩百億美元，五年之後只剩下二十億美元。二〇一六年九月二十八日，黑莓公司在失去百分之九十七的市占率之後，宣布將硬體業務賣給中國電子公司 TCL。四年之後，黑莓公司完全停止生產手機[16]。

黑莓公司的封閉心態絕非罕見，導致其隕落的情況亦是如此。過去六十年來，美國的信用評比公司標準普爾，每年都會發表美國股市最有價值的五百間公司（稱之為標普五百）[17]。二〇一七年，三位美國學者對標普五百指數進行研究，發現個別公司跌出指數的原因，全都是遭到不同領域的公司突襲[18]。以黑莓公司為例，其關鍵的威脅來自一間電腦公司。至於其他領域，舉例而言，汽車產業因為一間能源公司（特斯拉）而發生重大改變，媒體因為一間軟體公司（臉書）而出現了根本性的轉變，零售業則是受到一間科技公司（亞馬遜）的影響，變得與過去完全不同。三位學者也發現，改變的比例（哪些公司進入和跌出標普五百指數的比例）正在增加。

顛覆性的公司，例如特斯拉，其作為不一定是革命性的。它們使用的觀念和技術早已存在，只是它們將其應用在未曾使用這些觀念和技術的市場。畢竟，在蘋果應用至手機之前，觸控式螢幕早已存在多年，正如特斯拉將電池用於車輛之前，電池科技早已存在數十年。由此可證，**必須有來自不同領域的嶄新思維，才能建立連結，看見其中的潛力。**

雖然這種類型的產業顛覆事件，現在已有詳細記載，承受重創的公司數量也持續增加——無論黑莓公司、通用汽車、百視達（錄影帶）、博德斯集團（Borders，書商零售）或其他眾多公司，但大多數公司仍然盲目得令人遺憾，看不見即將到來的挑戰和威脅。幾乎毫無意外的，理由都是因為它們看錯了方向。根據上一段提到的標普五百指數研究，受訪執行長中有五分之四相信公司會在未來十五年面對重大威脅，而其中四分之三認為威脅來自於同業競爭而非外部領域[19]。他們如此專注在手中的目標，只能看見眼前的事物；他們從來不會觀察左右，或檢查後方有何追兵[20]。

這些執行長同樣容易受到另外一個心理障礙的影響，而這也是多數人常見的問題。在本質上，作為一個物種，人類很容易過度重視自己同意的觀念，並低估不同意的觀念[21]。因此，面對違背我們世界觀的真相或可能性時，我們就會躲藏於心理學家所說的「確認偏誤」（confirmation bias）——三分之二的人會直接拒絕新的觀念，一半的人如果認為新觀念可能會動搖既有的觀點或偏見[22]，從一開始就不會主動尋找。相反地，我們的預設立場是，只考慮能夠支持自身觀念的證據，只會傾聽我們熟悉且知道必定會表達贊同的人[23]。

這種行為模式其背後有充分的實踐理由。雖然確認偏誤可能導致不良決策，但也更容易完成目標，並說服其他人追隨我們的領導，相信我們的觀念正確。正如一位心理學家告訴我的：「如果我們所有人都同意相同的觀念，就不會浪費時間討論，可以立刻著手執行。[24]」換句話說，在事情簡單、穩定且可以預測時，確認偏誤能夠運作良好。

然而問題在於，如果事情並非如此，確認偏誤就可能是場災難。

如何防止落入確認偏誤的可怕陷阱？

百年基業既了解這個基礎事實，也知道如何避免陷阱。為了遠離確認偏誤、保持新觀念流動並準確找出最佳的實踐方法，他們尋找的，不只是專注於增加獲利等短期目標的企業管理碩士或管理顧問，而是顛覆性的外部人士和專家，因為這些人會質疑並挑戰一切。

正如前英國自行車協會的運動表現總監彼得・基恩向我解釋的：「我們最大的突破，向來發生在與外界的傑出專家合作之時。這位專家會用完全不同的方式，觀察我們的問題。」[25]感謝外部人士，他說，英國自行車協會完全改變了安全帽和自行車的設計、車手騎乘的方式，以及每場比賽的心理準備。奧運金牌選手克里斯・博德曼（Chris Boardman）曾與基恩合作，他描述這種方法就像「專業和無知的完美結合，帶來巨大的創新步伐」[26]。美國航太總署向英國自行車協會取經，尋找營養專家和心理學家解決問題，而英國皇家藝術學院邀請工程師和科學家加入，啟發學生如何思考用更好的新方法改變世界。

運用外部專家的方法有兩種。他們可以在組織內兼職，繼續在其他地方從事尖端計畫，待計畫取得成果時將益處帶入組織。或者，他們全職在組織工作，但分散精力，同時處理至少三個不同的計畫。

英國皇家音樂學院用第一種方法尋找外部人才。「我們很早就學到了，」副校長提摩西．瓊斯（Timothy Jones）對我解釋道：「如果花太多時間和我們共事，他們的想法就會失去新意，因為他們只用我們的觀念，處理我們的問題。所以我們邀請他們兼職合作。我們發現，只要求他們投入部分時間合作時，更容易召募到最佳人才。」[27] 英國自行車協會的營養專家、心理學家、科學家也用類似的方法，同時與另外兩支奧運代表隊合作。

至於第二種合作方法，可見於美國航太總署的生物學家、工程師和氣象學家，他們以全職方式受僱於這間太空機構，但通常會同時處理多個計畫。第二種方法的益處往往以無法預期且令人驚訝的方式出現，正如黑衫軍從慘痛教訓中汲取的經驗。

二〇〇四年，黑衫軍面臨一個真正的問題。他們發現自己參加錦標賽時經常被視為大熱門，卻屢屢失利，於是他們開始思忖造成問題的可能原因。或許責任出在團隊領袖身上，所以他們決定擴展領導的基礎，不再限於隊長，讓球員自行選擇領導者；也許問題出在球隊文化，橄欖球聯盟在九年前職業化，有人擔心球員變得更加重視何者更符合自身利益，而不是何者能夠幫助球隊，於是，「禁止混帳」政策和「更好的人品建構更好的黑衫軍」哲學於焉誕生；也或許問題出在人才上，所以隨後的四年，黑衫軍在不同的位置上輪換三十位球員，觀察誰在什麼位置表現得最好[28]。

雖然黑衫軍依然是世界級的球隊，但接下來的二〇〇七年世界盃展現了歷史重演的所有跡象。黑衫軍完全主導了前四場比賽，得分高達對手的八倍。隨後，他們進軍八強賽，但步履蹣跚，最終輸給法國，成為黑衫軍有史以來在世界盃的最差表現。「比賽結束的哨音響起之後，」黑衫軍當天的傳接鋒丹．卡特回憶：「我們聚集在我職業生涯中最為淒涼的更衣室。我們是這屆賽事的大熱門，卻在八強賽中失利。[29]」

「我們沒有發揮最佳表現。」時任黑衫軍隊長里奇．麥克考說：「這是最難以接受的。此外，我們回家以後，又會是什麼情況？顯然整個國家、所有國民都大失所望了，而你卻只能想著『這件事情不該發生』，但它就是發生了。[30]」

現在，黑衫軍向一個看似不太可能的來源請求協助。凱瑞．伊凡斯（Ceri

Evans）曾是位足球員，後來成為司法精神科醫師。他目前的工作是刑事法庭的專家證人、國家級健康計畫的心理健康專家和表現心理學家，專門幫助商業領袖、律師、醫師，以及特種部隊提升在壓力之下的表現。果不其然，正是伊凡斯能從完全不同的角度看待一切，進而準確找出問題所在。

「一隻大型犬突然出現在我們面前時，」他解釋：「我們只需要看見並感受到那隻狗很憤怒，正在低吼，而不是牠的名字、品種，或者喜歡的公園。這個認知系統的核心特質是速度。因為它與恐懼等情感相關，所以稱為『熱系統』。我將這個系統稱為紅色系統。」

「只要我們安全避開那隻狗，」伊凡斯繼續說道：「就能思考如何在未來避開狗的行走路線⋯⋯這個系統讓我們得以解決問題，設定目標，學習並且適應。因為這個系統與思考和理性分析有更多關聯，所以稱為『冷系統』。我將這個系統稱為藍色系統。」

從專業的角度來說，伊凡斯區分了大腦的杏仁核區域——以戰鬥、逃跑或凍結等方式，應對突如其來的危機，以及用於思考的大腦皮層。伊凡斯的重點在於，在壓力之下，黑衫軍只看見紅色系統。然而黑衫軍需要的是，他說，學會看見藍色系統。「凱瑞讓我們練習，」麥克考回憶：「協助我們從紅色系統轉換至藍色系統。緩慢且刻意地呼吸，用鼻子或嘴巴，以兩秒作為間隔。呼吸時，在吐氣時握住自己的手腕，然後將注意力轉換至某個外部的事物——地面、雙腳、手上的球，甚至交替注意腳拇趾或觀眾席。」「你還需要做的另外一件事，」麥克考如此描述伊凡斯的方法：「就是為了不可預期的事情擬定計畫，如此一來當那件事情發生時，就會變成合乎預期，也就不會覺得無助了。」[31]

關鍵時刻出現在二〇一一年的世界盃決賽，黑衫軍在紐西蘭的奧克蘭對戰法國。一如往常，黑衫軍早早取得領先，卻只能看著自己慢慢失去優勢。此刻，麥克考站在球場中央，思考下一步該怎麼做。他並未恐慌或失去控制，而是緩慢地呼吸——每次間隔兩秒，讓自己冷靜。他握住手腕，用力踩住地面，讓自己回到這個時刻。「與其說驚訝，」他回憶道：「我認為這場比賽的發展完全符合我一直以來的預期。所有的隊友都圍在我身邊。我說話，他們仔細聆聽……沒有人的目光呆滯，也沒有人陷入紅色系統。」「不要慌張。」他告訴隊友：「我們知道情況會是如此。我們已經做好準備。」[32]半個小時後，黑衫軍贏得了睽違二十四年的冠軍。

但黑衫軍並未止步於此。世界盃結束之後，球隊立刻從自身的領域之外尋找更多觀念。他們和巴西鐵籠格鬥家合作，學習如何用更好的方法抓握；他們請英國的芭蕾舞者教導他們如何用更好的方式抬人；他們向英國賽車車隊請教如何更有效地運用科技；他們聯絡美國的籃球隊，學習更好的進攻觀念；他們與美國海軍陸戰隊交流，了解更好的簡報方式[33]。四年後，他們完成了世界盃二連霸。

興趣愈廣，專業能力愈強

時至今日，百年基業不只是偶爾引入顛覆專家，而是時時刻刻都在運用他們，並**確保顛覆專家在整體人力中占了顯著的比例，其通常介於三分之一至三分之二。**

他們可說是牡蠣中的砂礫，用於創造珍珠，而穩定的守望者（通常占了四分之一）負責指引方向，高效的執行者（通常是整體人力的十分之一至一半）則是貫徹執行。

讓整體人數如此龐大的顛覆專家參與其中，可能顯得有些奢侈或具潛在風險。然而，如果希望挖掘出所有的外在潛力人才，顛覆專家的總數確實需要這麼多。無論如何，百年基業懂得如何謹慎運用顛覆專家——只在特定的時刻請他們處理特定的計畫，因此百年基業可避免過度顛覆所可能導致的偏離常軌。過去一百二十年來，在曾經效力於黑衫軍的一千兩百位球員中，有四分之三可以稱為顛覆專家，因為他們參與的正式國際賽場次皆少於十場，換言之無論在任何時刻，黑衫軍只有三分之一的球員會上場比賽[34]。英國自行車協會、英國皇家音樂學院，以及英國皇家藝術學院均運用了大量的外部專家，但都以兼職方式邀請，並謹慎地以全職員工作為平衡。

百年基業傾向用兼職的方式運用顛覆專家，或者讓他們同時處理多個計畫，這個事實也有高度的重要性。百年基業不只考慮實務的便利性或經濟上的必要性，而是知道若要讓顛覆專家保持最佳的創意狀態，他們也必須在日常生活中有一定程度的顛覆性。專注處理單一計畫可能會導致心智停滯，反之，參與多個計畫可以保持創意的泉水源源不絕，並促進觀念的交互啟發。

從這個層面來看，歷史上許多擁有偉大創意心智的人物都有不止一項熱愛的事物，絕非巧合。例如，針對過去百年來超過七百位諾貝爾獎得主的研究顯示，其中多數人不只是自身領域的專家，還有其他興趣[35]。**「追求其他的愛好」被證明比「高智商」更能成功預測是否會獲得諾貝爾獎。**「高智商就像籃球員的身高，」哈佛大學教授大衛・波金斯（David Perkins）解釋：「雖然重要，但想要成為一位傑出的籃球員，還有許多比身高更重要的條件。[36]」

無論如何，正如多項研究所示（其中最著名的是特曼研究〔Terman study〕，該研究從一九二一年至一九九六年追蹤一千五百二十一位智商超過一百三十五的孩童生活），高智商本身不代表能夠達成任何重要的成就[37]。生理學家羅伯・魯特—伯恩斯特（Robert Root-Bernstein）和研究團隊比較了諾貝爾獎得主，與其他並未獲得殊榮的七千位科學家，發現桂冠得主身兼視覺藝術家、雕刻家或版畫家的機率為七倍；

身兼工藝家，涉獵木工、機械、電子或製造玻璃的機率為八倍；有十二倍的機率會寫詩、短篇故事、劇作、散文、小說或暢銷書；以及二十四倍的機率可能同時身兼業餘演員、舞者、魔術師，或者其他表演者[38]。諾貝爾獎得主的大名和興趣足以說明一切。一九一八年贏得諾貝爾物理學獎的馬克斯·普朗克（Max Planck）會演奏鋼琴和作曲；亞伯·愛因斯坦（一九二一年諾貝爾物理學獎得主）喜歡賞鳥、航海和演奏小提琴；伊曼紐艾拉·夏彭提（Emmanuelle Charpentier）的基因編輯成果讓她獲得二〇二〇年的桂冠殊榮，而她也熱衷於跳舞和鋼琴。

適用於諾貝爾獎科學家的事實，對於諾貝爾獎作家來說同樣成立。平均而言，他們追求某種嗜好的機率至少是一般美國公民的兩倍[39]。厄尼斯特·海明威（一九五四年諾貝爾文學獎得主）熱愛拳擊、釣魚、狩獵；內莉·薩克斯（Nelly Sachs，一九六六年得主）喜歡音樂和舞蹈；威廉·高汀（William Golding，一九八三年得主）從事考古、下棋、音樂、航海；納丁·戈迪默（Nadine Godimer，一九九一年得主）的嗜好是雕刻；露伊絲·葛綠珂（Louise Glück，二〇二〇年得主）則是繪畫。

被問到這個現象時，桂冠殊榮的得主解釋了其他興趣如何協助他們釐清挑戰和想法。威廉・奧士華（Wilhelm Ostwald，一九〇九年諾貝爾化學獎得主）、亞伯・愛因斯坦（一九二一年諾貝爾物理學獎得主）、芭芭拉・麥克林托克（Barbara McClintock，一九八三年諾貝爾生理學醫學獎得主），以及克莉絲蒂安娜・紐斯林－沃爾哈德（Christiane Nüsslein-Volhard，一九九五年諾貝爾生理醫學獎得主）都說，演奏音樂有助於讓他們的思緒漫遊（轉換不同的關注焦點），最後讓他們的思緒有空間，釐清他們想要解決的問題[40]。愛因斯坦說當思緒停頓時，永遠都會拿起他的小提琴，他說：「我是憑著直覺想到相對論的，音樂就是這個直覺背後的動力。」[41]喜歡繪畫或素描的得主則說，這個興趣有助於讓他們以視覺化的方式理解他們想要領略的事物。

「我心中始終有個隱隱浮現的問題，」桃樂絲・霍奇金（Dorothy Hodgkin，一九六四年諾貝爾化學獎得主）回憶她嘗試揭開胰島素分子的祕密時說：「如果有人可以真正『看見』分子，是不是更有幫助？」[42]於是她開始使用X光機拍攝胰島素。

諾貝爾生理醫學獎得主聖地亞哥・拉蒙・卡哈爾（Santiago Ramóny Cajal，一九〇六年）則說：「想要達成重大的突破，你聘請的科學家必須『擁有永不止息的豐富想像力，將自己的精力用於追求文學、藝術、哲學，以及心智和身體的各種休閒活動。對於遠處的觀察者而言，看起來就像他們正在分散和揮霍自己的精力，但實際的情況則是他們正在集中精神，同時讓自己變得更有力量。』[43]」

另外，顛覆專家也經常改變他們研究的主題。正如魯特－伯恩斯特的解釋：「終其一生實現重大突破的人們，持續地探索其他研究問題，即使是在他們專注於一個或兩個重要的問題時……他們通常會提到，必須在找到解決方法之前，放棄其中一個問題，或者是唯有另外一個正在處理的相關問題獲得結果時，才會找到解答。他們通常會將問題『放在心中慢慢的醞釀』，直到足夠的資料、新的技術科技，或者某種洞見終於出現。[44]」有些人將這種方法稱為「慢速多工」（slow-motion multitasking）[45]。查爾斯・達爾文撰寫《物種起源》時，研究了藤壺、蚯蚓和蘭花；許多人都知道李奧納多・達文西交替地鑽研繪畫素描，並研究生物學、化學、物理學[46]，可見慢速多工能讓創意的泉水源源不絕。

討論在組織內運用顛覆專家的最佳方法時，關鍵是發揮他們無可置疑的優點，而非其潛在弱點。他們加入組織不是為了處理文書作業；他們加入組織，也不是為了管理。許多組織常見的錯誤，是為了獎勵專家，因此讓專家晉升為必須承擔他人責任的角色，或者要求他們持續填寫文書表格，出席會議解釋自己正在做什麼。當然，他們可能會非常適應這種角色，但更有可能的情況多半不是他們非常掙扎、表現不如預期，就是將才能浪費在他們非常不擅長的事情。一般來說，管理最好交由穩定的守望者，而行政應該交給高效執行者。

專家加入組織，是為了帶來新的觀念和突破。魯特－伯恩斯坦的研究發現，只有兩位諾貝爾得獎科學家可以被視為「參與行政工作，但也只維持了非常短暫的時間」，而該研究的結論認為「終其一生創造重大突破的人們，不會單純地滿足於重新處理舊的領域、精鍊過往的洞見，或成為他人研究的行政管理者。[47]」該篇研究也表示，將行政管理職位交給研究科學家，往往證明是適得其反的舉動，因為這會讓科學家疏遠自己的研究，減少他們實現重大突破的機會。

那麼，要如何讓顛覆專家遠離不適合他們，或者其他人能夠做得一樣好甚至更好的任務呢？讓顛覆專家有足夠的時間和空間非常重要。從歷史上來看，獲得諾貝爾獎的科學家在得獎之前，至少會在自己的領域耕耘十年（通常是二十年）。雖然他們全都隸屬於某間大學，但只有四分之一的得獎者是全職在大學中工作[48]。對於一般的組織來說，這種奢侈的安排可能難以實現，但背後的原則依然成立。

本章重點

百年基業藉由以下方法，從各處引進最好的觀念：

- 聘請各領域的頂尖顛覆專家，並同時進行至少一個（通常是兩個）其他的認真計畫或嗜好。

- 確保全體工作人力有三分之一至三分之二是顛覆專家，並能在特定的時刻，運用於協助特定的計畫。
- 邀請顛覆專家以兼職方式或大約三分之一的時間合作，或者全職合作但同時處理至少兩個（通常是三個）不同的計畫。
- 請顛覆專家選擇他們想要處理的計畫，以及他們自認能夠帶來最多影響的領域。
- 鼓勵顛覆專家在有需要的時候，轉換不同的計畫。
- 確保顛覆專家盡可能不需要從事行政管理的工作，方能專注於尋找新的突破。

專家
Experts

習慣8

主動出擊

聘請人才，而不是聘請「履歷」。

二〇二〇年，美國航太總署宣布召募十位新的太空人。一萬兩千人提出申請，所有申請者都完成了兩個小時的線上測驗[1]。四年前，在上一次的召募過程中，美國航太總署收到一萬六千份申請。在兩次的召募中，美國航太總署都仔細評估了所有申請者。為什麼這間太空機構要煞費苦心地徵才，仔細篩選為數眾多的申請者？

簡單的事實是，他們知道一切取決於他們召募的人才品質，而所謂的人才應該盡可能從最廣大的才能庫中選擇。「我們目前進行的召募任務其持續的時間更長，複雜程度也是前所未有。」火星探索計畫的主任道格．麥克奎斯森（Doug McCuistion）解釋：「我們不再尋找能在幾天之內飛向月球並安全回家的人，而是正在尋找可以在太空停留一到三年的人——在國際太空站或進行火星任務。[2]」

「我們問自己的第一個問題，」美國航太總署的心理學家諾希爾．康崔克特（Noshir Contractor）教授表示：「『真材實料』（the right stuff）」——湯姆．沃夫（Tom Wolfe）用這個詞描述包括約翰．葛倫和亞倫．雪帕德在內的水星計畫太空人，依然是「火星任務團隊應該擁有的『正確才能』嗎？我想，我們可以很有自信地表示，答案是否定的。」[3]參與近期計畫的其中一位太空人仔細地解釋：「我們尋找的某些特質沒有改變。我們依然希望找到優秀的團隊成員，可以在壓力之下保持冷靜，如果有需要，也要有能力領導團隊。但我們也要尋找多元的背景和能力；不只是軍事訓練出身的測試飛行員，還有受大學訓練的生物學家、工程師、地質學家、醫生和物理學家，他們可以協助我們解決持續變化的複雜問題，因為我們知道在太空中必定會遇見那種問題。」[4]

我們已經討論過（見本書的習慣二）美國航太總署實施外展計畫，接觸尚在求學階段的未來人才。這種煞費苦心的策略方法，也延續到未來人才申請工作機會之時。美國航太總署並未設定任何可能減少申請者數量的篩選條件，換言之，直到接受完整評估之前，沒有人會被排除在外。「我們試著觸及社會上的所有領域，」詹森太空中心的太空人遴選辦公室主任杜安．羅斯（Duane Ross）解釋：「不只是太空相關的科班訓練生和相關人物，而是任何可能有興趣、具相關背景，且願意來這裡幫助我們的人們。」[5]

這種策略的成果，讓美國航太總署的工作人員來自令人驚嘆的多元背景。過去十年間，美國航太總署召募的二十位太空人中，一半是女性，五分之一來自融合的族裔背景；從學術研究和專業背景來看，一半的太空人曾擔任飛行員，三分之一為科學家，還有六分之一如果不是出自醫療領域，就是空軍或陸軍[6]。鑒於申請者的人數，這種多元性應該不會讓人驚訝，但許多人可能會驚訝的是，從第一次申請到正式任命為太空人的過程竟如此漫長——時間長達十八個月。

「選人很難！」羅斯繼續說：「不能只看單一條件。我們想要找到一群優秀多元的人才，因為那才是獲得最佳結果的方法。我們有些基礎的學術成績要求，所以通常會找到在數學、工程，或科學領域上有充分準備的人。但最重要的，則是我們如何在申請者過去的工作經驗，以及他們成為太空人、到這裡就任之後必須從事的工作之間，建立共通且可信的比較標準。另外，我們也會觀察申請者的業餘活動，了解他們能否適應新的情況和環境。因為無論是大團隊，還是飛行組員的小團隊，我們在詹森太空中心和其他中心的所有工作都是團隊合作的。除此之外，也要通過美國航太總署的飛行體檢。」[7]

經過嚴格的評估之後，第一階段的數千位申請者會減少至五百人；在這五百人之中，會有一百人獲選參加六個星期的評估，隨後，五十位會被邀請回來參加另外五個星期的評估。最後，只有十位會獲得這間太空機構的工作職位[8]。「有些人認為，我們用十八個月的時間，評估一萬兩千位申請者，只為了找到我們想要的十個人太瘋狂了。」詹森太空中心的飛行隊員計畫主任珍妮特．卡萬迪（Janet Kavandi）坦承道：「但是招募人才是我們最重要的決策之一，所以我們必須做對。」[9]

謹慎招募人才，可節省很多企業成本

許多人可能會主張，如此漫長且龐大的召募過程，對於尋找未來的太空人來說很合理，但對於更平凡的組織而言，如果不是過於奢侈就是毫無必要，甚至兩者皆是。當然，確實很少企業有時間或資源能進行如同美國航太總署規格的召募計畫，但有太多組織完全反其道而行。他們宣傳徵才，再選擇少數候選人面試，然後在第二次面試時就做出選擇（在第三次面試時做決定的情況更少見）。

組織要想成功，需要找到並留住傑出的人才，這確實是自明之理；對於在每份執行長調查研究中名列前茅的人物來說，當然也是老生常談[10]，但在最重要的時刻，這個道理總是遭到忽視。在大多數的案例中，組織為了合適職位尋找合適人才而投入的努力少之又少。根據近來一項針對美國公司的研究，有三分之一的人在一年之內離職，半數在五年之內離職[11]。**勞動力的持續錯置（dislocation），會產生各種不良影響**。人才召募需要花費金錢，換言之，如果召募的人才無法久留，就是浪費金錢。新的員工可能需要數個月才能適應環境，開始發揮最佳表現，而如果新員工離開，這段時間和金錢都是虛擲。一般認為，想要取代某位離職員工所造成的紊亂，這個成本大約是其薪資的一半至兩倍。換句話說，鑒於美國每年有四分之一的勞動力更換工作，美國商業界每年因為更換工作人員而浪費了一兆美元[12]。這些成本不只影響財務，若組織持續有人離開、又有新人加入，也會打擊士氣[13]。

許多專家認為傳統的召募方法，總是帶來不好的結果；雖然管理階層仍然使用這種召募方法，通常也會同意這個悲觀的結論。在一間典型的美國公司，根據近來的數項研究，五分之四的管理者認為自己並非每次都召募到合適的人才，他們的員工也有三分之二認為自己從事不合適的工作[14]。道理很簡單，「履歷、面試，以及推薦信」的召募方法不成功[15]。大多數的管理者只仰賴履歷表評估求職者，再用履歷表和面試評估少數求職者，最後用履歷表、面試和推薦信評估其中一、兩位求職者。到了這個階段，他們可能已經決定要聘請誰，因此推薦信實際上幾乎是多餘的[16]。因此，傳統的方法基本上只是粗糙的兩階段過程。有些心理學家甚至認為，從帽子裡面隨機抽出一個人，可能會帶來更好的結果，因為這種方法能避免經常悄悄影響傳統召募過程的偏見和成見；當然，還可以節省大量的時間與金錢[17]。

一種常見的假設認為，工作上的不滿通常與薪資水準的不滿有直接的關聯，但實際上這並非完全正確。根據普渡大學心理學家安德魯・傑布（Andrew Jebb）的說法（他分析了世界幸福指數報告二十年來針對約兩百萬人的研究結果），大多數的人都能夠滿足於一筆可支付基礎生活成本和提供少數奢侈品的金額，而所謂「充足」的金額，其實是「令人意外的小金額」。傑布估計的「充足」薪資是「每年大約介於三萬美元至九萬美元（編按：約新臺幣一百萬至三百萬）之間，取決於你的生活地點，以及你有幾位孩子」[18]。超過充足的薪資水準之後，正如其他的研究所示，似乎永遠都會有一個臨界點，亦即：更高的薪資也無法讓你變得更快樂，甚至可能減少快樂的感受。你會開始執著於自己是否確實獲得足夠的薪資，以及你的薪資和他人獲得的薪資相比又是如何。你不再問自己在這份工作中是否真的快樂、你的工作是否重要、你是否覺得自己有所成長，以及你是否覺得獲得支持[19]。

值得注意的是，安德魯．傑夫估計的快樂薪資上限之約略金額，非常接近黑衫軍的教練、伊頓公學的教師，以及美國航太總署太空人的薪水（平均金額略超過每年十萬美元）。這個數字可能是美國平均薪資的兩倍，但仍然只是美國執行長平均薪資的百分之一[20]。

換句話說，縱然薪資是召募人才時的一個重要面向，但不是唯一的因素。人們希望找到能支付生活費用以及滿足微小奢侈的工作，但同時也希望找到能夠自我實現的工作，讓他們覺得自己正在從事值得的事情，並得以從中學習和成長。因此，召募人才的過程，如果並未將這些複雜且細緻的變數納入考量，必定以失敗收場。專注於某個人的履歷，舉例來說，也許能揭示他們過去的成就，但履歷不會告訴你他們有什麼潛力以及未來希望完成的目標有什麼。

另外，面試的問題往往偏頗，反應了面試官的偏好和成見，而非尋找有用的資訊，以理解求職者對於特定角色的合適性。然而，如果面試問題隨機提出，就不可能在不同求職者之中，進行有適當依據的比較。統計數字會說話。由愛荷華大學的法蘭克・史密特（Frank Schmidt）所領導的研究中，詳盡分析了過去八十五年的數千項研究，發現召募人才的標準方法——履歷、面試、推薦信，在最好的情況下，如果三個要素都充分發揮作用，只能預測求職者四分之一的潛力；若只完整考慮其中一個要素，只能預測十分之一或更低的潛力[21]。

以試用取代冗長的面試流程

那麼，究竟百年基業和其他偉大的組織如何召募人才？

誠如前述，例如，美國航太總署等機構的第一步是從事大量的準備工作，這麼做既有助於鼓勵和培養未來世代的太空專家，也能確保盡可能大量且來自多元背景的申請者都會被納入考慮。

黑衫軍深入整個紐西蘭社群，為了數千位孩子舉行數百場工作坊，鼓勵他們未來成為黑衫軍或黑蕨軍（Black Fern，黑衫軍女子球隊，曾創下國際橄欖球賽事最高勝率紀錄之一）[22]。英國皇家莎士比亞劇團同樣藉由工作坊和外展計畫，希望盡可能接觸到最廣大的人才庫[23]，如此也好讓它們可以從容地做出最後的選擇。至於英國皇家音樂學院，則會用三個星期選擇明年的新生。其中一位導師如此解釋這個漫長過程的理由：「如果我們做對這件事情，一切都會順利。倘若我們失敗，一切都有可能出問題。」在招募人才時，它們的目光會越過正在尋找新人才的直屬管理階層，以及隨時都可以協助運用外部專家和前任員工的人力資源部門。例如，英國皇家藝術學院會尋求召募顧問的協助。「最好的人才通常已經有工作，且不打算離開，」一位皇家藝術學院的內部人士解釋：「所以你必須先找到他們，再說服他們加入。因此我們每次徵選新人才時都會聘請召募顧問。我們想要主動出擊，看看有什麼收穫，而不是被動地等人來應徵。」同樣地，黑衫軍也會邀請離隊至少五年的教練和球員回來協助挑選並培養新秀；美國航太總署的前太空人也會收到相同的請求[24]。

正如美國航太總署其詳盡的徵才方式，這些組織機構也大幅超越了傳統的履歷表與面試方法。它們會採用性向測驗，有些組織還會讓有潛力的求職者接受試用。例如，全球咖啡連鎖店「即刻食用」（Pret a Manger）、英國高傳真視聽音響連鎖店里奇爾音響（Richer Sounds），以及美國的西南航空經常邀請人才合作數個星期，甚至更久，再決定是否聘用他們；也會邀請曾經在試用期合作過的人們協助評估新人。所有人都相信這種召募方法可以確保更快樂的工作環境，不只是因為有機會判斷求職者與未來的同事能否融洽相處，也是因為可以觀察求職者能否適當地應對客戶[25]。正如學者法蘭克．史密特所說：「判斷一個人潛力的最佳方法，就是在實際行動中觀察，看看他們能否吸收資訊、與人合作，並在特定的時刻或情境中做出決策。」

一般認為，使用履歷表、面試和推薦信的召募方法，其最好的結果是有四分之一的機率正確判斷出候選人的潛能，而觀察他們的實際表現，則是可以將機率提高至三分之一。然而，若將這兩個方法結合，再加上設計良好的能力和性格測驗，其機率更可進一步提高至五分之四。如果組織願意費力，花時間交叉檢驗過去的測驗結果和徵才表現，使相關測驗更為精緻正確，就有可能以十分之九的機率，成功預測求職者的潛力[26]。毫不令人驚訝，**所有的百年基業在正式聘僱之前，都會先請對方以兼職的方式合作，並進行能力和性格測驗**[27]。

加速二戰結束的布萊切利莊園

若問有哪個組織可以提供教科書級的範例，說明這種不辭辛勞的召募方法所帶來的益處，那就是在第二次世界大戰期間、位於布萊切利莊園的英國密碼破譯中心。密碼破譯中心面對的挑戰極為龐大。布萊切利莊園的專家想要破解德國恩尼格瑪（Enigma）密碼所使用的一部機器，而這部機器使用三個轉盤，可以安裝在轉軸上六個設定位置中的任何一個，每個設定位置還有二十六個可能調整，再連結可配置十個插孔與六百種可能配置的接線板。密碼設計者有總數超過一百五十兆的組合可供使用，且密碼每天都會改變[28]，由此可見，恩尼格瑪似乎不可破解。

戰爭在一九三九年爆發時，布萊切利莊園的工作人員只略為超過一百人。壓力迅速增加，莊園需要招募額外的數千名人員加入，但他們必須是正確的人選。在一九四二年被召募的瓊・喬斯林（Joan Joslin），後來如此回憶她在聖誕夜於倫敦外交部參加面試時必須通過的層層考驗。「我見到一位令人非常反感的女性，她的名字是摩爾女士（Miss Moore）。在宏偉的辦公室中，她坐在一張巨大的桌子後方，開始問我一連串的問題，例如：我喜歡的東西、嗜好，還有一般的問題。」喬斯林說：「我記得自己告訴她，我喜歡數學和英語。[29]」隨後，喬斯林參加一系列的解謎和測驗，再接下來則是其他人主持的進一步面試。「一開始，他們很嚴厲。」喬斯林回憶道：「後來變得友善，然後又變得嚴厲。我想是因為他們希望我保持警覺。」所有過程完成之後，她獲得了一張旅遊許可，外交部要她回家打包行李，隔天早上搭乘火車，前往布萊切利。

各行各業的人物都被帶到布萊切利莊園。戈登・維爾赫曼（Gordon Welchman）是布萊切利莊園最初召募的四個人之一，根據他的說法：「一開始，我們召募密碼攔截者、密碼語言學家、輸入員，要求他們攔截、解密，並轉譯我們收到的訊息，但我們的進展只有這個程度。所以我們隨後開始召募數學家和科學家，看看他們能不能在資料中察覺任何規律，還有工程師和技師，希望他們可以設計加速破解的機器。[30]」早期許多的招募對象，都是布萊切利莊園內彼此認識的人，但不需要太久的時間，這個人際網絡已徹底耗盡。因此，召募者開始看得更遠，特別是召募更多的女性。歷史學家辛克萊・麥凱（Sinclair McKay）描述「數千名聰明的年輕女性……來自全國各地和各式各樣的教育背景，因為回答了申請表上一個看似無害的問題而獲選。那個問題，是詢問申請者是否喜歡填字謎題或類似形式的益智遊戲。如果答案是肯定的，隨後就會進行幾個非常慎重的智力測驗。[31]」在一九四二年至一九四四年間，受到召募而加入的女性人數增加三倍，甚至占了布萊切利莊園總人數的近四分之三。在同一段時間，沒有大學學位的密碼破解者人數提高四倍，占員工總數的三分之二[32]。隨著召募人數增加，布萊切利莊園使用的召募方法也更為細緻。到了戰爭結束時，布萊切利莊園發展出一套標準化測驗[33]。麥凱指出，填字遊戲是「最知名的人才補蝶網」，也提到使用其他「謎題……從水平思考測驗，到涉及虛構神祕語言的問題……從埃及的象徵符號到超現實的路易斯．卡羅（Lewis-Carroll）[34]風格邏輯問題，受試者必須用上下顛倒的方式看待世界」[35]。隨著人才庫擴展，文化也改變了——變得更為多元。「從各個方面來說，布萊切利都是個非比尋常的地方。」曾在布萊切利莊園工作三年的密碼語言學家艾倫．史翠普（Alan Stripp）寫道：「平民和三軍人員，英國人和同盟國人，幾乎不分年齡、階級和背景並肩作戰。我們所需要的紀律從工作之中自然誕生，而非來自上級的施加。如果八小時的輪班時間太短，無法完成一項緊急任務，任務本身也足以令人全神專注，就根本不會離開。[36]」

「我們有些人是授階軍官，但只有在自己想要或有高層軍官可能來訪時，才會穿上軍服。」曾經在布萊切利莊園工作六年的律師彼得・卡爾沃科雷希（Peter Calvocoressi）說道。「那裡不是一個需要向彼此敬禮的地方。」在休閒時間，密碼破解者會參加布萊切利莊園眾多社團的其中一個。輸入員米米・加勒里（Mimi Gallilee）回憶那裡的「鄉村舞蹈、莫里斯舞蹈，以及各式各樣的音樂」；數學家奧利佛・隆恩（Oliver Lawn）則是想起「閱讀劇本和演戲。那裡有相當豐富的業餘戲劇活動，還有各種類型的音樂會」。豐富多元且才華洋溢的人們齊聚一堂，使那裡「洋溢著年輕的智慧與藝術能量」。「只要有一位拙於社交的數學家，就會有一位明明是初次踏入社交場合，卻充滿自信，甚至到了滑稽有趣程度的女孩；只要有一位溫文儒雅且用古希臘語與他人交談的古典學家，就會有一位熱愛搖擺樂且會用最艱難字謎消磨時間的英國女子皇家海軍服務隊的成員。[37]」「雖然工作的張力很高，」另一位布萊切利莊園的老將愛德華・湯瑪斯（Edward Thomas）解釋：「那裡依然洋溢著一股放鬆的氛圍。任何階級、任何學位的人都可以接觸其他人；無論那個人的地位多高，都可以向對方提出任何想法或建議——無論多麼瘋狂都可以。」[38]

這種能力和背景的獨特結合，帶來了豐碩的成果。首先，密碼語言學家和輸入員發現敵方訊息通常始於一個標準的文字或句子，例如：「致」、「一個」、「希特勒萬歲」或「一切安全」，而這些字句成為所謂的「線索」，有助於破解密碼的內容。隨後，數學家和工程師設計了一臺機器，取名為「炸彈」，它能在不到一分鐘之內，篩選數百萬個可能的字母組合。到最後，密碼破解者一天能解密超過四千則訊息，讓第二次世界大戰的時間至少縮短兩年。根據某些估算，這段解密過程拯救了超過一千四百萬人的性命[39]。

有好的團隊，自然能吸引更多對的人才加入

正如布萊切利莊園的經驗所示，**良好的人才召募方法，不只是找人填補事先規**

劃好的角色職位，重點是展望未來，觀察哪些角色職位可能有何發展，以及可能需要哪些新能力與新思維。百年基業必然善於此事，它們持續挑戰現況，確保召募而來的人才能讓它們比肩該領域的最新發展，在理想的情況下則是領先一步。舉例而言，英國皇家藝術學院每年至少推出一項新計畫（在醫療照護、資訊體驗，和服務設計等領域），以藉此保持敏銳，而這就誠如伊頓公學持續成立新社團、新學科，以及採取新的研究方法[40]。「我們發現學校在過去五十年，未曾培育出諾貝爾科學獎的得主。」伊頓公學的理事長威廉・沃德葛雷夫（William Waldegrave）表示：「所以我們建設了新的科學校區，希望帶來不同的結果。[41]」黑衫軍、英國自行車協會，以及美國航太總署也用幾乎相同的方法，比同儕快了好幾年聘請營養學家和心理學家，期待最後能夠促成有效的突破[42]。

良好的召募方法不只需要從個人的角度思考，也要考慮個人即將加入的團隊。舉例而言，美國航太總署希望確保每個任務中都有適當的醫療人員、飛行員、科學家組合，以及還要有一位丑角。「當有人負責扮演團隊的丑角時，團隊可以發揮出最佳表現。」和美國航太總署合作的人類學家傑佛瑞・強森（Jeffrey Johnson）如此解釋：「這些人有能力讓每個人團結，弭平差異，並提振士氣。」[43]

美國航太總署以挪威人阿道夫・林德史東（Adolf Lindstrom）作為先例，他是一九一二年率先成功抵達南極阿蒙森（Amundsen）探險隊的廚師，也是團隊的丑角。林德史東傾聽團隊成員的問題，化解他們之間的緊張，每天晚上，他在營火旁邊端上餐點，讓團隊成員聊天放鬆，保持團結。同樣地，林哥・史達（Ringo Starr）是披頭四的歡樂人物，而羅尼・伍德（Ronnie Wood）在滾石樂團中扮演相似的角色。[44]他們兩人或許不是團體的創作動力，但他們使樂團保持團結，藉由歡笑紓解壓力和緊張，並協助其他人發揮出最佳表現。[45]「不是團隊中的創作人物，可能會讓你失望，」林哥・史塔曾說：「但在四個人之中，你不能期待每個人都擔任創作者，不是嗎？只需要一半的成員負責創作就夠了。」[46]值得一提的是，披頭四解散之後，林哥是唯一一位參與所有其他成員單飛專輯的人，而他本人的兩張單飛專輯，一九七三年的《林哥》（*Ringo*，直譯）以及一九七六年的《林哥的輪轉印刷術》

（*Ringo's Rotogravure*，直譯），也是唯二所有團員都有禮尚往來的專輯，儘管他們各自參與了不同的歌曲[47]。

同樣值得銘記的，是彼此互補的團隊往往比單一團隊更有辦法實現更多成就。這正是 Netfilx 在二〇〇九年希望改善個人化推薦演算法時的經驗。Netfilx 公司的共同創辦人兼執行長里德．哈斯廷斯（Reed Hastings）擔心，更龐大的觀影選擇，如果沒有某種形式的指引，可能會造成令人氣餒的反感（「我認為，一旦選擇超過一千個，推薦系統就變得非常重要。」他說：「人們願意用於選擇電影的認知時間有限。」[48]）因此，Netfilx 公司推出「Netfilx 大獎」，任何人只要能讓 Netfilx 演算法的表現提升百分之十、準確度達到百分之八十五，就可獲得一百萬美元的獎金[49]。來自一百八十六個國家的五萬人接受了 Netfilx 的挑戰，徹底分析 Netfilx 所提供的數據，內容為四十八萬名用戶過去七年間對於一萬七千部電影的評價（數字看似龐大，但只是那段時期實際評價數量的百分之一；參賽者還必須自行推算其餘的評價內容，證明其模型優於 Netfilx 現有的演算法。[50]）其中，令人注意的是，雖然個別參賽團隊表現出色，整體的進度卻停滯不前。後來所有人才明白，雖然各個團隊使用幾乎完全相同的程式工具，但使用的方法各有不同。因此，直到整合了彼此的努力，從而發揮出更好的表現，才打破了百分之十的演算法進步障礙。

正如Netfilx的首席產品長尼爾・杭特（Neil Hunt）後來所說：「對於許多人來說，這種結合方法非常違反直覺。因為你通常會找兩個最聰明的人，告訴他們：『提出一個解決方法。』但如果你用特定的方法結合這些演算法，就會引發『第二波突破狂潮』，也就是說結合之後，每個團隊的發揮都可以持續提升。」[51]

擁有不同強項和特質的團隊成員所累積的巨大益處，是竭力吸引多元人才的組織之所以更善於解決問題與提出新觀念的部分原因[52]。這也解釋了為什麼最優秀的組織會從容召募人才，並盡可能擴大招攬人才的範圍。「道理其實非常簡單，」前黑衫軍執行長史蒂夫・托解釋：「如果你想招募最優秀的人才，你需要從容處理，盡可能在各個不同領域探索。這就是為什麼擁有廣泛多元的人才如此重要，這樣的人不只幫助你在球場上有更好的表現（因為你可以用不同的方法觀察並應對），還能幫助你吸引到未來的人才，因為更多人看著你，心裡想著：『他們看起來和我一樣，我也能做到！』」

「多數人認為，與和自己相似、來自相似背景，以及擁有相似專業知識的人共事時更輕鬆。」英國皇家藝術學院的校長保羅．湯普森告訴我：「但如果你這麼做，就不會有新發現——因為一切都太輕鬆、太安全了。相反地，你需要與和你不同的人合作，保持新的人才湧入，方能帶來新觀念。[53]」

回到本章開頭提到的美國航太總署召募策略，正是因為人才需要來自各處，也可能來自任何地方，所以美國航太總署必須接受非常龐大的求職者人數。同理，英國自行車協會評估一萬兩千人，只為了選出五十個名額；英國皇家藝術學院每年評比六千位申請學生的優點，只選出一千位學生；英國皇家莎士比亞劇團審查六千位演員，只錄取其中六百位。

在許多情況中，**欲召募最佳人才不只需要刊登廣告與等待求職者，主動接觸也很重要**。正如前Google的人力營運資深副總裁拉茲洛．博克（Laszlo Bock）所說：

「你必須打造一臺召募機器，請你認識的每個人協助尋找你需要的人才，並詢問他們非常具體的問題，例如：誰是你合作過最優秀的金融人才？誰是你聽過最優秀的日本銷售人員？誰是你知道的最佳 Ruby 語言程式設計師。為此，你可以開始建構傑出人才資料庫，然後開始思考如何讓他們與你共事。」

「有時候，」他補充：「你需要聘請整個團隊，而不是一個人。[54]」前 Google 的召募和外展計畫總監蘭迪·納夫利克（Randy Knaflic）用一個具體例子，仔細說明了這個觀點。「我們知道丹麥的奧胡斯（Aarhus）有群傑出工程師所組成的小團隊。他們賣掉了之前的公司，正在思考之後想要做什麼。微軟聽到消息後積極與他們接觸，想要聘請所有人，但他們必須搬到微軟位於美國西雅圖的雷蒙（Redmond）總部。那群工程師說：『不可能。』我們立刻迅速行動，採用非常積極的召募策略，並且告訴他們可以『在奧胡斯工作，成立 Google 的新辦公室，打造偉大的產品』。最終，我們成功聘請了整個團隊，而這個團隊建構了 Chrome 瀏覽器中的 Javascript。[55]」

納夫利克的召募策略值得深思。畢竟，若問世上哪個組織最懂得召募人才，想必Google就是其中之一——二〇二一年，Google的召募機器聘請了兩萬名新人[56]。

本章重點

百年基業透過以下方法，保持頂尖實力：

- 善用競賽、解謎和測驗，協助它們找到需要的人才。
- 在全職共事前先進行至少六個月的兼職共事；兼職的時間通常為一年。
- 盡可能想辦法從範圍最大、最多元的人才庫中進行招募。
- 有需要時聘請整個團隊，而不是單一個人。
- 在每個團隊中加入「丑角」，以協助維持團結。
- 思考未來可能需要的能力和人才有哪些，並找出現在與之合作的方法。

緊張感

Nervousness

習慣9

變得更好，而不是更大

思考鄰里，而不是城市。

英國自行車界的成功，不是一夜之間的重大突破，而是煞費苦心的漸進成長。關於英國自行車界的成功，可追溯至一九八六年，當時有望在奧運奪金的克里斯·博德曼首次遇見彼得·基恩。當時基恩是團隊的運動生理學家，後來則擔任運動表現總監。基恩讓博德曼騎上一臺健身車，車身的一端是滑輪皮帶，另一端則是支架，博德曼的嘴巴還咬著一根橡膠管。「那個設備是高科技和低預算的古怪結合，」博德曼回憶道：「看起來就像《超時空奇俠》（*Doctor Who*）的神祕博士會隨手拼湊的東西！」[1]

基恩要求博德曼以穩定的速度，盡可能地保持騎乘，而基恩每分鐘都會在支架上增加重量，以提高博德曼的負荷、測試他的耐力，直到博德曼放棄或嘔吐為止。基恩用針刺了博德曼的大拇指取得血液樣本，並進行檢驗。隨後，基恩要求博德曼全速騎乘十分鐘，而基恩每過一分就在博德曼的脖子刺一下，取得更多血液樣本來進行更多檢驗。這個過程持續了五個小時。接著，基恩離開房間，使用電腦進行數據分析。

最後，基恩向博德曼分享的那份報告（加上一個勉為其難的微笑，讓博德曼覺得對方並未對他的表現感到印象深刻），使這位充滿抱負的自行車手第一次準確地知道自己的耐力、力量和速度；同時報告也指出了未來訓練計畫的明確方向。「我從來沒有看過這種報告。」博德曼回憶：「在此之前，我只會聽到其他教練用模糊的字眼描述出力的程度，例如『全力以赴』或『輕而易舉』。但基恩的報告非常不同。每個出力等級都用十到二十次的心跳範圍作為表示，並附上簡短描述，說明在這個區間中騎車是什麼感覺。彼特（彼得．基恩的小名）創造的，等同於自行車手的訓練語言，讓人們可以討論出力的程度，以避免歧義或誤解。就我所知，他是英國體育界第一位以證據為基礎而思考的人，而不是以歷史或名聲提出自己的主張。他讓我印象深刻，並啟發了我。」[2]

隨後的兩年，博德曼遵守基恩的計畫，而他的體型改變了——體重減輕、力量增強，表現也有所進步。即便如此，博德曼與團隊追逐賽的隊友在一九八八年的漢城（現名首爾）奧運，只獲得第十三名。其他隊友也不盡成功，即使他們所有人也都遵循基恩的規劃。

對此，基恩將注意力轉向團隊所騎乘的自行車。另外一位英國自行車手葛蘭・歐伯利（Graeme Obree）過去幾年一直都在測試不同的自行車設計，例如：使用直把讓手臂靠著休息，並將手臂更靠近座椅，使其更符合空氣力學；拆除車架上管，讓他可以更用力踩踏板；使用一支前叉以減少阻力；在車輪中使用洗衣機的軸承，讓輪子轉得更快。基恩現在則更進一步，邀請蓮花汽車的空氣力學專家理查・希爾（Richard Hill），來協助他們找出問題和一切的挑戰。

希爾讓博德曼在風洞中騎乘自行車，並讓博德曼採取許多不同的坐姿，例如：雙臂靠攏再張開、手肘張開再貼身、雙手高舉空中再放到大腿上、身體彎曲再挺直。博德曼進行測試時，希爾在博德曼的車身、頭盔和鞋子貼上硬紙，以便觀察哪種組合能讓博德曼最符合空氣力學。「希爾唯一的目標是減少阻力，」博德曼說：「他讓我彎成一種形狀，讓空氣盡可能平順地流過我的身體。他不知道，也不是真的在意什麼姿勢更舒服，或者在生物力學上更有效率。」「他不可能有辦法用那個姿勢騎車的！」蓮花的測試駕駛員魯迪・托曼（Rudy Thomann）不停說道。「為什麼不行？」希爾反問[3]。

兩個月之後，希爾讓博德曼採用新的坐姿和一種創新的頭盔設計，同時也讓博德曼騎乘一款新型的自行車，其採用曲線車架，一體式前叉與平把，讓博德曼的身體可以前傾。「那個東西很美，」博德曼回憶：「但看起來已經不像自行車了！」擔心新的自行車設計可能引發爭論，在巴塞隆納奧運的前一個月，基恩先讓另外一位車手騎著那臺自行車公開亮相。結果幾乎無人注意，所以基恩認為應該可以在奧運賽事上向更廣大的群眾公開。

在奧運賽事的準備階段，來自英格蘭足球俱樂部托登罕熱刺的心理學家約翰・賽爾（John Syer）加入了自行車團隊。賽爾和博德曼坐在一起，博德曼正在為了大日子著裝。賽爾傾聽博德曼的焦慮，陪他仔細討論這次的挑戰。「好吧，我想我只能全力以付。」博德曼最後說道。賽爾微笑頷首。

最終，博德曼成為七十年來第一位贏得奧運金牌的英國自行車手，也是第一位在個人追逐賽的決賽中將對手套圈（lap）的自行車手——決賽一共只有兩名車手。

這是一個轉捩點，但沒有任何一個單純靈光乍現的時刻。博德曼的成功是數千次循序漸進的結果。其藉由持續的分析、實驗和探究，並結合了數年來的個人努力、工程設計的進步，以及縝密砥礪的訓練。英國自行車協會啟動了現在所稱的「邊際收益」（marginal gains）計畫，最後也斬獲成果。在往後的七屆奧運賽事（從一九九六年到二〇二〇年），英國自行車代表隊共計獲得三十一面金牌、十六面銀牌，以及十一面銅牌，其獎牌數量為其他國家的兩倍。

多數的組織在達成這種成功之後，會立刻展望擴大規模，希望善用已取得的成就，尋求在其他領域成功的新契機，但英國自行車協會並未如此。對於其領導團隊來說，做得更好，絕對比變得更大重要。在這段輝煌的奪金時期，他們始終極為專注在微小的進步，如：檢視運動員進食、睡眠及飲水的方式；研究運動員的身體、大腦及自行車的運作機制；評估訓練運動員的方法，以及團隊訓練的方法。整體而言，他們的團隊確實隨著時間經過而緩慢擴大，但即便到了現在，其規模依然相對較小且非常緊密，運動員和工作人員的總數少於三百人，奧運和帕拉林匹克運動會（Paralympic Games）代表隊的運動員人數少於五十人，教練人數少於二十人。他們的焦點是持續的漸進式進步，而不是擴張[4]。「很難解釋是什麼讓英國自行車代表隊如此特別。」六度奧運金牌得主、英國自行車選手克里斯・霍伊（Chris Hoy）說：「所有的因素——科學、訓練及教練，都很重要，但最重要的是，我們用鏡子審視自己，質問自己：『我們如何變得更好？』[5]」

執著於成長不一定會帶來好處

對於大多數的組織來說，成長是其存在的理由。但對於百年基業而言，則必須謹慎看待成長，甚至為之警惕。百年基業擔心擴張往往以犧牲標準作為代價，而不惜一切代價追求擴張，很容易造成核心目標與價值的偏離。卓越可以改變世界，成長本身則否。成長本身不只無法改變長期的命運，為了成長而成長，可能也會帶來危險，甚至致命。

行動電話巨擘諾基亞的成長及其後來的內在崩塌，可作為一個警世故事。該公司在一九七九年進軍行動電話市場，與芬蘭電視製造商薩羅拉（Salora）成立合資公司莫比拉（Mobira），但必須等到一九九二年，約瑪．歐利拉（Jorma Ollila）成為執行長之後，諾基亞才開始鴻圖大展。歐利拉有經濟學專業背景，曾是一位銀行家，後來成為諾基亞的財務長，而他的存在理由和終極目標就是成長。在他看來，諾基亞和他研究的經濟體或他曾管理的金融機構並無不同。擴張就是一切。他上任時，諾基亞僅占全球行動電話市場的百分之十。因此，歐利拉督促工程師基於現有機型開發更便宜、更小型的機種，同時進入新興市場。他也設置了野心勃勃的新銷售目標，並將銷售目標連結至豐厚的獎金分發方式。「由於我們制定激勵措施的方式，諾基亞有許多人都成為百萬富翁。」他說[6]。

從短期來看，其證明了這是個非常成功的策略。藉由推動成長與出售如電纜等非核心業務（雖然相關業務非常成功，但整體的出售金額，加上出售公司半數的股權），讓諾基亞取得急迫需要的資金，實現指數級的成長。一九九二年至二〇〇七年間，隨著諾基亞的工作人員數量增加十五倍（超過五萬人）、銷售額度提高六十倍（超過五百億美元），該公司股價成長三倍，成為全球最大的行動電話公司。

然後，iPhone 出現了。

突破性的新科技出現時，常見的說法往往是市場既有的參與者並未預見，因此措手不及。然而這顯然不是諾基亞的情況。諾基亞的工程師在至少一年之前，就已經知道 iPhone 即將發表，甚至更早就知道用於創造和塑造 iPhone 的新科技。「我們對於 iPhone 的規格有很清楚的認識。」一位諾基亞的中階管理層表示：「……一位行銷經理在市場審查會議中率先明確指出的重點，就是我們沒有觸控螢幕，也沒有相關研發計畫……那個意見直接傳達至公司的最高層，也獲得很好的回應。」

這位中階經理繼續解釋在二〇〇五年歐利馬卸任、改由康培凱（Olli-Pekka Kallasvuo）接替成為執行長時，康培凱是如何將這封電子郵件轉寄給下屬。「我們的市場分析顯示，我們最大的競爭劣勢在於缺乏觸控式螢幕產品。」康培凱同意這個觀點，並寫道：「請針對此事採取行動。」[7]

「執行長率先提出的重點之一就是觸控式螢幕。」一位諾基亞的技術總監表示：「他認為觸控螢幕是下一個重大趨勢……他用各種方式向執行團隊提出此事。他直接和技術部門的中階管理層討論……每次的執行團隊會議，他們都會瀏覽我們對於觸控式螢幕的前景規劃。這件事情發生在他剛擔任執行長之後（iPhone 上市前的十八個月）……我清楚記得許多類似的情況，他提出正確的問題，直接與技術部門的中高階管理層討論，也直接切入重點，向人們施加壓力，將觸控螢幕加入可能追求的目標，並在每次會議中持續追蹤進度。」[8]

但是，一切毫無改變。

問題在於，十五年來諾基亞專注於成長與擊敗主要的競爭對手摩托羅拉，以致幾乎忽略了其他所有的考量。在這段過程中，諾基亞變得過於龐大且官僚，無法迅速做出改變。歐洲工商管理學院（Institut Européen d'Administration des Affaires, INSEAD）的法國商學院教授伊夫・多茲（Yves Doz）指出，諾基亞的員工「用愈來愈多的時間參加委員會會議，實際工作的時間愈來愈少」[9]。諾基亞的策略部門主管亞伯托．托瑞斯（Alberto Torres）描述該公司的矩陣結構（諷刺的是，這種結構的原意是確保團隊之間的溝通能夠開放且迅速），是如何造成該公司的運作緩慢[10]。「矩陣結構不利於迅速行動。」他說：「在高速運作且高度複雜的環境中，例如行動電話產業，你需要迅速決策，而在諾基亞的矩陣結構中，決策的協商溝通相當緩慢。」[11]諾基亞知道 iPhone 是個嚴重的威脅，但成長哲學已深植於基因之中，以致諾基亞發現自己根本不可能改變方向。因此，諾基亞只是延續一貫的做法，甚至採用更大的規模。在此之前，諾基亞每個月推出兩款更小、更便宜的行動電話，現在則增加至三款；在此之前，諾基亞平均一天聘僱十二個人，現在則是一天引進二十四名新員工。諾基亞絕望地試著藉由成長擴張，想要擺脫逆境，而不是透過創新，讓自己重新奪回優勢地位[12]。

在往後的五年，隨著諾基亞發行更多錯誤的產品，加上沒有任何產品能夠與 iPhone 競爭，諾基亞的銷售額腰斬砍半，人力也必須減少三分之一。二〇一三年九月三日，諾基亞將行動電話業務出售給微軟，售價只有五年前價值的二十分之一。五年後，微軟也出售行動電話業務，價格為當初收購價格的二十分之一[13]。

過多的科層體制，是企業管理的大敵

「變得更好，而不是更大」一直都是百年基業的信念。「我們可以輕鬆地擴大規模，」英國皇家音樂學院的副院長提摩西．瓊斯告訴我：「因為我們每年收到的申請數量都是錄取名額的四倍。但我們不想。我們寧願保持小規模，以持續培養最優秀的指揮家、作曲家、音樂家，希望他們能夠在未來改變演奏的音樂，以及演奏的方式。[14]」

事實上，**我們甚至可以設置出百年基業組織的最大人數：三百人**。根據韓國銀行十多年前進行的一項研究，發現全球百分之九十的百年基業其員工人數，都少於三百人（有趣的是，其中多數都在日本這個秉持極為長期發展哲學的國家）[15]。這個數字同樣適用於黑衫軍、英國自行車協會、伊頓公學，以及英國皇家音樂學院。如果它們認為需要成長，例如，為了增加自身影響力，或者在財務上更為穩定，無論從英國皇家藝術學院到英國皇家莎士比亞劇團，都會確保每個場域的員工人數不會超過三百人這個魔術數字。即使是擁有一萬六千名員工的美國航太總署，相較於其他百年基業可說是巨型組織，但美國航太總署也讓大多數場域的人數保持在三百人以下[16]。其他眾多百年基業在過去五十年來，員工人數也幾乎沒有變化，且與此同時組織繁榮發展，持續勝過同行。

由此可見，不難看出嚴謹控制團隊規模、追求卓越，以及持續進步之間的關係為何如此密切。若未謹慎處理，擴張就可能會造成組織的本質和結構在人們心中，比組織欲追求的目標更重要。回顧諾基亞失去昔日榮耀時，一位工程師解釋，他到諾基亞工作時，「我們只是一個小團隊，想要成就特別的事情——『連結人們』，讓每個人都有一支行動電話，真的很令人興奮！」但隨著諾基亞成長，有些場域擴張至容納超過一千名員工——管理階層持續「疊床架屋」，待 iPhone 問世時，甚至已高達八層。「iPhone 推出時，」這位工程師繼續說：「諾基亞的業務如此龐大且複雜。你根本不知道誰是誰，也無法完成任何事情，尤其是新的目標。[17]」「我們創造了過度龐大的複雜性，」前執行長康培凱承認：「組織中有太多的界面和節點。[18]」「那些讓我們能夠運用跨公司加乘作用、聯合營運策略和完成目標的緊密關係，已經消失了。」時任技術長珀帝・柯侯南（Pertti Korhonen）表示[19]。

諾基亞絕對不是歷史上唯一掉落這個陷阱的公司。二〇〇二年，由加州理工州立大學進行的一項研究分析了過去十一年超過兩千間美國企業的表現，結果顯示（正如其中一位研究主持人賽勒斯・拉美沙尼〔Cyrus Ramezani〕所說）：「雖然企業獲利指標通常會隨著盈餘和銷售額的成長而上升，但確實有個最佳平衡點，一旦超過之後，更進一步的成長會摧毀股東價值，對獲利產生負面影響。」到了特定的規模之後，拉美沙尼認為，**一旦組織變得過度龐大、凌亂且複雜，就會使得規模經濟失去作用**[20]。在相似的脈絡中，尤英・馬利昂・考夫曼基金會（Ewing Marion Kauffman Foundation）指出，二〇〇〇年至二〇〇六年間的 Inc. 五百大企業裡，其中有一千三百家成長最快的公司，但有三分之二在快速擴張之後的四年內衰亡[21]。**由此可證，毫無節制的成長導致了成本急遽上升，從而使得管理結構承受巨大壓力，最終失去控制**。

這個現象不僅會發生在成熟長久的公司，在新創公司之中往往也相當普遍。二〇一一年，來自柏克萊大學和史丹佛大學的六位學者團隊，分析了超過三千家在過去十年於矽谷成立且快速成長的新創公司。他們發現，百分之九十的公司在規模成長之後的五年之內隕落[22]。它們都是因為大致相同的原因失敗——著重於變得更大，而不是變得更好，比如：急於追求營收和利潤，接受了錯誤的投資人；倉促推出一項尚未就緒的新計畫，也不了解自己的目標市場；聘請了觀念與公司願景不符的錯誤員工；在準確理解自己想要銷售的產品之前，就召募和聘請了太多銷售人員。

「身為創業家兼投資人，」連續創業家、投資人麥可・傑克森（Michael Jackson）說：「我目睹了許多創業家（包括我自己）試圖盲目地擴張規模。沒有人會拿著創投資金，卻只想保持小規模運作，因為成功擴展規模可以用來區分往後會成為產業領導者的新創企業，還是在死亡名單中消失、默默無聞的新創企業。因此，創業家往往在不知道什麼會成功之前，就開始擴展規模。[23]」他將創業資本比喻為「在汽車後方安裝火箭引擎」，他說：「擴展規模的關鍵是在踩下油門加速前，先確保車子已做好準備應對這個速度。[24]」斯帕克實驗室集團的共同創辦人與合夥人伯納德・穆恩（Bernard Moon）也提出了相似的警告。「如果你募集太多資本，」他說：「就可能會因為成功與大規模成長的壓力，失去紀律且緊張焦慮。也可能會聘請太多人，或者並未經過適當的查核而草率聘僱。也可能會倉促發表產品，即使讓產品稍後發表會更好，或者你可能會因此停滯不前。[25]」

總之，倉促追求規模成長，很少有好結果。

一百五十人是百年基業的黃金密碼

另外，還有一個理由能解釋為什麼執著於規模的成長，往往適得其反，而這個理由直指驅動人類行為的核心。人類，依其本質是社群動物，但大腦的新皮質層大小限制了我們可以在任何時間點處理的人際關係數量。人類學家和心理學家羅賓・鄧巴（Robin Dunbar）投入三十年的時間研究這個現象，他發現，無論我們生活的地點或社會的特質為何——世上任何地方的士兵連、教堂會眾、務農社群，還是狩獵部落，都有非常嚴格的自然規則規範了我們與他人的關係[26]。

鄧巴主張，我們所有的關係在本質上都可以歸入四個同心圓。中心的圓是「家庭」（family）——我們每天都會見到的四到五人小團體；其次是「延伸家庭」（extended family），我們在大多數的日子都會聯絡的十五人；接著，是我們在大多數的星期都會見面的五十人——「社群」（community）；最後則是在大多數月份都會碰面的一百五十人——「場域」（site）。**一百五十人是我們的大腦在任何時間點能夠處理的最大聯絡人數**；也就是說，我們在心智上無法應對比這個更大的數字。「每個人能維持穩定關係的人數，」鄧巴解釋：「確實有認知能力上的限制，而這個限制與新皮質層相對大小有直接的影響。」[27]

在制度化的環境中，軍隊呈現了這種人際關係同心圓的實際運作。每個士兵屬於一個小團體，他們每天一起工作和休閒（小隊或班），而在一週的生活中，通常也會和另外兩到三個小組密切合作（其他的小隊或小組）。從總數上來說，在一個大約五十人的較大團體（排、部隊）中，會有大約十個小團體，而在一百人至一百五十人構成的「場域」（連隊或中隊）中，大約會有兩到三個由五十人構成的「社群」。正如鄧巴所示，社群人數超過一百五十人時，其自然就會傾向細分為更小的團體；如果被迫繼續待在一起，就會分裂。

胡特爾派（Hutterites）是基督教的基要派再洗禮社群，主要位於美國賓州，有超過五萬名信徒，但其中一個社群超過一百五十人的自然限制時，就會細分且產生一個大約五十人的新社群[28]。一八〇〇年代，大約五千位摩門教徒也是用相同的方式分為一百五十人的團體，從伊利諾州遷徙至猶他州的鹽湖城。「一旦社群人數超過一百五十人，」胡特爾教派的一位領袖解釋：「想要只用同儕壓力管制團體成員的難度就會增加。當團體人數較少時，在一旁安靜地說一句話，就能說服一位違反教規的成員往後不再犯錯。但團體人數較多時，安靜的一句話更有可能引發無禮輕蔑的反應。」[29]

順帶一提，這種團體成員上限並非專屬於人類的現象。狒狒的平均腦部大小為人類的三分之一，狒狒社群的成員上限為五十；狐猴的腦容量為人類大腦的十分之一，成員上限為十五。如果團體成員超過上限，牠們的壓力等級（可從排泄物中的皮質醇進行測量）會提高至兩倍或三倍[30]。對於所有動物群體來說，都有一個恰到好處的大小。如果過少，難以與其他群體競爭食物或配偶，如此，當一位成員死亡就會變得非常脆弱。倘若過多，就會花太多時間在層級結構中尋找自己的地位，以及需要藉由相互清理身體建立穩定關係以保持團結，且難以找到充足的食物讓所有成員維持健康，或尋找新的生活地點。

這種對於團體規模的謹慎管理，在多數的現代人類組織中相當罕見。然而，百年基業敏銳地知道其重要性。當然，在任何場域都維持一百五十人的上限，並非永遠可行（舉例而言，英國皇家莎士比亞劇團的執行總監凱瑟琳．馬利昂告訴我，資源昂貴或難以分享時，就必須接受兩百人或兩百五十人的團體規模）。但即便如此，百年基業還是採取了各種努力，即便在更龐大的環境中，仍維持一百五十人的團體上限（美國材料製造商戈爾亦遵循相似的方法，請見後續討論）。談到鄧巴理論的內部核心圈時，我們可以發現，英國自行車協會謹慎地避免奧運奪牌團隊、職業公路賽團隊、高級學院團隊或青年學院團隊之中，有任何一個團隊超過大約五十位運動員；伊頓公學的一棟學生宿舍中通常只有五十名學生；英國皇家音樂學院的一個系只有五十名學生；美國航太總署的太空計畫只有五十位太空人。

至於談到必須密切合作的關鍵核心團隊，可發現，信任和支持非常重要，其創新和解決問題的能力足以決定成功或失敗之別。因此可以發現英國自行車隊伍通常只有五位運動員、伊頓公學或英國皇家音樂學院的研討課只有五名學生，而美國航太總署的太空任務也只有五位太空人。這些核心團隊都是該領域的領導者，負責突破局面並尋找新的尖端成果，再將其發現分享給自己身處其中的廣大人際圈——延伸家庭、社群和場域。

根據鄧巴原則，由於緊密的組織符合人類內在的運作方式，所以更具經濟效益。正如稍早提到的加州理工州立大學研究指出，非常龐大的組織往往效率不彰。為了處理龐大的員工軍團，額外的管理階層被視為必要，導致溝通不良經常發生、組織失去敏捷性。根據近來的評估，美國勞動力目前有三分之一受僱於擁有超過五千名員工的組織，這個數字比二十年前多出了十分之一。然而，這些組織遠遠無法達成規模經濟，只能目睹自身的營運成本急遽增加，達到直接成本的兩倍。一般推測，光是為了保持官僚系統的運作，每年就必須傾注超過三兆美元——這筆資金原本可以更有生產力，用於推動漸進式的成長[31]。符合鄧巴原則規模的企業，可以避免這個陷阱。

一視「同仁」是管理的真諦

有個組織理解這種團隊規模動力，並將其作為組織結構的內在部分，那就是戈爾公司（Gore）。戈爾公司成立於一九五八年，創辦人是位化學工程師，曾親眼目睹忽略了規範人類團體的自然法則會有什麼後果。

在成立自己的公司之前，比爾．戈爾（Bill Gore）已在杜邦公司（DuPont）工作十六年。在那段期間，他變得愈來愈不滿。他當初加入的公司是間充滿創意的家族企業，但他服務十五個年頭之後，這間公司開始成為企業巨人。這樣的轉型，伴隨著銷售額的巨大成長以及員工數量的爆發增加，從戈爾當初加入時的三萬人，到十五年之後的九萬人[32]。戈爾擔心，在這段過程中，公司失去了創意鋒芒，同時，為了保持現有成果所帶來的挑戰而分心，而不是完全投入未來能夠實現的可能性。換言之，公司正在面臨失控的危險。由杜邦率先製造，並使其偉大的產品——氯丁橡膠、炸彈、油漆、玻璃紙，已不再是尖端科技。超過十年來，杜邦並未推出任何新產品。然而，杜邦否決戈爾尋找聚四氟乙烯（此為杜邦在二十年前開發的聚合物）新用途的提案，他們只想用現有產品賺更多的錢。所以戈爾離開了。

往後的三年，戈爾與妻兒在自家地下室工作，並開發了能夠利用聚四氟乙烯獲利的各式各樣產品（從通訊線材、電腦纜線，到電線）。一九六〇年，戈爾一家人成功獲得來自丹佛水力公司的第一張大訂單，訂購七英里長的電腦纜線。同年稍晚，戈爾興建了他們的第一間工廠，並在一九六三年成功取得第一項專利[33]。

戈爾知道，如果他們想要生存就必須擴張成長，但他也明白自己不想成為另一隻杜邦巨獸。就是在這個時候，他偶然遇見了改變人生的一本書——道格拉斯・麥格雷戈（Douglas McGregor）的《企業的人性面》（*The Human Side of Enterprise*）。在這本書中，提出了兩種管理方式，其一，X理論（Theory X）的基礎假設是人們懶惰、不願投入、只受到金錢的驅使，因此主張人們需要被指揮、控制和激勵。其二，Y理論（Theory Y）認為人們有足夠的動力、好奇心，且想要從事有意義的工作，因此相信要讓人們發揮出最佳表現，需要給予培養、鼓勵和認可[34]。

戈爾拒絕了X理論。他決定依循Y理論的原則擴展自己的事業。他慢慢相信，Y理論的方法最有可能避免他在杜邦發現的問題。另外，Y理論也可以創造出一種環境，讓人們能夠與志同道合的同事合作，處理他們希望解決的問題，並依此提出創新性的嶄新觀念。「他打造了一個幾乎沒有任何科層結構，階級和職稱也很少的地方。」記者艾倫．多徹曼（Alan Deutschman）寫道：「他堅持一對一的直接溝通；公司的任何人都可以與另外一個人直接談話。基本上，他將公司組織為許多小型任務團隊的結合。[35]」在戈爾公司工作三十七年（其中十五年擔任執行長）的泰瑞．凱利（Terri Kelly）如此描述該公司的精神：「我們的公司是網格結構或網絡結構，而不是科層結構，同仁可以直接找到組織中的任何人，獲得自己需要的成功結果。我們盡力避免設置職稱。組織中確實有很多人擔任需要負責的職位，但我們的觀念是職稱會將你限制在一個框架，更糟糕的是，職稱讓你產生了一種立場，你會假設自己有權威對組織的其他人發號施令。所以我們拒絕職稱。[36]」

時至今日，一九六〇年代啟發創辦人的洞見，現在依然推動著戈爾公司。戈爾公司的每個人都被稱為「同仁」（associate），他們與團隊中的其他同仁協商分配各自的角色和責任，其通常由五人組成一個團隊。年底時同仁也會彼此評估表現，以協助決定獎金額度[37]。此外，每位同仁都會分配到一位「支持人」（sponsor），正如凱利所說，支持人「對於同仁的成功與成長投入個人的心力」[38]。戈爾公司極為謹慎，避免公司增加太多新同仁（每項業務每月增加的新同仁很少超過一人），以控制工作場域的人數（不超過三百人的上限）。「如果工廠規模過大，或某項業務變得過大，如：超過兩百五十人或三百人，你就會開始看見一種非常不同的人際動力，」凱利表示：「我擁有這間公司的感覺、決策的參與感，以及我能夠帶來改變的感覺，都開始變得稀薄。」[39]

戈爾公司的每個工作場域都是獨立運作的中心，具備所有的必要部門，包括：研究、開發、工程、製造和銷售。如果單一工作場域有變得過大的危險時，就會建立新的分支，而每個分支也具備所有的必要部門（比爾．戈爾簡潔地將這種方法稱之為「以除求乘」〔Divide so we can multiply〕）[40]。「我們喜歡將所有功能都集中在一個地點，」凱利解釋：「因為創新仰賴於研究、製造、銷售都在同一個地點，以利彼此發展，同時也有助於我們培養領導者。另外，之所以讓不同的業務都設置在同一個地點，是因為一旦某個特定的業務產業出現衰退，就會希望讓該產業的同仁有其他機會。假如我們的工廠全部都設置在孤立的地點，實現這個目標就會變得更為艱難。所以我們喜歡園區的概念，將許多小型工廠集中設置在半徑二十英里之內，如此一來，同仁非但不會害怕轉換跑道，也比較不會猶豫是否接受新的機會。這樣可以降低風險，避免同仁想要固守對於公司而言，可能已經不再看好的業務或產品領域。」[41]戈爾也發現，藉由將不同業務集中在一個地點，例如：航太、化學、醫療和軍事用品，更容易吸引新鮮人才，因為潛在員工希望在自己有意願時，具有轉換角色的可能性。

戈爾公司現在可能是美國最大的私人企業之一，年銷售額超過三十億美元，員工超過一萬人[42]。但戈爾公司保持緩慢且謹慎的成長，比起擴張，其更重視卓越與漸進式的進步。戈爾公司的工作場域平均人數仍小於三百，且在戈爾公司營運的各個地區，半徑二十英里內通常至少有兩個場域——從創立地點的德瓦拉州，亞利桑那州，到德國、中國及日本皆是如此。

戈爾公司的紀錄不言自明。過去二十年來，戈爾公司每年都名列《財星》雜誌的百大最佳工作場所。戈爾公司從來不曾虧損，同時每年持續開發數百項新產品，為公司贏得數十項創新獎。戈爾公司保持在相關領域的頂尖地位，為太空人、探險家和士兵生產高科技纖維，為醫院患者生產心臟補片和人工血管，也為大眾生產Gore-Tex產品。正因如此，二〇二一年，《快公司》（*Fast Company*）雜誌認為戈爾公司仍擁有全美排名第二的創新文化，僅次於同年稍早成功開發新冠肺炎疫苗的莫德納（Moderna）[43]。

小型模組化的運作形式，能讓組織更有創新力

一旦組織專注於如何變得更好，而不是變得更大，各種優點就會開始湧現，例如：層級階層開始簡化（百年基業的管理階層少於五層）、成本因此減少（百年基業內部的管理通常只占財務支出的十分之一），官僚體系節省的資金被更有效地應用在設立對於長期生存而言非常重要的財務儲備金（百年基業均累積了捐贈基金和

投資，在某些例子中，甚至是組織收入的三分之一）。由於沒有任何場域的員工超過三百人，所以更有可能創造巨型企業難以達成的彈性程度——在有需要的時候以及任何時候，都可成立新的部門和計畫[44]。

最重要的是，這些組織採用的小型模組化運作形式，有助於讓它們變得更具創意。它們不會專注於現有成果能帶來多少收穫，而是詢問自己如何創造新事物，並使現有成果變得更好。如果機會出現、需要迅速成長，通常會設立分拆部門，例如：美國航太總署的「衍生技術部門」（NASA Spinoff）或英國皇家莎士比亞劇團的瑪蒂達計畫，藉此保存核心的規模，並確保持續的靈活性。**分拆或衍生的部門，可以在效法核心的同時創造自身的收益，因而繁榮成長（或終究消亡），不會產生任何連帶影響**[45]。

運用不同的鄧巴數（Dunbar numbers）也是關鍵。百年基業並非巨型結構，因此誠如所述，百年基業自然地分為五人家庭、十五人延伸家庭、五十人社群，以及一百五十人場域。正因如此，百年基業和多數組織的運作方式完全不同。大多數企業採用上下結構，但百年基業不這麼做，其仰賴最小的團體——家庭，作為開創新局和推動事物的動力來源。家庭率先啟動第一步，而非資深團隊。接著，家庭再向更大的團體分享其突破和發現。高層角色並非規範其他人的工作，而是推動。

美國國家運輸安全委員會以慘痛的方式學到這個教訓。一九七九年，國家運輸安全委員會要求美國航太總署解釋，為何航空產業在過去十年間發生如此多次的致命事故[46]。美國航太總署的結論認為，這些意外源於採用了「指揮與控制」方式所進行的管理，而在如此複雜且尖端的環境中，絕對不會成功[47]。美國航太總署認為，將相關事宜交給駕駛艙中密切合作的團隊處理，遠勝於只仰賴機長或空中交通管制人員。畢竟，如果出現問題，例如，起落架故障或故障燈亮起，駕駛艙團隊全員都要立刻反應，盡可能迅速嘗試不同想法，努力找到修復的方法。在這種情況中，由上而下指揮的方式過於笨重且緩慢，同時高層人員可能也沒有正確的答案[48]。

正因如此，即使在策劃任務時有更龐大的團隊參與，美國航太總署仍讓太空人的核心團隊在宇宙中做出關鍵決策。在另外一個領域中，黑衫軍的教練團也是基於相同的理由，將球場上大多數的決策交給球員，即使教練團顯然密切參與了賽前訓練。事實上，與其在每次賽前進行傳統的激勵演講（黑衫軍的球員表示這種演講毫無幫助），黑衫軍的教練團會請四位資深的球員（為上場人數的四分之一，被稱為「巴士後座的核心成員」），在更衣室仔細講解必要的準備，並在球場上負責領導[49]。至於教練團的工作，是賽前策劃場上的戰術和策略、賽後回顧分析，並為下一場比賽擬定訓練計畫。另外，教練團也會請球員領導更龐大的球隊社群（球隊大約由三十位的球員組成）。三位資深球員和四位「巴士後座的核心成員」合作，將新人帶入球隊，協助維持球隊在整個賽季中的士氣，並管理球隊的每週行程。

四個團體——家庭、延伸家庭、社群及場域的持續互動，是凝聚整體的絕對關鍵。不只對公司內部來說如此，這個規則也適用於更廣泛的情境。當美國衛生及公共服務部回顧過去四十年對於數千戶家庭進行的研究時，發現唯有家庭與社群共享相似的信念與價值，知道如何支持（並挑戰）彼此時，才得以保持進步，理解隨著時間改變角色與責任的重要性；也就是說，持續變化，方能繁榮發展[50]。

我在倫敦居住的那條街，大約住著三百人，而我們通常會分為兩個場域——街的前半段和後半段（最近一次的街頭派對便是如此劃分）。我的家庭非常仰賴另外兩、三個家庭（總計大約十人）在需要的時候協助我們，同時我們認識街上大約十戶家庭，平常會相互打招呼。無論是義大利的村莊、新加坡的高樓社區或紐約的城市街區，這種情況並不獨特，你會在大多數的繁榮社群中看見這種模式[51]。每個社區都需要社群和家庭的結合，雖然彼此不同，但願意合作，以協助彼此經歷難關，尋找新的進步方法，因此他們能隨著時間經過，共同維繫生機、取得成功。

同樣的，伊頓公學的運作可能是基於學生宿舍的社群原則，但會確保所有宿舍的藝術班學生和科學班學生有相似的結合比例，學生宿舍之間也有持續的互動[52]。英國皇家藝術學院也用相似的方法，於所有場域中提供藝術、設計和科技課程，並確保學生每個月都會與來自不同課程的學生一起進行研究計畫[53]。

如果漸進式的進步來自「家庭」，唯有滲透至鄧巴數提到的多個人際圈時，才能發揮廣泛的效果，進而為整體組織帶來價值。

本章重點

百年基業專注於變得更好，而不是更大，所以不會造成分心或失控，其方法為：

- 分為五人家庭、十五人延伸家庭、五十人社群和一百五十人的場域。
- 讓兩個以上的場域位置相近，以便能互相幫助、支持彼此。
- 建立財務儲備金，幫助度過難關。
- 如果需要迅速成長，使用分拆機制，讓核心能維持在小規模。
- 無論是組織裡的哪個層級，管理階層都少於五層。
- 由「家庭」負責推動創新，再向其他家庭、社群、場域分享學習成果，如此一來，所有人都可以共同成長。

緊張感
Nervousness

習慣10

檢視一切

萬物皆有公式。

二〇一五年十二月十六日，英國皇家藝術學院陶瓷與玻璃藝術碩士學程的一年級學生申美環（Meekyoung Shin，音譯），正在向幾位導師與學程主任呈現自己的最新作品。作品為三件雕塑品，但全部崩塌了。「如您所見，我的計畫成果不符預期。」她說。

隨後是一連串的提問。有些問題顯而易見。「計畫為什麼出錯？何處出錯？何時出錯？以及如何全盤皆錯？」「妳下次哪些事情會做得不一樣？」但問題的範圍迅速變得過於龐大。「這個計畫讓妳最驚訝的是什麼？」「妳希望未來能重現的愉快意外是什麼？」「妳認為成功的部分有哪些問題？」其中一位導師艾麗森．布雷頓（Alison Britton）所經營的陶瓷事業非常成功，她問：「妳的作品是為誰創作，他們為什麼會購買？」「他們會如何使用妳的作品，妳的作品會讓他們有什麼想法和感覺？」一問一答持續了將近一個小時，且問題愈來愈深入，其主要是想要協助申美環不只是理解失敗的原因，也明白下次如何進步，以及更廣泛的目標是什麼。

「每位學生在此求學的兩年內，要完成五項主要計畫。」學程主任菲莉西提．

艾利夫解釋：「第一年的目標是拆解他們——讓他們處理過去從未接觸的主題與媒材，讓他們犯錯，並盡力創造學習機會。到了第一年的尾聲，我們會和學生坐下來，詢問他們畢業後想要做什麼。接著，我們會根據每個學生的情況設計第二年的課程，如：邀請合適的訪問導師，為每位學生創造適量的挑戰與支持，如此一來，當他們畢業離開時，就已經準備好追求自己的目標了。」

這是種相當強烈的教學方法，所以毫不令人驚訝地，有些學生在剛入學的幾個月就覺得自己只是承受一次又一次的踉蹌失敗。一位目前經營陶瓷事業的學生，惆悵地回憶她是如何從高中班上的頂尖學生，到了念大學之後開始懷疑她根本不知道自己在做什麼。但教師群幾乎每天都在學生身邊，隨著計畫的進展進行審查與討論。隨後，在計畫完成時，學生會接受一次更為正式的評論——在其他學生面前進行，同時會有位訪問導師共同參與。「我們告訴學生，如果他們想要在藝術的最前線工作，應該預期百分之九十的失敗，以及百分之五十的驚訝。」前學程主任、現任學程導師的馬丁·史密斯（Martin Smith）表示：「倘若這種情況沒有發生，我們會請學生更大膽冒險、更追求不凡，如此他們永遠都在擴展極限，永遠不會停滯。」

挑戰者號太空梭爆炸的教訓

許多組織聲稱自己「欣然」接受失敗，但「容忍」（tolerate）可能是更精確的字。話雖如此，英國皇家藝術學院和其他百年基業，則是主動尋找失敗。百年基業體認到一個簡單的事實：失敗是進步不可或缺的一部分，失敗時時刻刻都在我們左右——畢竟，在一個世紀前全球最大的公司中，有百分之八十已經不復存在；曾經活在地球上的四十億物種，也有百分之九十五絕跡了[1]。如果接受這個觀點，就不應該逃避失敗，而是從失敗中獲得真正的學習，**讓失敗成為一種深刻練習的形式**。

不僅如此，以健康的態度面對失敗可避免自滿。無論與任何百年基業的任何一位領導者交談，都會發現成功讓他們有些緊張。「我們忽略了什麼？我知道我們一定忽略了某件事。」前英國自行車協會的運動表現總監彼得・基恩描述過去二十年間，他們的團隊如何贏得近半數的奧運金牌（相當於其他任何國家的五倍）之後，如此告訴我。前黑衫軍總教練史蒂夫．韓森在解釋黑衫軍如何在過去二十年的賽事，取得百分之八十五的勝率之後坦言：「我們的表現並不是一直如此傑出。」即使在過去的二十年間，蘋果公司的產品設計師，以及全球領導級的汽車設計師有半數都來自於英國皇家藝術學院，但學院裡的某位設計導師仍向我透露：「我不認為我們和過去一樣優秀。」正因為他們完全理解失敗的不可避免與珍貴價值，所有人都體現了一種精神，而最適合用來描述這種精神的字眼，也許是「顛覆性的緊張感」（disruptive nervousness）——他們夙夜匪懈、他們永遠希望做得更好，對於他們來說，失敗是帶來突破與成就的動力。

一九八六年一月二十八日，挑戰者號太空梭爆炸，機上七名太空人全數罹難，也提供了一個經典的警喻故事，說明當這種顛覆性的緊張感消失時，可能會有什麼樣的後果。

自從一九六九年完成登月壯舉，美國航太總署經歷了重大的內部變革。美國航太總署剛進入太空競賽時（大約在十多年前）仰賴內部專家的知識，正如一位工程師後來的回憶：「我們被期待冒險與犯錯，但不能重蹈覆轍。」[2]「以前沒有人會用你現在可能想到的方法，來檢驗我們的成績，」另外一位工程師說：「美國航太總署當時的哲學不同。我們以前知道自己正在成長。」[3]

然而，登月之後，美國航太總署變得更官僚且分裂。管理職人數增加三倍、承包商數量增加五倍，以及決策的權限移轉至華盛頓[4]。在這個過程中，決策變得更不公開，美國航太總署的工程師失去了決策權。「我們的會議開放程度已經不如以往，」一位工程師抱怨：「從進行良好的專業討論到提出尖銳的問題來說，確實是如此。我已經參加過太多次這種會議，有人開始朝著這個方向討論，對方就會變得極為防備。[5]」「另一方面，」另一位工程師則說：「高層管理被華盛頓的官僚機構影響，不得不用更多的時間討論非專業問題——也就是行政和政治事務。在組織的另一端，我們對於重要技術和成本問責的態度也變得鬆懈。[6]」因此，更有趣的對話停止了，或者轉為閉門會議的方式進行，進而產生了誠如馬歇爾太空飛行中心行政長官漢斯・馬克（Hans Mark）所說的「地下決策」[7]。

這種情況已經夠糟糕了。挑戰號事故前的種種跡象顯示，在上述提到的改變中，美國航太總署及其密切合作的對象遺忘了體現顛覆性緊張感的文化該如何實際運作。在挑戰者號預定發射的前一晚，負責製造O形環的摩頓泰爾克公司（Morton Thiokol）其在猶他工廠的工程師提出了擔憂。O形環的功能是密封兩節固態火箭推進器，但該工程師認為O形環尚未進行低溫測試，貿然就要在隔天早上發射，將使O形環承受不知是否能耐低溫的風險。於是，他們向美國航太總署表達了擔憂。然而，在這個從一開始就不鼓勵顛覆性緊張感，後來更是完全屏棄這種文化的組織中，工程師的訊息並未獲得正確的處理，其中的警告也被忽視。摩頓泰爾克的工程師未能充分揭露潛在的問題，也並未明確地提出自己的主張[8]，因為他們提供給美國航太總署的十三張投影片中，包括許多令人困惑和彼此衝突的資訊。

「工程團隊為了電話會議而倉促準備，」加州大學柏克萊分校的教授喬瑟夫・霍爾（Joseph Hall）後來表示：「所以誤用了過去在飛行準備審查時使用的投影片，藉此主張雖然O形環曾發生受損和洩漏事故，但不是嚴重的問題。[9]」同時，與摩頓泰爾克工程師討論的美國航太總署人員，也沒有仔細檢閱他們收到的資料，最後只能依賴一個危險的假設：由於O形環過去不曾發生問題，所以未來也不太可能引起任何問題。「我的天啊，泰爾克，」太空梭計畫的負責人勞倫斯·馬洛伊（Lawrence Mulloy）驚呼：「你們想要我何時發射，明年四月嗎？」馬歇爾飛行中心的科學與工程部門副主任喬治·哈迪（George Hardy）也說，他因為泰爾克公司的建議而感到「震驚」。因此，最終發射如期進行[10]。

當然，挑戰者號太空梭災難事故發生後，無可避免的調查報告指出原因出在太空梭右側推進器O形環發生災難性的故障——O形環就是無法在華氏六十五度以下的環境中正常運作[11]。然而，美國航太總署只學到了一半的教訓，他們知道必須重新設計太空梭的相關部位，但並未理解如果他們不改變面對失敗與持續失敗可能性的方法，挑戰者號事故的所有調查報告，就只能防止這個特定錯誤的再度發生。這間太空機構繼續增加管理層級、外包更多工作，想要進行更多減少成本的措施[12]。「事後看來，」喬治．曼森大學政府與政治學教授朱莉安．馬勒（Julianne Mahler）主張：「未來還是會發生事故，只是時間早晚的問題。」[13]

十七年之後，事故確實發生了。二〇〇三年二月一日，美東標準時間早上八點五十九分，哥倫比亞號太空梭在重返地球大氣層時解體，機上七名太空人全數罹難。這次事故的具體原因是起飛時燃料艙上的一片泡綿脫落，撞擊機翼導致受損。然而可以說，這起事故的底層原因與一九八六年的事故相同。

如今，美國航太總署終於清楚意識到更根本的問題。根據馬歇爾太空飛行中心安全工程師史帝芬．強森（Stephen Johnson）的說法：「哥倫比亞號事故調查委員會和其他人，注意到了導致這次事故的決策和因素，與十七年前挑戰者號事故背後的決策和因素之間的相似性。」曾仔細研究挑戰者號與哥倫比亞號事故的朱莉安．馬勒從更宏觀的角度表示「調查人員發現，決策者極為封閉，不願傾聽」[14]。於是人們明白，藉由設立規則解決個別問題遠遠不足以成功，因為在任何時刻，都有太多的變數會產生影響，真正需要改變的是文化[15]。

在接下來的幾個月和幾年內，心理學家加入，協助這間太空機構理解如何更好地解釋與傾聽。工作的職責從管理階層身上移交回工程師。每個人都獲得一張「停止工作」卡——如果他們覺得某個事情可能出問題，就可以使用它[16]。「這些簡單的更動完全改變了美國航太總署的運作方式，」撰寫多本太空探索書籍的作家羅伯·齊馬曼（Robert Zimmerman），在美國航太總署文化轉型時寫道：「在哥倫比亞號事故之前，管理階層負責主導。但在過去的兩年，情況已經反轉。管理階層退居幕後，讓工程師專注工作。[17]」在美國航太總署工作二十年的傑拉德·史密斯（Gerald Smith）則說：「我們在會議上清楚地表示，如果任何人有疑慮或問題，請直接說出來。絕對、絕對不要退縮。如果你有問題，請直接說出來。如果你不喜歡這個決策，說出來讓我們聽聽，讓我們一起討論。[18]」

也許太空人查爾斯·卡爾馬達（Charles Camarda）的話，最能概括美國航太總署當前的運作方式：「我們的格言是——哪裡有失敗，哪裡就有成功無法帶來的知識和理解。[19]」

在這個背景下，值得注意另外一份研究。美國研究公司史丹迪許集團（Standish Group）的四位研究人員，其分析了過去三十年應該完成的五萬個專案計畫，發現有三分之二並未達成目標。他們也指出，在那段時間，失敗與成功的比例並未改變。可見失敗是無可避免的，重點是你如何面對失敗[20]。

無論成功或失敗，都能從中獲得啟示

然而，若說我們只能從錯誤中學習，那也是個誤解。事實上，我們也需要從成功中學習，尤其是當我們想要保持成功之時。誠如黑衫軍的一句格言：「你不需要經歷失敗才能學習。[21]」舉例來說，建設新橋的人不只從少數崩塌的橋梁學習，也要效法眾多屹立不搖的橋梁。現今一些心理學家探討正向心理學的力量（也被稱為肯定式探索〔appreciate inquiry〕或優勢為本學習〔strengths-based learning〕），其重點為從事更多你已經會做的事情，而不是嘗試修復你不會的事情[22]。雖然這種方法低估了從錯誤學習的價值，但確實提醒了我們，不只可以從負面的事情中學習，也可從正面的事情中學習。

傑瑞．史特寧（Jerry Sternin）在一九九〇年代擔任救助兒童會（Save the Children）越南主任的經歷，可以作為這個觀點的好例子。他在一九九一年十二月抵達越南時，這個國家仍在努力從十五年前結束的戰爭中復原[23]。越南的識字率很低、公共衛生條件不佳，食物供應也不足。當時掌權的共產黨政府為了鼓勵人民種植更多農作物，允許人們擁有自己的田地。但即便政府盡了最大的努力，全國仍有半數的孩子營養不良。越南的衛生部部長直接告訴史特寧：「給你六個月的時間帶來改變，否則你就出局了！[24]」

面對這種巨大的挑戰，往往會誘導我們專注在何處出錯，並尋找修正的方法。但史特寧選擇另闢蹊徑。那時，他偶然讀到塔夫茲大學的營養學家瑪莉安．賽林（Marian Zeitlin）對於三十個發展計畫的回顧分析。賽林主張，**面對難題時，更合理的方法是擴大成功，而不是修正失敗**[25]。史特寧發現在他要面對的領域中，賽林的觀點極為睿智，於是決定尋找賽林所謂的「正向偏差」（positive deviants）——應該會營養不良但並未如此的孩子，看看能夠從這些孩子的經驗中學到什麼。「將注意力從『錯的』轉向『對的』」，史特寧後來描述自己的使命，是準確地找到「能夠戰勝所有不利機率的明確例外」。[26]

他花了一些時間才說服越南政府相信這是正確的方法，最後，越南政府同意讓他研究清化省的四個村子。清化省位在河內南方一百英里處，在此的每個村莊其人口大約兩萬人，多半為稻農，他們為了自用與銷售而種植的稻米，而稻農通常也有兩、三個孩子需要養育。「我們從每個村莊徵求五位志工。」史特寧說：「代表我們在整個區域有二十個志工，協助我們改善該區域的兒童營養水準。我們將他們聚集在一起，詢問他們：『一個孩子有可能貧窮，但營養良好嗎？』『Có có, có có』，他們大聲回答，意思是『有可能，有可能』。正是在那一刻，我們知道自己找對方向了。」[27]

接下來的兩個月，史特寧與志工合作，從整個區域挑選兩千名三歲以下且來自不同家庭背景的兒童。他們測量了所有兒童的體重，並在往後的三個月記錄其家庭的稻米產量。他們將兒童體重與家庭收入的關係繪製為圖表。令人驚訝的是，他們發現有三分之一的兒童既貧窮但營養良好。這個結果立刻讓研究人員察覺，兒童體重和家庭財富之間沒有相關性（這個觀點後來得到進一步的確認，另外一項研究發現有兩名兒童來自相對富裕的家庭，但營養不良）[28]。史特寧的團隊因此將注意力聚焦在一個更小的群體——四名貧窮但營養良好的兒童，並與他們共度兩個星期，仔細觀察他們的生活方式。

三個月之後，他們已經準備好報告自己的發現。根據世界衛生組織的指南，兒童應該攝取容易消化的蔬菜，例如：玉米、稻米和番薯，並適量食用，每天兩次。然而，貧窮但營養良好兒童的飲食方式並非如此。他們攝取蔬果搭配少量的高蛋白食物，例如：螃蟹、蝦子，以及蝸牛，每天進食三到五次。在這段過程中，他們攝取的營養不只是其他兒童的兩倍，且更易於吸收。「健康兒童的家長做了所有我們告訴他們不要做的事情！」一位志工解釋：「不是因為他們不瞭解我們的建議，而是因為他們知道我們說的方法沒有用。」[29]史特寧本人則是指出，螃蟹、蝦子，以及蝸牛在稻田中隨處可見。史特寧發現，這些食物基本上是免費的，且易於共享。

除此之外，也有不少人採用「從現有成功推導新策略」的方法。回到二〇〇五年，默克藥廠（Merck）改變他們在墨西哥的銷售方法，因為他們發現，當地最成功的銷售人員所進行的冷電話行銷次數低於公司規定，而是用更多時間與每位客戶直接往來，以建立融洽的關係[30]。當這個銷售員小團體（全體銷售人員的百分之十）的方法被更廣泛採用時，其銷售額提高了三分之一。高盛（Goldman Sachs）致力於改善客戶管理時，也採取了相似的路徑；惠普（Hewlett-Packard）也是如此，他們透過讓多個職員團隊研究公司的高效員工的工作方式（這些高效員工在整體員工人數的比例不到百分之十），蒐集了關於產品和服務的寶貴經驗[31]。

正向偏差方法也成功應用於減少紐澤西的幫派暴力問題、促進南非的創業風潮、減緩雅加達的人類免疫缺陷病毒（HIV）與愛滋病毒的擴散，以及降低巴基斯坦的嬰兒死亡率[32]。專注在少數人——通常不到總人口的百分之十，他們就已經找到解決當前問題的答案，這種方法可以帶來顯著的成效。

史特寧在越南的成功，也取決於另一個關鍵因素。他和志工開始推行新計畫時非常謹慎，並非單純地要求人們依照規定行事。「許多發展計畫之所以失敗，是因為他們告訴人們『該』怎麼做」，史特寧表示[33]。相反地，他們召募了更多志工，並在越南的五十個省分成立營養中心，這樣家長每個月都能帶孩子過來測量身體狀況，同時，向其他也在相似環境中養育孩子的家長學習。**人們交流想法，用自己的時間找到答案，並堅持到底**。到了史特寧得到的六個月期限結束時，最初合作的兩千名兒童中，有超過一半的營養狀況良好；第一年結束時，兩千名兒童幾乎全都營養良好；五年之後，史特寧建立的模式在越南全國實施（由越南政府和國家營養研究院推動），幾乎全越南所有兒童都受益於營養改善[34]。

「人們自行發現時的學習效果最佳。」史特寧解釋：「**知識通常不足以改變行為，我們親身的發現才能改變行為**。『正向偏差途徑』的基礎觀念是外來者提出解決方法時，接收者可能不相信，也不願意投入。[35]」因此，尋找解決方法只是一半的挑戰，另一半則是讓人們接受並採用。在理想情況中，這種方法應包括賦予人們自行解決問題的工具，讓他們能親眼看見這個方法確實有效。然而，這種情況並非總是可行。話雖如此，「思考如何讓人們接受新觀念時，應考慮時間與耐心」的這個事實依然成立。有趣的是，專家發現以「不採用會有什麼損失」的方式表述新觀念，比「採用會得到什麼」的說法，前者的接受度更高[36]。例如，當雙層窗戶的銷售人員告訴消費者「不安裝新型窗戶會有什麼損失」時，比「安裝之後會得到什麼」更能獲得青睞。這是值得銘記的珍貴經驗。

運用系統化的方式進行腦力激盪

古希臘人如何區分「知識」（knowledge; techne, episteme）與「智慧」（wisdom; metis, phronesis）？前者是技術知識，可從反覆執行相同事物獲得，通常能藉由理論和規則傳承；後者是一種適應過程，隨著時間推移，透過執行不同事物而精益求精，並藉由經驗、檢驗和實驗學習。知識往往先於智慧出現，因為知識通常與具體的任務有關（目標與方法；做什麼與怎麼做）。隨著我們開始理解脈絡（地點與時間；在哪裡做與何時做）[37]，智慧逐漸成長。兩者都至關重要，都是要求從失敗和成功中學習的能力。

唯有執著地檢視每個行動、時刻與決策，百年基業才能發展保持領先所需的知識與智慧，並在失敗中找尋成功，在成功中找尋失敗，藉此保持前進。例如，英國自行車協會迅速掌握了決定使用何種輪胎，以及如何在賽事中發揮抓地力所需的知識。但唯有隨著時間經過，逐漸領略輪胎必須在賽事開始時用一種方式抓地，在賽事進行中又要以另外一種方式抓地，才獲得了智慧。這個智慧讓自行車協會產生了一個想法——在每場賽事開始前，於胎面噴灑酒精，在剛開賽的幾公尺中獲得額外的抓地力[38]。至於英國皇家音樂學院，則是先釐清學生發展技能（知識）需要的經驗，隨後才理解這些技能在何種場合與時間能夠得到最佳發展（智慧）。現在，英國皇家音樂學院確保學生能在三年連續課程的理想設計中獲得技能。這些微小但關鍵的提升與進步，同時仰賴於知識與智慧，也就是希臘人所說的 techne 與 metis。

想要達成這種心態需要時間和努力，不過有加速的方法。其中一個方法是培養一種習慣，以系統化與科學的方式分析你認為在特定任務或情境中，其可能影響表現的所有因素。

具體作法是寫下一張清單，並至少用十分鐘的時間思考所有能夠想到的因素。理想情況下，**希望你能提出四十個左右、涵蓋各種主題的獨立因素**，例如：同仁的心智和生理健康、他們使用的設備、他們工作的環境，或者他們的合作對象等。請記得，你的想法愈瘋狂愈好，因為更有可能刺激你找到新的方向。隨後，休息一下，散個步或運動（讓大腦獲得更多氧氣，能夠提高超過百分之六十的創意）[39]。回到座位上，再用十分鐘提出另外四十個想法。反覆書寫和運動的過程，直到你相信自己沒有遺漏任何事情。休息一下。再試一次。隨後請團隊的其他成員個別嘗試這個練習。一旦每個人都提出了自己的想法和觀點，再彙整所有的內容，看看能不能找到交集與相互啟發的點[40]。

下一步，是選擇其中一個最有前景的想法。**試著思考能改善這個想法的八種方法，看看你能不能在八分鐘之內畫出來**（英國皇家藝術學院稱這種方法為「瘋狂的八個方法」），**讓這個想法有具體的視覺型態會更有幫助**。尋找靈感時，可以迅速翻閱一本雜誌或書籍。另外，仔細思考完最好的想法後，不妨試試看其他糟糕的想法也是個好主意。英國皇家藝術學院的服務設計學程主任克里夫・葛瑞耶（Clive Grinyer）向我保證，糟糕的想法也可以幫助你「重新建立思考的架構」[41]。

尋求外部人士的協助是腦力激盪的最終階段。可邀請不常合作的組織內部同仁，以及有不同視角和專業領域的外部人士提出他們的想法。英國皇家音樂學院在探索如何改善面對壓力的表現時，尋求外科醫師的建議；英國自行車協會則是詢問英國皇家芭蕾舞團對於巡迴各地的建議；美國航太總署請挪威的探險家協助改善規劃的方式。另外，情治單位、軍方，以及特勤安全小隊使用「紅隊演練」（red teaming）也值得一試。這種演練方式由「藍隊」提出創新觀念，然後要求「紅隊」進行拆解。隨著辯論展開，可迅速判斷出這個想法是否可行——當然，還需要建立模型或進行模擬，才能明確知道這個想法是否實際有效[42]。

對於英國自行車協會來說，唯有經歷這些詳盡的流程後，才會開始處理表現層面的根本問題，進而帶來真正顯著的改變。我們的自行車輪胎應如何在每場賽事的開始和進行階段抓地？我們的運動員於每場賽事之間，應該在何處、何時以及如何保暖與保持專注？我們的運動員在賽前為何、何時，以及如何分心？

對於英國皇家音樂學院來說，浮現的問題包括：我們的學生在不練習時，應如何與彼此相處？如果他們希望成長，應在何處、何時，以及為何失敗？如果有問題，我們為何、何時，以及如何幫助他們調整？

顯然地，需要自律才能達到這個程度，同時，要讓此種類型的開放心態變得自然，也需要時間。正因如此，經驗法則顯示，**所有百年基業組織通常每週至少會用一天的時間，審視正在進行的所有計畫，觀察如何改進**，例如：是否有需要關注的模式正在成形？是否有新的技術或競爭類型出現？是否有新的經濟或社會因素需要納入考量？他們每月至少會用一天審查過去完成的計畫，觀察是否能夠找到任何有用的模式或趨勢。這種批判性的自我檢視不僅幫助他們最大化當前表現，也為了未來做好準備。

前美國國務卿柯林・鮑威爾（Colin Powell）用他所謂的「四〇／七〇法則」，解釋了這種方法的最佳實踐。基本上，思考將理論轉化為實踐之前，你必須要有信心，相信自己對於想要解決的問題有良好的理解（百分之四十），但在行動之前，你不應等待太久（也就是說，最晚只能等到你認為自己達到百分之七十的理解）[43]。換句話說，你需要在認為自己對於相關問題有足夠理解時就開始行動，反之，等到自認找到所有答案才開始行動，就可能已經太遲了。

不只要自省失敗經驗，也要審視是如何成功的

在這個過程中保持適當的客觀性，是另一項重大挑戰（也說明了為何與外界——有修正價值的聲音持續互動如此重要）。人類的一大缺點，根據以色列心理學家丹

尼．康納曼（Danny Kahneman）以及阿摩司．特沃斯基（Amos Tversky）的觀點，就是個人的判斷傾向於因為最小的影響（通常是沒有相關性的影響）而出錯[44]。在某個實驗中，兩位學者請自願受試者轉動幸運輪盤（這個輪盤本身經過調整，只會指向十或六十五），隨後猜測非洲國家加入聯合國的比例。輪盤分數較低的受試者往往會繼續假設非洲國家加入聯合國比例較低（平均低了百分之二十），即使幸運輪盤的結果和他們面對的問題之間當然毫無關聯。在另外的實驗中，受訪者被要求寫下行動電話號碼末三碼，隨後估計罐子裡面有幾顆彈珠時，顯示他們無意識地受到這個數字影響；擲骰子的結果影響他們對於行竊商店刑期的觀點；球衣上的數字影響人們對於該球員入球次數的判斷[45]。

要避免受到不相關因素影響的唯一方法，就是持續向並未每日參與我們手中計畫或決策的人們尋求「事實檢驗」（reality check）[46]。

即使看似無懈可擊的資料和統計數據，仍可能難以精準詮釋。在一項實驗中，學生被要求拿一張美國地圖，並根據過去十年腎臟癌的最高死亡人數，將各個郡縣上色。數據清楚顯示，最偏鄉的地區有最多的腎臟癌死亡案例[47]。但被要求解釋原因時，學生認為這是因為偏鄉居民平均年齡較高、飲食較差、好的醫療資源有限，且更容易接觸農業化學藥劑。換句話說，學生建立了自己的數據，從中得出看似合理的結論。直到學生被要求計算腎臟癌死亡人數最低的郡縣，發現同樣是這些偏鄉地區時，才意識到自己如何受到原始資料的誤導以及草率得出結論。事實上，他們見證的是統計基數低時必然發生的劇烈波動。美國農村地區的人口相對稀少，因此，不需要太大的改變，就能大幅影響統計調查結果。

同樣令人憂心的是，我們也很容易測量到錯誤的數據。羅伯·麥納馬拉（Robert McNamara）是越戰初期的美國國防部長，在此之前，他曾是福特汽車公司的傑出領袖。在福特汽車任職期間，他運用身為數學家與統計學家的經驗，削減成本，實現規模經濟，並確保福特不僅製造市場上價格最便宜的汽車，且在他任職的十五年間，實現穩定的營收成長（從他到職的一九四六年至他離開的一九六一年間，福特的營收實際提高四十倍）[48]。當時汽車產業非常穩定，因此他的分析方法有非常卓越的效果。但當他將相同的思維用於指揮戰爭，卻導致徹底的災難[49]。他提出的問題，正是有相同背景的人會提出的：我們投下多少炸彈？摧毀多少目標？殺了多少敵人[50]？他認為，藉由回答這些問題，正如他本人所說，就能「用最低可能的成本，創造最高程度的國家安全」[51]。但這個方法並未奏效。麥納馬拉的數據蒐集法讓美國知道他們做了什麼，而不是下一步應該做什麼。因為這個方法衡量的是軍方的投入，而不是戰術的成效，於是創造了一種錯誤印象，以為戰爭發展順利，但當時的情況最多只能說是陷入僵局。

由於無法清楚地闡述更宏大的問題，例如：傳統的軍隊如何「戰勝」以游擊隊為主的敵軍？這個難題擾亂了美國的戰略與戰術。美國認為越戰是場對抗共產強權的代理人戰爭，主要是在白天於叢林地面上交戰，但實際上，越戰是場內戰，軍隊主要是在夜間使用地下通道網絡交戰。與此同時，至關重要的因素，例如，南越軍隊的士氣或越南農民對於越共的相對同情，則是幾乎遭到了忽略。

當時在越南服役的柯林．鮑威爾後來回憶，麥納馬拉曾參訪他派駐的營區。在參訪時間四十八小時結束時，麥納馬拉宣布「所有量化指標都顯示我們即將獲勝」。「衡量，就有了意義。」鮑威爾寫道：「衡量，就變成真的。然而，我在阿邵山谷（A Shau Valley，音譯）沒有看見任何跡象顯示我們即將戰勝越共。戰勝他們？大部分的時間，我們甚至無法找到他們。」[52]

蒐集錯誤的數據七年之後，麥納馬拉終於在一九六八年辭職。美國在五年之後退出了越戰，但已經在錯誤的時間、在錯誤的地點、為了錯誤的理由，參與了一場錯誤的戰爭。在這段過程中，失去了近兩百萬名越南人與六萬名美國人的生命[53]。

麥納馬拉以及觀察腎臟癌模式學生的經驗，帶來了兩個重要的啟示。第一，理解你正在觀察的事物非常重要，包括：任務（目標與達成方式）及背景脈絡（時間與地點），敞開心胸進行自我反思與分析，並尋求他人的提問與建議。第二，需要盡可能讓你蒐集的資料庫龐大、乾淨，以及避免誤差；要觀察總體樣本，並盡力觀察更多人數與案例[54]。舉例而言，倘若你想知道某個疾病的致命程度，不應該只觀察一個區域的人，也需要觀察其餘的人口。如果你希望自己的發現具有百分之八十的信心水準（根據經驗法則，假設你的數據乾淨且無偏差），你需要研究該疾病對於一百人的影響，以達到百分之九十的信心水準（研究發現的準確度）與百分之十的誤差範圍（樣本反應整體人口情況的可能性），如此你的研究發現其整體信心水準為百分之八十一（百分之九十的信心水準乘以〔百分之百減百分之十的誤差範圍〕）。因此，如果你希望自己的研究發現具備百分之九十的信心水準，你需要兩百個樣本；為了達成百分之九十五的信心水準，你需要一千名樣本。可善用網路上的「樣本大小計算機」，對此非常有幫助[55]。

正是謹慎使用可靠的統計證據，最終實現了天花的根除。天花曾是全球最致命的疾病之一，每年造成數百萬人的死亡。世界衛生組織於一九六七年立下消滅天花的目標，其透過推行全面免疫計畫，逐步發展多管齊下的策略，包括持續監控及必要時隔離。同時在此過程中，世界衛生組織得確保自己專注於關鍵且相關的因素——不是疫苗接種數或資金花費（麥納馬拉這種人毫無疑問會考量的因素），而是實際的確診人數[56]。世界衛生組織因此有了一連串的重大發現：成年女性幾乎不會染病

（所以不需要疫苗）、超過百分之九十五的染病者過去從未接種疫苗（所以對於疫苗施打者來說，最合理的策略是在施打第二劑疫苗前，盡可能讓更多人接種第一劑疫苗）[57]，且天花爆發的模式具區域性和文化性（例如，研究證實印度的天花更難以根除，因為感染家庭往往會在遙遠的鄉村之間移動）[58]。隨著這些發現的出現，世界衛生組織持續改善並應用相關方法。索馬利亞的最後一個天花確診案例，已是在一九七七年的十月了[59]。

多數組織只會偶爾進行自我審視，例如，經歷重大問題或需要做出重大決策之時；至於在其他時刻，自我審視所需的時間和心態紀律則總會遭到擱置。相形之下，百年基業將自我檢視打造在基因中。舉例而言，黑衫軍的球員參考軍事領域，探討所有行為核心深處的「OODA循環」（observe, orientate, decide, act）：觀察（目前情況）、調整方向（綜合所有可得資訊）、決策（是否前進與如何前進），以及行動（迅速且果決），再回到觀察階段。英國皇家藝術學院的學生以類似的方式使用「設計思維循環」：探索（已有的事物有哪些成功，哪些失敗），定義（什麼可以更好）、設計（創造「令人讚嘆」且能改變人們生活的新事物），傳達（想法），再回到探索階段[60]。

這種深度且自我反思的實踐鑲嵌於百年基業的所有作為，也是將顛覆性的緊張感轉為真實成就的方法。

本章重點

百年基業藉由深入剖析成功與失敗以避免自滿，並確保自身保持進步，具體作法有：

- 每週至少用一天的時間檢閱當前的計畫，並觀察如何改善。
- 每月至少用一天的時間檢閱過往的計畫，觀察是否有可學習的模式出現。

- 同時邀請局內人與局外人提出問題與挑戰，並協助他們審視自己的作為。
- 在失敗中尋找成功，在成功中尋找失敗，不斷探索新的進步方法。
- 以科學化的方式分析他們認為可能影響表現的一切，持續改變，觀察何者能帶來成功。

意外

Accidents

習慣11

爲隨機事件做好準備

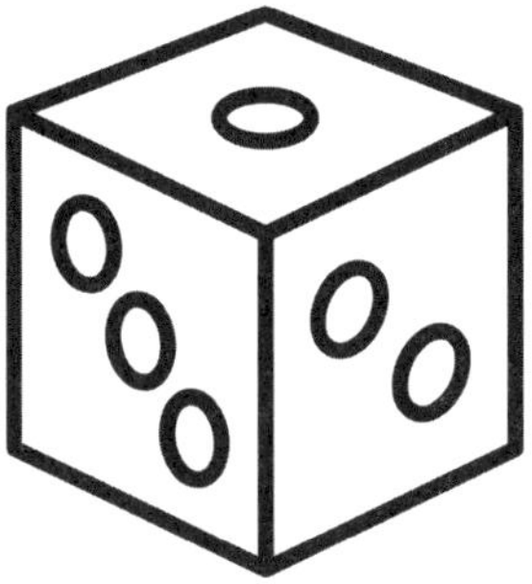

提高機會來臨的機率。

六標準差（Six Sigma）是比爾．史密斯（Bill Smith）獨創的觀念。他原本是一位海軍工程師，後來成為企業高層，而六標準差似乎是解決棘手問題的答案。史密斯從一九八〇年代中期開始任職於摩托羅拉，直到一九九三年過世。

摩托羅拉在一九二〇年代成立，起初製造可攜式收音機的整流器，讓收音機能在不需要移動時使用家庭電源。半個世紀以來，摩托羅拉一直走在行動通訊科技的前線——第二次世界大戰期間與美國軍方合作，以及一九六〇年代與美國航太總署合作。摩托羅拉也在一九七〇年代製造了第一支商用行動電話，在一九八〇年代推出第一支為大眾市場設計的行動電話。然而，品質控管成為一個大問題。在史密斯加入時，摩托羅拉估計一年需要花費八億英鎊檢修行動電話產品，同時，也估計十分之一的產品需要做後續的調整。

摩托羅拉的總裁兼執行長鮑伯．蓋文（Bob Galvin）在一次特別召開會議上詢問問題究竟是什麼，他聽見銷售經理亞特．桑德瑞（Art Sundry）的耿直回應：「我告訴你這間公司有什麼問題——我們的品質太爛了！[1]」

比爾・史密斯說服蓋文相信，唯一能夠扭轉局勢的方法，是用無情的經驗研究與統計方法進行品質管理。他的六標準差原則經過多年的磨練，並運用精確的方法和模型來定義（define）、衡量（measure）、分析（analyse）、改善（improve），以及控制（control），而這五要素的縮寫為DMAIC。目標是穩定性且絕對不能容忍錯誤和變異。史密斯的目標（以及他的六標準差「黑帶高手」工程師之目標）就是創造一種環境，在這個環境下一件事情重複一百萬次時，失誤只會少於三次。「只要在過程中沒有犯錯，」史密斯解釋：「就能用最短的時間和最低的成本製造產品。」[2]

六標準差原則應用於摩托羅拉的製造過程時，取得了驚人的成功；事實上，這個原則非常有成效，在史密斯於摩托羅拉任職的前四年，製造成本減少了二十億美元以上[3]。因此，摩托羅拉將六標準差體現的核心原則，運用在其他的業務領域，特別是研究與開發。

不久之後，其他公司開始模仿。寶麗來（Polaroid）、克萊斯勒、通用汽車、北電網路（Nortel），以及奇異公司全都成為六標準差的信徒。到了二〇〇〇年代中期，根據《財星》雜誌報導，全美前兩百大公司中有三分之一使用六標準差方法。所有的公司都和摩托羅拉一樣，立刻在精確性、成本和品質方面獲益[4]。然而，隨後這些公司相繼衰落——寶麗來分別於二〇〇一年與二〇〇八年兩度破產；克萊斯勒、通用汽車，以及北電網路在二〇〇九年瓦解；奇異公司最終在二〇一七年崩塌。至於摩托羅拉，則在二〇〇〇年代晚期看著獲利腰斬，在二〇〇八年的最後一季，摩托羅拉認列三十六億美元的虧損[5]。

為什麼會這樣呢？六標準差用於重複性的製造過程時，無疑有其優勢，但作為整體經營方法時，已被證明有嚴重的缺陷。過度執著於衡量計算以確保生產結果、消除錯誤及錯誤的可能性，確實達成了一個重要的短期目標，亦即：藉由減少浪費和提高效率，削減成本以提高獲利，但僅止於此。論及長期的營運，六標準差是場災難。

勤業眾信（Deloitte consultants）的管理顧問麥可・雷諾（Michael Raynor）和

穆塔茲．阿赫麥德（Mumtaz Ahmed）在二〇一三年發表了一篇研究，針對過度狹隘關注於當下所造成的問題，提出重要的見解[6]。他們分析了過去四十五年曾在美國股市有交易紀錄的兩萬五千家公司，結果顯示，單純仰賴削減成本和競價策略的公司，勢必無法長期生存。盡可能以低成本和高效率從事既有的業務，或者銷售既有的產品可能會帶來即刻的收益，但不能讓你做好準備，迎接無法預期的未來挑戰或新的競爭（正如雷諾指出，「當你想要進行價格戰時，永遠會出現一位更強悍的對手。」）[7]。「削減成本或資產，無法成就一間真正偉大的公司。」雷諾主張：「企業努力追求偉大。卓越非凡的公司往往（甚至可說是通常）都會接受更高的成本，是卓越的代價。[8]」

正如信奉六標準差的產業領導者的命運所示，其策略所仰賴的穩定性永遠不會長久，其面對的競爭也從未停滯不前。摩托羅拉比其他公司更快衰亡，因為它的競爭者——首先是諾基亞，隨後是蘋果與三星，兩年就會推出創新產品。通用汽車存續的時間更長，因為其競爭者的腳步相當緩慢，也因為他們的客戶五年至十年才會換車。奇異公司堅持到最後，因為該領域幾乎沒有創新，而消費者往往十年至十五年才會汰舊換新[9]。不僅如此，信奉六標準差的組織缺乏創新，以致這種情況遲早會追上它們，最終導致它們全部崩塌或消亡。

兩位勤業眾信的研究人員主張（毫不令人意外），想要長期成功需要採用截然不同的方法。他們表示，**不要聚焦在削減成本，而是專注尋找增加價格的方法；不要削價競爭，而是專注尋找讓自己有別於競爭者，且比競爭者更優秀的方法。**「營收的優勢，」雷諾主張：「如果不是來自更高的單位價格，就是來自更高的單位銷量，而卓越的公司往往更仰賴於價格。」[10]

他們的發現非常符合經濟合作暨發展組織研究人員的想法，後者在二〇〇七年的一篇報告指出，創新能力是一個國家長期經濟表現和生活標準的動力[11]。「研究開發的支出水準、新科技的投資，以及新專利與新商標的申請次數，」經濟合作暨發展組織的報告表示：「都是一個國家其未來經濟發展和社會健康的良好指標，也是全球長期成功的關鍵。」[12]

起死回生的3M奇蹟

一種專注於成本，一種專注於創新，這兩種截然不同哲學觀的影響，清楚體現在3M於二〇〇〇年代早期的命運轉折。在吉姆．麥克納尼（Jim McNerney）於二〇〇一年至二〇〇五年的領導下，3M公司遵循嚴格的六標準差方法。麥克納尼曾在奇異公司服務二十年，從當時的執行長傑克．威爾許（Jack Welch）身上學習了六標準差原則[13]；他也曾是麥肯錫顧問公司的中流砥柱，擁有哈佛企業管理碩士學院。在3M公司任職期間，麥克納尼無情地應用六標準差，持續推動精簡與緊縮，削減支出和榨取更多利潤。因此，十分之一的員工遭到開除，3M也減少四分之一的研究預算以及三分之二的資本投資[14]。

麥克納尼的方法獲得了短期的回報——利潤倍增、股利飆升。但麥克納尼在二〇〇五年宣布他將離開3M加入波音公司，改由喬治．巴克利（George Buckley）擔任代理執行長，隨後正式上任時，麥克納尼方法帶來的長期代價變得明確了。巴克利要求查看過去一年的銷售額，有多少比例來自過去五年開發的產品（3M稱之為「活力指數」）。由於巴克利知道客戶通常每十五年才會向3M購買新產品，他假設答案應該是「三分之一」，但幾週後，巴克利收到的回答卻是「十二分之一」。根據當時與巴克利共事的丹尼斯・卡利（Dennis Carey）所說：「有些重要部門的數字甚至是零，因為產品開發和創新已經完全停止了。」[15]「這間公司沒人理解這些數字了。」巴克利後來表示：「這些數字應該是公司的核心，應該受到高度重視，卻遭到棄置……我讓我的團隊成員看我收到的數字時，他們的反應是『我的天啊』。所以我說：『聽好了，各位，我們一定要重拾創新精神。』」[16]

巴克利要求他手下的科學家和開發人員停止迎合短期的財務目標。與此相對，他說，他們應該再度夢想與實驗，同時，他也將他們的預算提高五分之一。在隨後的五年，3M開發了數千個新產品，活力指數增加四倍。到了二〇一〇年，超過三分之一的產品銷售額來自過去五年開發的產品——3M回到了應有的位置[17]。「3M是一間科技公司，」巴克利解釋：「因此，持續投入並創造新科技是關鍵。[18]」「要知道公司文化是非常容易被迅速摧毀的，幸好麥克納尼並未完全抹殺 3M 的文化，因為他待在這裡的時間不夠久，」發明便利貼的科學家亞特・富萊（Art Fry）說：「但如果他在職的時間更久，我認為他可能會完全抹殺創新文化。[19]」

與此同時，麥克納尼將他用於 3M 公司的原則用於波音公司，也就是：削減預算、降低成本，將利潤最大化。從短期來說，這些原則成功了，但也讓波音公司陷入困境。突然之間，波音公司必須面對空中巴士公司新機型 A320neo 的競爭。A320neo 的客艙、引擎和機翼設計更優秀，油耗量也比波音公司的 737 次世代飛機少了五分之一。為此，波音公司必須全力開發競爭機種 737 Max，且必須在通常需要時間的一半之內完成——四年，而不是八年。「波音公司想要避免增加成本，並限制改變的程度，」曾在波音任職的工程師瑞克・盧特克（Rick Ludtke）表示：「他們想要最低程度的改變，藉此簡化訓練的差異，還要最低程度的改變，藉此減少成本，而且要迅速完成。[20]」「時間安排極為緊迫，」另外一位工程師說：「重點就是快、快、快。[21]」

緊迫的時間安排，加上公司文化希望消除困難、錯誤及誤算，最後證明這是致命的組合。新飛機並未經過妥善測試，以致波音公司並未察覺引擎新位置（高於正常位置）產生的升力，以及用於修正升力的自動化軟體（降低機鼻）無法在特定情況下運作[22]。三年之後，經歷兩次造成超過三百人死亡的致命意外，所有的 737 Max 被迫停飛。波音承受的財務後果極為嚴重，股價下跌，銷售停滯。對人員造成的損傷影響則是無法計算[23]。

企業應讓員工跨部門合作

創新是長期成功的必要條件，這個主張似乎顯而易見。但極為反常的是，只有極為少數的組織採納這個主張（在雷諾與阿赫麥德於二〇一三年的調查中，僅有百分之一如此）[24]。當然，那些組織可能會談論創造、創新需要的時間與空間，允許成員嘗試，但不會付諸實踐。它們聲稱希望員工可以共同參與跨功能團隊，提出優秀的新觀念，但卻將這些員工安置在孤立的部門，藉此提高所謂的「效率」。波音公司、克萊斯勒、奇異公司、通用汽車、摩托羅拉、寶麗來與其他組織的命運，證明了這種方法就是與創造力和新思維不相容。通常會有一年的時間（往往就是情況急轉直下惡化前的那年），這些公司會因盡力降低成本，以致獲得良好的財務成果，但缺乏創新的結果，隨後就會開始產生影響[25]。

相形之下，百年基業知道這種方法終究不會成功，所以百年基業設立的環境與高效能產線恰好相反。具備不同觀點與來自不同部門的同仁並肩作戰，同時他們定期輪換任務，充分善用隨機接觸的機會。他們被期待犯錯，而非全力避免錯誤。舉例而言，美國航太總署不會打造固定的團隊，而是建立靈活的團隊，與大量不同的人才合作；英國自行車協會不時調整訓練內容，讓不同的運動員每週在不同設施與不同的教練進行訓練；伊頓公學安排學生每天數次前往不同的教室，向不同的教師學習不同課程。

豐田汽車因致力消除製造過程的七種「浪費」而聞名，分別是：等待、運輸（搬運）、處理（加工）、庫存、動作、瑕疵品與重製修正，以及過度生產。實際上，這就是六標準差或精簡生產計畫的核心原則[26]。百年基業特意保留其中兩者：動作與瑕疵，另外，如果有需要等待，百年基業也欣然接受。

鑒於六標準差的重點是停止浪費與節省金錢，因此似乎能合理地假設，建立一定程度的「創造性的無效率」，必定會帶來額外的支出。從某個程度來說，確實如此。創造的過程，根據其本質確實非常消耗時間，可能需要多次的迂迴測試與反覆進行。但移除六標準差過程要求的眾多查核、控制，以及管理層級，讓人們有自主管理和實驗的自由，就能提供彌補的優勢。正如英國皇家音樂學院的副院長提摩西・瓊斯告訴我：「我們盡力聘請最好的人才，讓他們自行發揮。我們不要求他們填寫大量的文件證明自己完成了什麼，也不會使用大量的管理人員查核他們的進度。」[27]從實務的角度來看，這代表更少的官僚、更少的管理，以及更精簡的運作。大多數組織的經常性開支往往是營收的五分之一（在某些例子中，甚至是一半）[28]，然而在百年基業組織中，這個比例通常只有十分之一[29]。

英國皇家藝術學院示範了所謂「有創造力的組織」究竟是什麼模樣。來自不同科系的人比鄰而坐，舉例而言，在開放式工作室中，流行藝術系的學生與建築藝術系的學生會坐在一起，而陶瓷玻璃藝術系的學生坐在使用者體驗設計系學生的旁邊。校園各個建築的入口、餐廳、洗手間都安排在策略性的中央位置，所以人們每天必須繞著建築行走——「我想一天大概四到五次。」建築、陶瓷、流行，以及服務設計學群的一位學生表示。英國皇家藝術學院每年至少推出一個新學程，藉此激發嶄新的想法。另外，每位學生每年必須進行至少一個英國皇家藝術學院的橫跨（AcrossRCA）計畫，與來自其他學程的學生合作。

例如：「倫敦救護車計畫」由使用者體驗設計、流行、醫療，以及載具設計的學生，共同與救護隊員合作，提出救護車配置和設備設計的改善建議，並建立符合實際尺寸的模型，展現出這些改善在實務中的效果[30]；「失智症計畫」則是讓建築、資訊經驗設計、醫療，以及視覺溝通的學生，在照護之家與照護人員和病患合作，重新設計臥室和餐飲空間，讓行動不便、記憶力或視力不佳的病患能更容易利用環境；其他還有跨學程團隊致力於處理如何設計更為永續的衣物、重新利用廚餘，以及改善城市旅遊等挑戰[31]。

這種計畫不僅協助解決重要的社會問題，也對學生大有幫助。「有些學生討厭這件事，」英國皇家藝術學院的校長保羅．湯普森向我坦承：「因為他們到這裡只有非常單一的目標：例如，成為汽車設計師，他們不想浪費時間參與需要與許多人互動的全球挑戰計畫。他們有時帶著略為抗拒的心情參加，但完成之後他們多半會說：『這是最棒的事情』。這種計畫永遠都在學生滿意度調查中獲得最高分，而弔詭的是，這也是皇家藝術學院成本最低的計畫之一。經營這種計畫不需要花費太多資金，但其成功程度卻令人難以置信。[32]」

之所以能出現嶄新的想法，也來自英國皇家藝術學院其公共空間中完全隨機且未經計畫的邂逅。湯普森描述一位學生可能會聽到另外一位完全不相關領域學生討論的專業技術方法或特定設備，立刻看見其中潛藏的契機；或者，學生可能會在自己的課程或其他課程上偶然遇到其他人，最後展開合作。

毫不令人意外的在過去十五年間，英國皇家藝術學院創新中心（InnovationRCA centre）已協助超過一百名畢業生成立逾五十個衍生計畫，創造超過一億英鎊的銷售額與超過一千個工作機會。

舉例而言，混凝土帆布（Concrete Canvas）公司由兩位創新設計系學生創立，他們研發一種混凝土纖維，協助人們迅速建造緊急防火防水結構；「量身金融服務」公司（Quirk Money）則是兩位服務設計系學生的構想，希望幫助人們以更好的方式管理個人財務；歐羅布里亞（Olombria）結合來自建築、資訊經驗設計及流行設計系學生截然不同的專業技能，希望在蜂群數量下降的地區解決授粉降低的問題，方法是使用荷爾蒙增加蒼蠅的授粉能力；創新復甦（Revive Innovations）公司結合了一位批判性寫作系學生和一位產品設計系學生的專業能力，開發出可穿戴式腎上腺素自動注射器，幫助受嚴重過敏所苦的人們[33]。

以企業管理的方式治理國家——以色列

在非百年基業中，這種方法的最佳範例也許不是一個組織，而是一個國家——以色列。以色列有九百三十萬的人口，其規模在全球僅排名第九十，然而經濟產出卻位居全球第十三，享受高居第二十名的全球生活水準[34]。根據經濟合作暨發展組織的資料，按人口比例計算，以色列也是全球最創新的國家，擁有最高的人均新創公司數（每一千四百人就有一間）以及最多的創投資金（每人平均一百七十美元）[35]。以色列吸引來自全球各地的投資，也是眾多全球頂尖創新公司的根據地，例如：3M和亞馬遜，蘋果和eBay，臉書和Google，英特爾和國際商業機器公司（IBM），微軟和諾基亞，PayPal和三星，還有星巴克和特斯拉，均有在以色列設立營運單位。

「如果你是現代的跨國公司，」戴爾科技資本（Dell Technologies Capital）的管理總監亞爾．史尼爾（Yair Snir）表示：「你的其中一個資產必定是位於以色列的研發中心。」[36]在二〇二二年，過去二十年間在以色列成立的公司中，有超過一百間被視為市值超過十億美元的「獨角獸」[37]。由此可證，以色列被譽為新創國家絕非偶然[38]。我們可能很容易假設以色列之所以能達成這個成就，是因為低稅制與高額資金同時吸引國內外投資，或者以色列鼓勵傑出和才華洋溢的外國人士或組織安置於此。然而，以色列在以上兩個領域的表現，與經濟合作暨發展組織的其他會員國沒有太大的差別[39]。真正的差異在於以色列的文化。基本上，與多數其他國家的公民相比，以色列人行事風格的區隔程度較低，且更為靈活流動。以色列人更願意合作，且更能夠與來自不同領域的人們共事。

主因在於——正如大多數以色列人會告訴你的，在進入職場世界之前，除了因為宗教理由免除兵役者之外，所有人都必須服役至少兩年。誠如深入撰寫以色列成功的丹·賽諾（Dan Senor）所說：「當其他國家的學生全心投入於決定就讀哪間大學時，以色列的學生正在衡量不同軍種的優缺。[40]」在軍中，他們被迫與年紀相仿但往往背景迥異的同儕共處。他們必須學習如何融洽相處、合作，以及完成特定的高要求任務，並以成功團隊的方式共事。「沒有人會明確告訴你應該要做什麼。」

多爾・史庫勒（Dor Skuler）表示，他在退伍之後創立了「直覺機器人」（Intution Robotics）公司。「他們會告訴你：『這就是問題，想辦法解決。』而且期限極其嚴苛。所以你得開始創新，展現創業精神，事後才會理解自己在做什麼。你必須如此，因為你別無選擇，只能完成任務。」[41]

不僅如此，在軍旅歲月中，以色列人還會建立人脈網絡，好在重返民間生活的許久之後仍可仰賴。「整個國家只有一層區隔。」於過去四十年間，協助成立超過八十間公司的創業家與投資人約西・瓦爾迪（Yossi Vardi）解釋：「這裡的社會圖像非常簡單。每個人都彼此認識；每個人都曾和彼此的親生兄弟一起在軍中服役；每個人的母親都是其他人的學校老師；某個人的叔叔是另外一個人服役單位的指揮官。沒有人可以隱藏自己。」[42]義務役期滿之後，當時所創造的人際關係，也會因為週期性的後備軍人訓練而重新復甦並進一步強化。

這種透過人際網絡取得成功的途徑，正是以色列其中一個最成功的新創公司——華斯（Waze）的起步方式[43]。華斯起源於二〇〇六年，是由一位主修電腦科學和哲學的學生所發起的社群計畫，旨在創造以色列第一個希伯來語導航地圖。兩年後，在臺拉維夫（Tel Aviv）的社交活動上，他們經由朋友的朋友介紹，認識了一位以色列創業家。這位創業家指出，既然他們開發的軟體是從使用者身上即時蒐集交通流量和事故資訊，應該也可以用於服務更廣大的用路人，在以色列全國各地向民眾提供導航。又過了兩年，另外一次的巧合結識——這次的對象是一位美國投資人，於是他們決定在美國成立辦公室，開發涵蓋美國各州的導航地圖。在公司成立的七年之後，又一次的因緣際會，Google 以十億美元的價格收購華斯。現在，全球各地的政府和用路人都在使用華斯開發的應用程式，以分析交通流量、規劃路線和部署緊急服務[44]。

華斯邁向全球的成功旅程並非線性發展，而是一連串的前進與顛簸，經歷數年，涉及多個領域、社群與專業知識。華斯基本上是一位以色列科學家和哲學家夢想的理念，而希伯來語社群賦予了這個理念生命，再經由另一位以色列創業家的幫助成為一間公司，再透過美國投資人而擴展成長，最後由全球科技巨人收購。**華斯的成**

功並非遵循固定模式，而是人際網絡的成果。有趣的是，即使Google收購之後，華斯仍選擇將研發團隊留在以色列，理由在於以色列是人際網絡的所在地，也是未來以人際網絡作為基礎的創新「更有可能發生」的地方[45]。

在吉姆．麥克納尼上任之前，讓3M公司能在二十世紀最後數十年間成為全球強權的其中一項發明——便利貼，也是非常相似的發展情況。基本上，便利貼的出現是場意外。回到一九六八年，在3M公司研發強力膠水的化學家史賓賽．席爾瓦（Spencer Silver）博士，意外製造了一種黏性非常弱的膠水。他立刻知道這種膠水很特別而且是全新的發明，只是他不確定這個產品能夠如何應用在廣袤的世界。然而，他變得非常執著，不停地和朋友與同事討論這個膠水。「我成為了『堅持先生』，」他後來回憶：「因為我不願放棄。[46]」

六年之後，某位同仁亞特．富萊（Art Fry）遇到了一個問題：在教堂唱聖歌時，書籤常常從歌本中滑落。在一次討論會上聽說之後，富萊決定試用席爾瓦的發明。結果，這種膠水不僅能防止書籤滑落，黏性也恰到好處，黏上之後可以隨意調整書籤位置，也不會損傷書頁。但聖歌本書籤無法形成一個市場，且3M在一九七七年推出的Press'n Peel（字面意義是「壓黏與撕開」）也未能取得成功。唯有經過另外三年的研發，加上與各種不同背景的人物進行無數次交流後，席爾瓦終於創造了「便利貼」。

十年之後，便利貼已是價值十億美元的生意。

正如喬治・巴克利所說：「創新的本質是個混亂失序的過程。你不能在創新領域中套用六標準差過程，然後說，好吧，我的創新進度落後，所以我預定在星期三提出三個好想法、星期五再提出兩個。創意不是這樣運作的。」[47]

「你愈是將一間公司固定在全面的品質管理，就愈容易傷害突破性的創新。」達特矛斯塔克商學院的創新學教授維傑・高文達拉揚（Vijay Govindarajan）表示。「顛覆性的創新需要的心智、能力、標準，以及整體文化，在根本上就是完全不同的。」[48]

換言之，創新無法準確策劃，但我們可以培養孕育創新的環境。

適才適所，員工方能發揮出最佳表現

然而，此事並非一蹴可及。創造正確的文化需要時間，也需要正確的心態，因此執著於流程的人們往往無法適應。

最好的起點，可說是分辨組織同仁的不同特質，例如：誰是推動前進的顛覆性專家？誰是讓事物保持正軌的穩定守望者？個別同仁的具體工作內容是什麼？開發新的客戶或供應商，負責製造過程或產品，管理人才或技術，還是推動實務或策略？他們的本質是行動家還是思想家，偏向務實還是理論，側重邏輯還是同理心，偏好謹慎規劃或隨興行事？他們的角色是採購或銷售，服務或製造，創造或檢驗，學習或教導？以這個方式辨識個別成員的特質之後，下一步，就是尋找在某些層面上體現對立特質的可能搭配人選。他們可能有相似的目標，但個性或觀點不同；他們可能有相似的個性，但目標或觀點不同；或者，他們可能有相似的觀點，但目標或個性不同。

舉例而言，英國自行車協會讓工程師和心理學家合作。他們的共同點是個性（兩者都傾向於邏輯思考與事先規劃），而不同之處則是目標（工程師開發新科技和方針，心理學家培養新人才與實務方法）和觀點（工程師著重創造，心理學家則是測量）。美國航太總署用相似的方法，讓工程師與氣象學家合作，因為兩者有相似的個性（偏好邏輯思考與事先規劃），但目標不同（工程師開發新的產品與實務方法，氣象學家發展新的流程與方針），觀點也有差異（工程師著重創造，氣象學家著重測量）。至於英國皇家藝術學院，則讓流行藝術系和建築藝術系的學生合作，他們的目標（為新客戶開發新產品）與觀點（兩者都是創造）相似，但個性不同（流行藝術系的學生更具同理心和隨興，建築系的學生更著重邏輯思考和事先規劃）。

無須多言，這不可能是精密的科學。沒有人可以被完全劃分，任何團體都不會有兩位成員完全相同。因此，**訣竅在於尋找普遍的特質，而非特定細節；找到有共同特質但也有差異的人，促成他們的合作。**這個過程也無法一蹴可及。百年基業用了許多年發展這種方法以及融入組織中，但即便如此，有時仍會踏上錯誤的道路。

因此，倘若某件事情不成功，請嘗試不同的方法，如：改變配對組合或改變整體情況，並期待試驗、錯誤及隨機事件的發生。以上這些都是你正在創造文化的一部分，你必須以身作則。

海納百川的皮克斯

找到對比鮮明的人，並讓他們攜手合作只是起點。畢竟，只是將不同的團體聚在一起，無法保證能夠鼓勵到他們相互合作，還需要善用日常生活的儀式與習慣，才能確實鼓勵他們合作。至於具體作法，可以是，例如：調整會議室的位置，或只是移動咖啡機的位置，讓它們位於工作場所的中心位置，就可能會有奇效。或者，也可以考慮將餐廳的小桌子換成更大且更適合交流的桌子，或者在特定日子的特定時間，於公共空間提供免費食物和飲料，又或者是實施「禁止於自己辦公桌上進食」的政策，鼓勵人們在休息時間相處；也可以清理走廊空間，讓人們更容易停下腳步閒聊，確保每棟建築只有一個入口，讓員工更有機會遇見彼此[49]。

若說有哪個地方充分體現了這個作法，那就是皮克斯的加州總部——由史蒂夫・賈伯斯在一九九九年重新設計，因此也成為所謂的「賈伯斯的電影院」。

賈伯斯在一九九六年後期重返蘋果的前後那幾年，曾與皮克斯密切合作。雖然皮克斯在日常事務中謹慎地與他保持距離，但仍積極善用賈伯斯的想像力與洞見，重新設計公司的辦公室。賈伯斯嘗試了不同的觀念。他曾考慮讓皮克斯的創意人員、工程師，以及執行高層分別使用三棟獨立的建築，也曾考慮過是否讓每部正在開發的電影都有專用的建築。然而，他最後受到參訪洛克希德・馬丁公司最高機密部門「臭鼬工廠」（負責設計噴射戰鬥機與間諜飛機）的經驗啟發，決定每個人都應該時時刻刻在同一棟建築一起工作。「在這個網路化的時代，很容易以為電子郵件和通訊軟體可以發展想法，」賈伯斯說：「但這種想法太瘋狂了。創意來自於自發性的見面、來自隨意的討論。你碰巧遇到某個人，問他們最近在做什麼，你聽了以後很驚訝，如此很快就能開始激盪各種類型的想法。」[50]

時至今日，正如在賈伯斯的時代，皮克斯的創意工作人員集中在建築的一側，工程師在另一側，而執行高層位於二樓；在建築中央，則是能容納全體一千名員工的中庭，在此可以連結所有人。作為這棟建築的動態樞紐，中庭設有接待區、洗手間、餐廳、電影院、健身房、郵件收發室、遊戲區、沙發和餐桌椅。「一開始，中庭似乎有點像是在浪費空間，」《超人特攻隊》與《料理鼠王》的導演布萊德．博德表示：「但史蒂夫知道，人們遇見彼此、眼神交會時，就會發生好事情。」[51]前皮克斯總裁艾德．卡特莫爾描述中庭創造的「人潮交會」如何「帶來更好的溝通流動與增加邂逅機會的可能性」。「你能夠感受這棟建築的能量。」他說[52]。皮克斯的方法或許不是人人適用，但其中潛藏的原則必然可行。

不過，想辦法讓人們攜手合作不是個有明確終點的過程，這個過程必須保持動態且不斷進行。每個人都需要被持續鼓勵處理不同的想法和不同的計畫，所以：英國自行車協會讓科學家輪替處理每次的奧運準備週期；英國皇家莎士比亞劇團的每部新作品都會改變創作人員名單；美國航太總署要求工程師審查自己並未直接參與的計畫；英國皇家音樂學院則讓導師評估自己並未親自教授的學程。根據英國皇家音樂學院副校長提摩西．瓊斯所說：「我們希望創造一種提問文化——刺激性的問題能夠敲開大門、找到新的道路，並創造新成果。我們將這些問題的答案視為邁向下一組問題的踏腳石。你永遠都要檢視並質問你的作為與方法，如此一來，才會持續進步和改變。」[53]

對此，皮克斯再度提供了一個非常有用的模式。在完成首部電影《玩具總動員》的四年後，總部正在重新設計時，皮克斯成立「智囊團」（Braintrust）——由十二位導演和編劇所組成的團隊，負責幫助在製作電影時於某個層面遭遇瓶頸的同仁。其中的關鍵，在於智囊團不會提出或施加任何答案。這個團隊並非管理工具，也不是迅速解決問題的機制。它的目標是打開導演的視野，思考他們過去可能沒有想到的解決方法，藉由提出一連串的問題來梳理不同的觀念和角度。智囊團啟發他們的思維，讓他們有足夠的空間思考解決方法。

卡特莫爾在《創意電力公司》（*Creativity, Inc.*）一書中解釋了智囊團的哲學。

「你可能會想，智囊團和其他回饋機制有何不同？就我看來，有兩個關鍵差異。首先，智囊團的成員都是對於敘事有深刻理解的人，往往也曾親身參與電影製作。導演在製作過程中歡迎各方批評（事實上，我們的電影在公司內部放映時，皮克斯會邀請所有員工提出意見），但他們尤其重視導演同儕和編劇的回饋。[54]」

「第二個差異，」他繼續說：「則是智囊團沒有權力。這點至關重要。導演不需要遵守智囊團提出的任何具體建議。智囊團會議結束後，他需要自行決定如何應對會議回饋。智囊團會議不是從上到下，也不是『必須遵守否則後果自負』。藉由智囊團這種沒有強制權力者所提出的解決方法，我們深深影響了整個團隊的運作動態，而我相信，這種影響方法非常關鍵。[55]」

智囊團曾在《海底總動員》、《超人特攻隊》及《腦筋急轉彎》等電影製作遇到瓶頸時提供幫助。卡特莫爾在二〇〇六年掌管迪士尼動畫工作室時，他成立的「故事團」也協助了《魔髮奇緣》、《冰雪奇緣》及《獅子王》。這些電影的成功，都是真正創新思維力量的見證。

智囊團是種聰明的「組織化」解決方法，用以應對如何讓各自不同的人們共同合作，提供嶄新視角與啟發新方法的挑戰。從這個角度來看，這個方法相對容易仿效，因為任何組織均可從不同部門成立團隊，用以提供建議和支持。然而，如果一個組織希望將真正的創新心態融入基因之中，就需要更進一步。畢竟，成立智囊團的傳統企業可能很快就會發現智囊團淪為另外一種例行會議。換言之，唯有具備鼓勵各自不同的人們合作、交換想法的文化，才能真正受益於智囊團的潛力。

本章重點

百年基業創造一種「崎嶇」的文化，讓人們藉由以下方式，找到新的目標與新的方法：

- 讓人們與自己不相似的人比鄰而坐，而他們彼此的目標、個性或觀點不同。

- 讓人們同時處理至少兩個（通常是三個）不同的計畫，參與至少兩個（通常是三個）不同的團隊。
- 邀請外部人士每月協助審查計畫的影響和進度。
- 在每次新的計畫開始時，定期改變團隊成員。
- 策略性地將餐廳和會議室置於中央地區，這樣人們更有機會與不同部門的同仁相處，從而受益於偶然相遇所帶來的好處。

意外
Accidents

習慣12

一起用餐

高品質的時間是最好的時間。

為什麼士兵隨時願意置身險境？為什麼他們毫不猶豫地接受可能導致自己身受重傷甚至死亡的命令？只因為他們的天性比其他人更忠於一個特定目標或國家？還是另有原因？

四個研究人員（一位是學者，三位是士兵）在二〇〇三年時問自己這些問題，而當時，美國及西方盟友在伊拉克發動全面攻擊，試圖推翻該國領袖薩達姆．海珊（Saddam Hussein）[1]。約二十萬名士兵進入伊拉克，在隨後的六個星期參與激烈的戰鬥時，研究人員在數十名士兵的頭盔上安裝了攝影機，這樣無論士兵到了哪裡，他們都能全程觀察士兵與其他人的互動，理解前線的日常生活。後來，他們對每位士兵進行深入訪談，更為深入理解士兵的行為與原因。為了獲得不同的觀點，他們也和伊拉克的戰俘交談。

他們的研究成果非常明確。他們發現，士兵不是為了一位領袖、一場戰役，甚至不是為了個人任務而戰。士兵可能希望知道為何而戰，以及戰鬥可以帶來的成果，當然也需要說服自己可以相信將他們送到戰場的人。但在關鍵時刻、當他們走上戰場槍口猛烈掃射時，其實不是為了任何理想，而是為了彼此而戰——為了他們的同袍。正如一位曾經參加伊拉克衝突的戰鬥人員所說：「我們不是為了任何人，而是為了自己而戰；我們不是為了某個位高權重的上級而戰，我們只是為了彼此而戰。[2]」「如果他保護我，」另外一位戰鬥人員表示：「我就會想盡辦法保護他，絕對不能出差錯。[3]」

如此強烈的同袍情感不是訓練或戰鬥的附加產物，而是士兵長時間陪伴彼此的直接結果。在研究中，多位士兵證明了逐漸加深的陪伴情誼對於其行為和態度的影響力。「在戰壕中與某個人相處如此長久的時間，你會對那個人瞭若指掌，因為也沒有其他話題可聊。」一位士兵表示：「你們會變成非常要好的朋友。[4]」「你們坐在戰場的泥土上，來回掃視數個小時。」另一位士兵說：「對我來說，唯一能夠說話的人只有他，就在我左手邊，距離很近，只有大約十八英寸，我們肩並肩坐著。這樣一起坐在泥土上大約一個月，慢慢地，你們會開始聊所有事情，舉凡家人、朋友、最近發生的事情、你平常的生活、家裡有什麼問題……什麼都聊。[5]」根據第三位受訪士兵所說：「每天大部分的時間，我們都在一起，一週五天。你開始知道什麼事情會惹他們生氣，什麼事情會讓他們高興，想要與他們合作需要知道什麼。最後，你們會開始形成一種羈絆。」[6]

為了解釋這種萌芽發展的關係，許多士兵選擇用「家人」這個字眼。正如其中一位士兵所說：「這就像一個大家庭，任何事情都必須先經過你的家人，他們不會讓你獨自面對。這種情況讓人安心。」[7]「這裡的每個人都會成為你的家人。」另一位士兵表示。「和我的妻子在一起時，前幾年，我必須學習如何與她共同生活，例如：她在早上的習慣，而我的習慣如何配合；誰先用洗手間……諸如此類的事情。一群美國大兵一起生活也一樣。你開始認識每個人的個性，比如：誰早上脾氣不好，誰晚上容易煩躁，誰錯過用餐時間會火冒三丈，所以應該先讓他們插隊，其實就像和妻子相處。」[8]另外一位士兵也同意：「我們進食、喝水、用洗手間，所有的事情都在一起。我認為確實應該如此……我真的將他們視為自己的家人，因為我們一起戰鬥、一起玩樂……我們甚至到了將小隊長稱為『老爸』的程度。」[9]

鍛造的友誼、規律的日常習慣、持續表達的喜愛與厭惡、希望與恐懼，以上這些團結了每個戰鬥單位。一旦他們成為了家人，他們願意為了彼此做任何事情，並準備在這段過程中冒著生命危險。接受該研究訪問的多位士兵也證實這點。

「你對他們的信任，必須超過你對母親、父親、女朋友、妻子，或者任何人的信任。」其中一位士兵表示：「他們幾乎就像你的守護天使。」[10]另外一位士兵描述了他與同袍泰勒（Taylor）發展的友誼有何力量。「我知道泰勒會特別照顧我，雖然只是一些非常傻氣的小事，例如，他會說：『兄弟，你看起來需要一個擁抱。』然後過來給我一個大大的熊抱。他知道我會照顧他，反過來說也一樣……如果我在駕駛時沒有辦法顧著自己，我知道一定會有人負責觀察情況——泰勒會注意四周。我沿著道路駕駛時，必須專心看著前面以確認行駛的位置，確保我不會輾過任何東西。但我不知道後方的情況，也不清楚左右兩邊有什麼。但我相信泰勒會留意一切。他永遠都是如此。顯然的，他也做到了。所以我們還活著，感謝上天。」[11]

軍中同袍情誼與球隊經營很相似？

從鍛造密切的專業合作關係來看，軍中的「家庭」可能是種極端，但其體現的根本原則普遍適用——從製造工廠到服務業公司，從文化組織到體育團隊，人人均能受益。鼓勵家庭與親族感的組織必定會蓬勃發展。員工更為快樂，壓力更小，同時更有創造力[12]。一項對於過去一百二十個研究進行的綜合分析發現，當人們覺得自己是家庭的一分子時，就會更為投入、專注，更有動力完成工作，而他們的團隊表現通常可以提升將近百分之十五[13]。反之，無法培養家庭文化的組織，往往都要付出代價，只是時間早晚的問題。

因此，我們很容易將英國足球俱樂部利物浦在一九六〇年代和一九七〇年代的卓越表現，歸功於一種近乎軍隊的家庭感受所帶來的影響力。利物浦的總教練比爾・辛奇利（Bill Shankly）曾在軍中服役，於二戰期間擔任英國皇家空軍下士，也因此辛奇利親身體會到建立緊密的親族感能達成何種成就。回首在英國皇家空軍的歲月，辛奇利表示：「那段歲月的所有時光，我都在為了成為足球教練的那一天而做好準備。我也知道自己可以擔任一位領袖。我對自己的能力有信心。我並未虛度光陰。我為了未來而努力。」[14]

在利物浦，他每天用數個小時與教練團和其他員工談天，以深入梳理問題，並熱烈地探討彼此的想法和戰術。利物浦主場安菲爾德球場更衣室旁的小「靴室」（Boot Room）——許多討論在此發生，成為辛奇利期盼培養的文化象徵。鮑伯・派斯利（Bob Paisley）是辛奇利的一軍訓練師，在辛奇利於一九七四年離開之後，接替成為總教練。派斯利表示：「一開始，那是喬・法甘（Joe Fagan）和我與來訪球隊教練和場下隊職員小酌的地方。我們希望贏下每場比賽，但無論比賽何其艱難，我們都喜歡在賽後放鬆，與對手喝一杯。光是談論比賽，就已是足球最有趣的一部分了。」

「星期天早上，」派斯利繼續說道：「我們會回到靴室，討論星期六的比賽。我們有不同的意見和爭執，每個人都會爭相表達意見，但一切都是用適當的方式表達。我們鼓勵每個人都表達自己的觀點。你可能會在靴室裡獲得比高層會議更廣泛的討論，但沒有任何內容會傳出去，所有發生的事情都僅限於靴室的四面牆之內。那個地方有某種程度的神祕性，我相信更衣室也應該如此。一般來說，在靴室和更衣室所說的話，都應該保密。」[15]

這種家庭的親密感，也被其他新措施給增強了。派斯利建議採用四十分鐘的冷靜時間制度——就在每次訓練結束之後與球員淋浴之前。從實務的角度來說，這是個好方法，能確保球員的肌膚毛孔有時間在淋浴之前閉合，以減少球員感冒或拉傷肌肉的可能性。但這個制度也確保球員用更多時間與彼此社交相處。與此同時，二隊教練喬·法甘提議，球員應該每天都在主場（安菲爾德球場）集合，一起搭乘巴士往返訓練球場（梅爾伍德球場）。球員相處的時間一舉提高了三倍，從每天一個小時增加為三個小時。同時，利物浦發展了一種靈活合作的球風，也讓他們在一九六二年時首次獲得二級聯賽冠軍，並在接下來的二十八年，斬獲了十三次的一級聯賽冠軍。

但當球隊的前隊長格雷・索內斯（Graeme Souness）在一九九一年擔任教練之後，一切都改變了。靴室被改建為媒體室（索內斯後來表示這並非他的決定），球員也不再於安菲爾德球場集合之後一起搭乘巴士往返梅爾伍德球場進行訓練（新的管理階層主張此舉是為了節省時間）。簡言之，球員和教練不再一起互動。然而，利物浦的表現開始下滑。他們在一九九二年球季排名聯賽第六，這是二十七年來的最差成績。在過去的二十六年，他們曾十三次奪得聯賽冠軍，但往後的四分之一個世紀，他們再也沒有贏得冠軍。

二〇一五年，尤根・克洛普（Jürgen Klopp）接任利物浦的總教練。這位德國人是位經驗豐富的球員（十四年）與教練（十四年），他明白如果球隊想贏球，人際關係有多麼重要。「我們在人生中所做的一切，」他解釋：「在我看來，都與人際關係息息相關。如果不重視人際關係，只想對自己的行為負責，不在意他人，你應該獨自住在森林或山野。[16]」克洛普是重視家庭的人，年僅二十歲就成為父親。「坦白說，那不是最完美的時機。」他回憶道：「當時我是業餘足球員，白天還要念大學。為了支付學費，我在一間存放電影院膠卷的倉庫工作……每天晚上只能睡五個小時，清晨到倉庫工作，白天去上課，晚上練球，然後回家，試著花時間陪伴兒子。那段時間很艱難，但教我學會真實的人生。」[17]「我當時是位非常年輕的父親，毫無準備，」他補充道：「但讓我有機會與比我年輕的人相處。我依然有這方面的理解，可以將我的經驗分享給球員，就像扮演父親的角色。」[18]

當克洛普來到利物浦時，他開始恢復許多從辛奇利時代開始失落的習慣和價值。在克洛普加入利物浦的一年之後，球場擴建完成，他甚至重新打造了靴室。「我到利物浦時，」他說：「第一次參觀球場，他們帶我看了更衣室——不怎麼令人印象深刻……後來他們帶我下樓，告訴我，『好的，這裡就是你的小靴室。』『靴室是什麼？』我問。他們向我解釋靴室。靴室真的很棒，就像球場裡的小酒吧，僅供教練以及團隊成員使用。我非常喜歡靴室。所以，新的看臺完成之後……我們打造了自己的靴室。基本上都是由我的妻子歐菈（Ulla）負責打理家具和外觀。對我來說，那是利物浦最棒的酒吧。比賽結束之後，我很喜歡和團隊所有成員一起到那裡——

還有我的朋友……以及他們的家人。那裡很棒。我們在德國沒有這種酒吧。在德國，比賽結束之後，我們會去酒吧。你可能會在公開的「貴賓區」有個角落，但那種地方的氣氛相當熱絡，你必須在賽後與酒吧的所有人聊天，即使你已經沒有什麼話好說了。我覺得比較好的情況，是你可以和自己認識的親朋好友在一起。那就是……我們的避風港，我會這麼形容……那就是我的靴室。[19]」

利物浦再度開始全隊往來，培養感情、相互學習。三年之後，二〇一九年他們贏得睽違三十年的首座英超冠軍。前利物浦球員、現任球評的馬克·勞倫森（Mark Lawrenson）是如此描述新教練帶來的轉變：「尤根·克洛普加入俱樂部的時候，你……可以感覺到那種巨大的轉變。幾個月之內，就知道有些事情完全不同了……我很討厭球員表現出色時（如果他的身材矮小又是阿根廷人）人們就會說：『他是下一個萊納爾·梅西。』他不是梅西，他就是他。所以克洛普來的時候，每個人都說：『他是下一個辛奇利。』你知道嗎？他所做的每件事情真的都有強烈的辛奇利風格……他麾下的所有球員，他都讓他們、所有人，變得更好。每個球員都是如此。

」[20]佩平・利達斯（Pepijn Lijnders），克洛普的助理教練，描述了「尤根建立了一個家庭。我們常說：百分之三十是戰術，百分之七十是團隊建設」[21]。守門員艾里森・貝克（Alisson Becker）稱讚克洛普「讓球隊覺得舒適的方式，同時也能向我們施加壓力」。「他就是這樣的人，」貝克說：「他永遠都保持愉快的心情，但只要上場比賽，他就會用嚴肅認真的態度看待這個重責大任。他是一位頂尖的教練，而這些都有助於建立良好的關係。我真的非常喜歡待在這個球隊與他共事。我熱愛自己在利物浦的生活。」[22]

建立如同家人的羈絆，能提升團隊表現

毫不令人意外，**營造家庭的感覺是所有百年基業的關鍵**。以英國自行車協會為例，他們的運動員始終一起訓練，但除此之外，一年會有四次，整個團隊，包括：自行車手、教練、營養師、心理學家和物理治療師，共同出行五天。在那段期間，

他們相互交流，無止盡地討論、實驗、訓練，並擬定策略。

以下是他們緊湊的日程安排：

- 六點：起床，梳洗，著裝。
- 六點三十分：一起吃營養師準備的早餐，通常是麥片、粥，以及雞蛋。
- 八點：與教練和心理學家進行耐力訓練，包括二十分鐘的熱身；接著與摩托車進行四次的二十分鐘競速，加上五分鐘的休息與補充水分。
- 十點：與團隊的物理治療師進行一個小時的療程，包括：休息、恢復體力、伸展、舒緩，以及進行身體檢查。
- 十一點：與其他運動員、教練及心理學家回顧晨間的活動。
- 十二點：午餐，通常是雞肉、火腿、藜麥與米飯。
- 下午兩點：與教練和心理學家進行速度訓練，包括二十分鐘的暖身，接著是八次的五分鐘訓練階段，有個人練習、雙人練習及團隊練習，加上二十分鐘的休息，恢復體力和補充水分。

- 下午五點：與物理治療師進行一個小時的療程，舒緩白天訓練的影響。
- 傍晚六點：與教練和心理學家回顧下午的活動。
- 晚上七點：晚餐，通常是雞肉、非洲小米、義大利麵及燉飯。
- 晚上九點：與其他運動員休閒相處。
- 晚上十點：就寢。

表面上看來，重點是漫長的訓練階段，但正如運動表現總監所說，從時間長度與難度來說，這些訓練階段與一般的週間訓練相似。換言之，真正帶來轉變性影響的，其實正是人們彼此相處的時間——他們在晨間準備、用餐、定期回顧，以及享受休息時間的時刻。七次奪得奧運金牌的傑森・肯尼（Jason Kenny）描述，唯有在休息時間他才能真正了解克里斯・霍伊（六次奧運金牌贏家）[23]。維多利亞・彭德爾頓（Victoria Pendleton，兩度奪得奧運金牌）也談到與其他運動員一起待在起居室帶來的不同，如果沒有這種陪伴，在那些時刻，她可能會待在自己的「小房間，感到迷惘和孤單」[24]。蘿拉・肯尼（Laura Kenny，五次奪得奧運金牌）則解釋了一起用餐和放鬆，是如何讓運動員得以暢談自己可能正在面對的任何焦慮和問題[25]。首席耐力教練丹・杭特（Dan Hunt）認為：「這種訓練過程中有體能的層面，也有團隊的層面。他們一起面對各種事情，協助彼此。我認為能夠做到這件事情，亦即：與隊友團結的人，才會贏得金牌……在比賽前的二十四個小時，我們會提醒運動員回想這些訓練階段。」[26]

綜觀上述，我們可能會假設，如果英國自行車協會的成員可以用更長的時間彼此相處，他們的成績還會更好，但實際上並非如此。因為團隊成員在每次訓練階段之間都需要自己的時間，好讓他們有機會吸收訓練期間出現的新觀念，嘗試運用，觀察是否有效（順帶一提，這正是在大型競賽的前六個月不會嘗試新計畫的原因；在這段期間，人們需要精通自己知道的一切，而不是嘗試新的方法）。然而，那段獨處時間所共同建立的羈絆，則是毫無疑問的強大。「人們總是問我，他們可以從自行車中學到什麼？」前英國自行車代表隊的運動表現總監彼得・基恩告訴我：「我回答他們，帶著你的團隊出去一週，就像家人一樣一起生活。我們最重大的轉變永遠都發生在那段時間。」[27]

英國自行車協會的策略，帶來了不言自明的成果——英國自行車代表隊在過去三屆奧運贏得的獎牌數量是其他國家的兩倍，至於金牌則是五倍。

美國職籃教頭的帶隊哲學

對於許多人來說，光是想到與同事一起長時間外出相處，可能就像場惡夢。話雖如此，實際上人與人的羈絆，也可以在更短的時間內形成，而這可能就在，例如：黑衫軍每次訓練階段之間的五分鐘休息、伊頓公學課堂之間的十分鐘休息、美國航太總署每次會議之間的十五分鐘。最重要的是，**羈絆能在午餐或晚餐時間扎根**。在這種時刻，人們身心放鬆，與朋友和同仁享受輕鬆隨興的對話，探索新觀念，形成新的友誼，以便建立在日後需要在壓力之下表現時變得非常重要的羈絆。「我最好的想法永遠出現在我和某個朋友吃飯或小酌的時候。」英國皇家藝術學院的一位導師告訴我：「有時，我和同個學程的同事一起吃飯，回顧早上的成果，並計劃下午的工作。但我通常會想和不同學程的同事一起用餐，認識他們，看看能從他們身上學到什麼。」[28]

「我每天和我的同仁共事，為什麼還要和他們一起用餐？」是個常見的拒絕理由，然而，這是一個被誤導的觀點。由牛津大學人類學家和心理學家羅賓・鄧巴教授所領導的研究指出，有個充分的科學理由解釋了為什麼共同用餐能形成如此強大的羈絆效果。二〇一六年，他與名為「大型午餐」（Big Lunch）的計畫合作（該計畫鼓勵來自不同社群的人們一起用餐和閒聊），讓他能精準觀察人們與其他人「相處」時，究竟會發生什麼[29]。他的研究成果非常明確。「更頻繁參加社交餐聚的人，」鄧巴解釋：「覺得更快樂，對生活更滿意，更信任他人，也更積極參與地方社群，擁有更多能夠仰賴支持的朋友。[30]」鄧巴的結論也獲得其他研究的支持，**證明共同用餐可以促進大腦分泌腦內啡，而這種荷爾蒙不只能協助緩解壓力、減輕痛苦，增進**

整體的幸福感，還可以在人類和靈長類動物中創造一種羈絆感。鄧巴指出，其他的社交活動，例如：跳舞、飲酒、歡笑、歌唱、說故事，都有非常相似的效果[31]。更甚者，其中一種或多種活動與用餐結合時，有益的效果會產生複利效應，因此，鄧巴認為，這就是晚餐通常非常成功的理由。「我們最重要的社交活動都發生於晚上，」鄧巴主張：「在夜晚從事這些社交活動，似乎有額外的『魔力』。」[32]

獨自用餐的負面效果與共同用餐的正面效果同樣驚人。舉例而言，研究顯示，無法規律與家長共同用餐的孩子，更有可能罹患憂鬱症、輟學，以及吸毒[33]。德瓦拉大學的營養學家夏儂·羅伯森（Shannon Robson）檢閱了超過一千篇相關研究之後指出：「家庭共同用餐一直都與健康的飲食習慣、改善飲食品質、心理社會發展，以及減少從事高風險行為之間有正相關。家庭共同用餐對孩童具有保護作用，因此通常會被建議作為改善健康的方法。」[34]

有些研究人員甚至更進一步延伸這個觀點，主張在美國共同用餐的比例減少（例如，據估計，美國人在車上用餐的比例，現在大約為五分之一）與離婚率的提高之間有關連性（目前美國的離婚率為歐洲平均的兩倍，墨西哥的十五倍。在墨西哥，家人規律地共同用餐、跳舞、唱歌，以及相處陪伴）。[35]「在美國，用餐開始變成獨自進行的事了，甚至是晚餐，」食品產業專家達倫．賽菲（Darren Seifer）解釋：「人們在家中和外面都是獨自用餐。」[36]如果組織就像家庭，就不難看出這些令人擔憂的數據和趨勢，對於並未用充足時間與彼此相處的工作場所會有何種影響。

有位非常重視用餐文化且啟發人心的人物，他是格雷格．波波維奇（Gregg Popovich），也是美國頂尖職業籃球隊聖安東尼奧馬刺的總裁與總教練。正如比爾．辛奇利，「波總」（Pop）[37]也有軍旅經驗，他曾在美國空軍服役五年。波總和辛奇利一樣，非常執著於培養團隊精神。「重點不是任何人。」他說：「你必須放下自我，明白成功需要一個團隊。」[38]因此，他會確保馬刺隊的球員會有許多休閒時間彼此相處、放鬆，聊天，最重要的是一起用餐。他會預定餐廳，提前一個小時抵達，確保一切準備就緒（比如：適當的食物、音樂、氛圍），並在每個人抵達時親自迎接——與他們握手，感謝他們前來，帶領他們入座。隨後的三小時，他會在晚餐時和每個人互動，談笑風生，從球員到教練，還有共同出席的家人。「我第一次親眼看見時非常驚訝。」前馬刺隊助理教練查德．佛希爾（Chad Forcier）表示：「那是我見過最令人驚嘆的領導力展現方式之一。[39]」波總甚至會留意餐廳的格局，規定十五位球員應該坐在中央的四張餐桌，而隊伍的五位教練盡可能平均分配，家人則坐在鄰近的餐桌。他認為每張餐桌不應該超過六個人，這樣才能讓每個人都清楚聽見彼此，每個人也才都有機會說話。有時，如果波總想要強化學習、人際羈絆，以及團隊建設，他甚至會在四個小時內連續舉行兩次餐宴。

波波維奇的作為完全不是刻意表現。波總視團隊為家庭，也用相同的方式對待團隊成員。麥可．米納（Michael Mina）的餐廳贏得了米其林肯定，而他曾經擔任馬刺隊的廚師，他形容自己看見波總的「溫柔」時，感到非常驚訝[40]。威爾．普渡（Will Perdue）曾在波總麾下效力四年，也提到波總能「先將球員視為人，其次才是籃球選手」[41]。普渡為馬刺效力已是二十多年前的事，但即便到了現在，普渡表示，如果他們偶遇，波總依然會溫暖地向他打招呼、詢問他的近況。「直到他聽見他認為真誠坦率的回答之前，不會放開你的手。」[42]正如波總本人所說：「人際關係才是一切的核心。你必須讓球員知道你關心他們，他們也必須關心彼此，對彼此感興趣，才會開始覺得對彼此有責任，思考應該為了彼此做什麼。」[43]

在波總的執教與悉心照顧下，馬刺隊從持續二十多年的冠軍荒，蛻變為在往後十五年內五度奪下NBA總冠軍的球隊。當然，共同用餐並非唯一的決定因素，但肯定是一個重要原因。

咖啡廳是最好的創意發想地？

正如格雷格．波波維奇在聖安東尼奧馬刺隊的努力所展示的，想要讓人們團結，不只需要單純地確保人們定期或偶爾的共同社交，還需要更多努力。換言之，他們聚會的方式也是關鍵——尤其是他們形成的團體大小。

過去二十年的研究已經證實，波總保持小規模團體的直覺確實是睿智的。研究顯示，**想要建立隨興且互動性強的討論，理想人數是介於三到五人**（這個數字正好是平均家庭人數，以及多數靈長類動物社會團體的規模，由此可證絕非巧合）[44]。六到七人也很好，雖然會有討論焦點和品質比不上小規模團體的風險；一旦團體人數達到十，對話往往會瓦解，因為雜音過多，以致人們開始覺得自己被忽略，形成次團體，或者由一人主導對話[45]。西澳大學（Western Australia University）的心理學家尼可拉斯·費（Nicolas Fay）研究了一百五十位大學生的互動後指出：「在五人小團體中，溝通就像對話，團體成員受到討論互動對象的影響最深。然而，在十人大團體中，溝通就像獨白，團隊成員受到主導人物的影響最深。[46]」換言之，理想的團體人數是「七加減二」，而這正如心理學家喬治·米勒（George Miller）的著名主張——雖然他討論的是人們能夠記住的事情數量，而非團體人數[47]。

正因如此，百年基業組織在人際互動非常關鍵的場合中，謹慎地保持低人數，例如：伊頓公學的指導課程學生人數通常不會超過五到七位；英國皇家音樂學院的研討課程也只有五到七位學生；美國航太總署的任務隊員人數遵守相同原則。其他高效組織也採用相似的哲學，如：臉書的團隊由三到五位工程師組成；麥肯錫公司的團隊有四到六位顧問；美國海軍的小隊為四到六位人。

此外，以上觀點有個與實際身體距離有關的實務層面。在理想的情況中，想要進行富有成效的對話，每個人之間的距離必須介於六十公分至九十公分（兩到三英尺）；距離夠遠，不會覺得擁擠；距離夠近，能清楚聽見彼此。加州大學戴維斯分校的心理學家羅伯．索默（Robert Sommer）研究人們在醫院咖啡廳中如何選擇座位，他發現桌子兩端的座位距離小於三英尺時，人們會坐在彼此對面的位置，但距離超過三．五英尺時，就會選擇並肩而坐[48]。這就是為什麼典型的咖啡桌非常適合其所服務的社交環境——咖啡桌的兩端座位距離通常介於六十公分至九十公分。鑒於咖啡廳本身的放鬆特質，以及提供一種強烈的心理興奮劑——咖啡，所以咖啡廳在歷史上一直都是非常受到歡迎的聚會場所。在阿拉伯世界，咖啡廳曾經被稱為「智慧的學院」；在倫敦，咖啡廳被形容為「便士大學」（penny university）。咖啡廳的愉快環境以及提供咖啡的熱忱，使其成為自由思想和自由言論的堡壘，也正因如此，從英國的斯圖亞特諸王（Stuart kings）到土耳其的蘇丹，都曾經在某個時間想要禁止咖啡廳[49]。有前瞻思維的現代組織也明白咖啡廳的益處，例如：蘋果有七間大型咖啡廳；臉書有間「史詩級」咖啡廳；Google則是設立了一百七十間小型咖啡廳。

光是員工經常一起用餐，就能增進團隊表現

當然，提供社交空間是一回事，讓人們願意使用社交空間又是另外一回事。研究顯示，多達五分之四的人在辦公桌上獨自吃午餐，且不會在工作時與同事相處，而這個趨勢也愈來愈惡化[50]。之所以如此，當然可以理解是因為工作時間不足和工作壓力。雖然用這種方式進行一整天的工作似乎是個合理的務實方法，但實際上，從中期和長期的角度來說，則是適得其反。**高效團隊需要放鬆以及與彼此相處的時間**。

舉例來說，美國的消防人員每天必定一起用餐，也經常為了彼此下廚。研究顯示，在罕見的情況下，如果消防人員並未一起用餐，或者無法一起用餐，他們的表

現一定會下滑，而且他們共同用餐的頻率愈低，其下滑的程度愈嚴重[51]。肯・奈芬（Ken Kniffin）主持了一項針對超過四百個消防局的研究後提出這個發現，主張高效表現的消防局特別強調包容性，亦即：即使消防員喜歡的食物各有不同，依然共同用餐。例如，奈芬描述「一位吃素的消防老將已經服務了數十年，在他輪班的時間，他不會和其他消防員吃相同的食物，但依然養成了習慣，會帶著他自己準備的餐點，與其他同仁在相同的時間和地點一起用餐，也會參與廚房清潔，正如其他不使用廚房的消防員都該做到的」[52]。

巴寶莉（Burberry）、臉書、Google，以及「即刻食用」（Pret A Manger）連鎖咖啡廳等不同類型的公司，其每天都會在餐廳提供免費的冷熱食。百年基業必定會確保（位於建築中央的）餐廳，持續供應價格低廉且品質良好的飲食，並在工作行程中提供足夠的時間，好讓同仁善加利用提供的餐點。時間緊迫時，有些組織還會結合工作與放鬆，例如：聖安東尼奧馬刺隊在晚餐時間一起回顧賽事，皮克斯則是在午餐時間回顧電影[53]。

Google在二〇一二年進行的研究，讓我們得以窺見這種社交場合有如此強大效果的原因[54]。亞里斯多德計畫（Project Aristotle）的目標是檢驗Google所有團隊成員的各個面向，包括：教育、性別、嗜好、個性和能力，同時考量他們當時進行計畫的挑戰性、複雜性，以及持續時間，以判斷何種因素能形成成功的團隊。

該研究指出，「個人能力」與「處理任務性質」的不重要程度，令人驚訝，與此相對，重要的是團隊形成的社交羈絆特質。定期共進午餐和晚餐的團隊成員，如果到了樂於討論自己的私生活、成功與失敗、擔心與憂慮的程度，就會達到一種「心理安全」的層次，進而實現最好的團隊表現。他們花時間了解彼此，願意花心思理解彼此的感覺與計畫；他們不會打斷彼此說話，而是讓每個人都有發表意見的機會。因此，他們不會掉入「在徹底探索問題之前就先尋求答案」的陷阱。他們會變得更為合作無間。在某些團隊中，成員遵守的社交習俗採取「不成文規定」形式，雖然沒有公開討論，但能夠輕易觀察；而在其他團隊，社交習俗則是隨著時間經過而刻意發展的「明確行為」與「既定規範」。無論是哪種方式，都有助於人們敞開心胸，擴展辯論的深度與討論的廣度。

「你在這個工作中最應該學到的事情，」時任 Google 人力營運主任的拉茲洛・博克表示：「就是團隊的運作方式，在許多層面上，這比誰是團隊成員更重要。我們的腦中都有個迷思，認為所有人都需要超級巨星，但研究的結果並非如此。你可以用一群只有平均表現的人所組成團隊，因為只要教導他們如何用正確的方式互動，他們就可以完成超級巨星永遠無法做到的成就。[55]」對此，Google 甚至用非常 Google 的方式，設計了一張查核清單，協助同仁用更好的方式主持會議，包括：（一）不要打斷團隊成員發言；（二）概述其他人的發言，以表示有確實仔細聆聽；（三）不知道答案時，坦承表示「不知道」；（四）在所有人都表達過意見之前，不要結束會議；（五）鼓勵人們向團隊表達不滿；（六）發現衝突時應明確指出，並嘗試藉由團隊內部的公開討論解決[56]。

唯有團隊建立起真正的羈絆時，這一切才有可能實現。

本章重點

百年基業像是一個家庭，透過以下方法來維繫情感和學習：

- 在所有場域建立龐大的中央區域，讓同仁可以在此一起飲食和相處。
- 在特定日子的特定時間，於中央區域提供品質良好的平價（或免費的）餐飲。
- 一天至少用一個小時的時間相處，共同用餐、聯絡感情。
- 公開誠實地與彼此交談，確保見面時每個人都有機會發言，並妥善獲得聆聽。
- 為了更熟悉彼此，以兩到三個月一次的頻率，在工作場合之外的地方聚會（通常也會帶著家人）。

結語

保護家園

心有疑慮時，回到核心。

百年基業教導我們最重要的核心啟示，那就是：**長久的成功來自於維持組織的核心文化，同時在組織的邊緣推動改變**。這是種微妙且謹慎的平衡，也是許多機構無法領略或達成的。大多數組織容易偏向其中一端——它們如果不是試著只仰賴過去的成功來建構未來，就是放棄起初讓它們成功的因素，試圖追逐嶄新且未經驗證的事物。

那麼，如何確保自己已經達到正確的平衡？你是否可以被稱為「激進的傳統派」？最好的檢視方法，是針對我在本書概述的十二個百年基業的習慣，逐一詢問自己一個核心問題。

▪穩定的目標

Q1：我們是否持正向心態來塑造社會的信念和行為？

Q2：我們是否接觸並培養次世代的人才？

■穩定的守望者

Q3：我們擁有合適的守望者，讓我們保持在正軌上嗎？

Q4：我們是否謹慎處理守望者職位的交接，好讓我們永遠保持在正軌上？

■穩定的開放性

Q5：我們是否在公開場合表現，鼓勵每個人發揮最佳狀態？

Q6：我們是否分享自己的故事，讓其他人能夠信任我們，並希望與我們合作？

■顛覆的專家

Q7：我們是否找到聰穎的人才，並邀請他們以兼職的方式與我們合作？

Q8：我們是否召募並留下世上最好的人才？

■顛覆的緊張感

Q9：我們是否永遠都專注在變得更好，而不是變得更龐大？

Q10：我們是否持續檢視自己做的所有事情？

■顛覆的意外

Q11：我們是否鼓勵自己遇見更多機會？

Q12：我們是否與同仁共同用餐與相處？

事實上，只有極為少數的組織，能夠對於以上十二個問題全數回答「是」。切記，最重要的是，穩定性與顛覆性應該達成一種正面平衡。如果你有很多穩定因素，但顛覆因素很少，就很可能根本沒有在前進；反之，顛覆因素很多，穩定因素很少，則會陷入脫軌的危險。

同樣極為重要的是，當問題或危機浮現時，應該先依賴穩定的核心，然後才是顛覆的邊緣，而不是反過來。

※

討論穩定的守望（習慣三）時，我介紹了黑衫軍如何應對在二〇〇七年世界盃橄欖球八強賽的挫敗。面對顛覆性的選擇（「開除總教練，另覓人選」）或穩定性的選擇（「留下總教練，但分析失敗的原因」）時，他們採取了第二個選項。

總教練葛拉漢・亨利受邀提交報告，從他的觀點概述為什麼黑衫軍的戰績不如預期；而八位經驗豐富的人士（來自紐西蘭橄欖球界內部與外部）組成的評估小組也得到相似的任務。兩個月之後，所有資料準備妥當，亨利與其他四位教練被要求向專家評估小組提出簡報，解釋為什麼他們認為自己應該留任，並在下一屆世界盃繼續執教黑衫軍。最後，即便來自球迷和媒體等巨大壓力，專家評估小組的結論仍認為，黑衫軍應該留下總教練[1]。

這不是單純的逃避問題，反之，這是一個深思熟慮之後的過程，大致上融入了我在本書描述的所有習慣。

首先，專家團隊明確表達目標，亦即：贏得下一屆世界盃，讓紐西蘭自豪。其次，他們保持守望的穩定（決定維持總教練地位），同時敞開心胸（邀請總教練表達他認為應該進行哪些改變）。總教練也明確表達他的目標，確認過去數年逐漸建立的價值（例如「禁止混帳」政策），並留住核心教練團以及任命球員領袖團隊（所有參與下一屆世界盃的球員），讓協助他的守望變得更穩定[2]。

「我們深感抱歉，未能將那座獎盃帶回紐西蘭。」在獲得留任之後的首次記者會上，亨利如此告訴紐西蘭民眾。「但我由衷感謝獲得了第二次機會。我們已從這屆賽事學到了教訓，我們期待以這次的教訓和我們已有的經驗為基礎，繼續努力。[3]」他繼續說明輸給法國依然令人痛心，但同時承諾將竭盡全力，避免未來再度發生此種憾事。他也讓球隊公開接受外界的嚴格檢驗，邀請一位記者隨隊觀察五週，並撰寫了一本關於黑衫軍的著作——《傳承》（*Legacy*，直譯）[4]。

當核心穩定了之後，黑衫軍開始處理顛覆性的邊緣。在隨後的四年，黑衫軍引進四十位新球員，並讓所有新球員輪流擔任不同的位置，以藉此改變現況，推動前進[5]。另外，外部專家也獲邀前來，協助球員提升思考（犯罪心理學家）、強化攔截（鐵籠戰格鬥家）、改善托舉（芭蕾舞舞者），以及加強領導（海軍陸戰隊）。黑衫軍也開始用更多的時間陪伴彼此，一起用餐生活，就像一家人[6]。等到下一屆世界盃到來時，黑衫軍已經準備就緒了。

「首重核心，其次邊緣」，這個箴言也見於其他百年基業。例如，美國航太總署在二〇〇三年的太空梭爆炸事件中，並未開除執行長或任何人，而是展開嚴格的調查，準確找出問題與原因。後來，透過一份長達四百頁的報告，美國航太總署表明其目標（推動科學可能性的極限），穩定守望，並向外部世界敞開心胸[7]。

接著，美國航太總署開始處理顛覆性的邊緣，邀請心理學家提出建議，打造更開放的職場文化，向同仁提供「停止工作」卡——如果他們認為某件事情可能出問題時就可以使用，並調整指揮結構，讓工程師有更大的自主性。自此以後，這個煞費苦心的方法帶來了豐厚的回報[8]。

由此可見，再次重申，首重核心，其次邊緣，何等重要。

後記

百年眞理

你能不能保持偉大？

過去十年來，我與數百個組織合作，從中發現欲準確找出組織優缺點的其中一個最佳方法，就是完成以下的問卷，並盡可能邀請更多同仁（以及組織外部的人士）一起作答。顯然的，這只是第一步，但研究問卷的結果有助於改變對話，重新凝聚人們的注意力，對於未來提供有益的指引。

請記得，這裡沒有「正確」的答案。不同的人會提出不同的回答，而這件事情本身就非常發人省思。舉例而言，如果你發現組織內部同仁與外部人士提出截然不同的回應，你就能知道，在你認為自己正在做的事情與外部世界對你的認知之間有落差。到了這個階段，你應該提出的問題會變成：為什麼會有這種認知差異？為什麼某個人能看見的（或者認為自己看見的），另一個人卻看不見？

以下針對百年基業的每個T（真理）提出一個問題，從一（非常不同意）到五（非常同意），請圈選你認為的回答。

第一部分　穩定的核心

習慣1：建立你的北極星		非常不同意				非常同意
T1	我們知道自己想在這個社會創造何種信念和行爲。	①	②	③	④	⑤
T2	在與我們共事的人們身上，我們培養這些信念和行爲。	①	②	③	④	⑤
T3	我們的產品和服務，能在使用者身上培養出這些信念和行爲。	①	②	③	④	⑤
T4	人們認爲與我們共事的時間，是人生的關鍵時刻。	①	②	③	④	⑤
T5	對於我們塑造社會理念和行爲的方式，社會保持正面評價。	①	②	③	④	⑤

習慣2：爲了孩子的孩子而做

		非常不同意				非常同意
T6	我們知道自己未來需要什麼樣的才能。	①	②	③	④	⑤
T7	我們觀察二十年後的未來，同時追求創造且吸引自身所需的未來人才。	①	②	③	④	⑤
T8	我們協助孩子們獲得組織將來所需的才能。	①	②	③	④	⑤
T9	學校教導孩子們學習組織將來所需的未來才能。	①	②	③	④	⑤
T10	最有天賦且最有雄心壯志的人們，希望與我們共事。	①	②	③	④	⑤

習慣3：建立強壯的根基	非常不同意				非常同意
T11 我們知道組織的關鍵知識是什麼，而且知道在哪裡。	①	②	③	④	⑤
T12 我們知道我們的關鍵領導者擁有所需的知識，且是具備分享知識影響力的人。	①	②	③	④	⑤
T13 我們讓這些關鍵領導者在位十年以上。	①	②	③	④	⑤
T14 我們所有的關鍵領導者平均任期均超過七年。	①	②	③	④	⑤
T15 我們關鍵領導者的行事風格就像一位守望者，比起在位時的組織情況，更關心自己離開之後能留下什麼樣的組織。	①	②	③	④	⑤

習慣4：當心間隙	非常不同意				非常同意
T16 我們知道關鍵領導者擁有什麼知識和經驗，也有將知識和經驗傳承給繼任者的機制。	①	②	③	④	⑤
T17 填補關鍵領導者的角色時，我們從組織內部晉升百分之八十的領導者。	①	②	③	④	⑤
T18 我們會在關鍵領導者卸任的前四年，找到繼位者。	①	②	③	④	⑤
T19 我們的新任關鍵領導者有一年以上的交接期。	①	②	③	④	⑤
T20 前關鍵領導者在交接之後，會繼續提供建議和支持兩年以上。	①	②	③	④	⑤

習慣5：公開展演	非常不同意				非常同意
T21 我們知道在這個領域中，我們缺乏什麼知識和觀點。	①	②	③	④	⑤
T22 我們知道誰擁有那些知識和觀點。	①	②	③	④	⑤
T23 我們邀請這些人觀察我們的行動。	①	②	③	④	⑤
T24 我們邀請這些人挑戰並質問我們的作爲與方法。	①	②	③	④	⑤
T25 我們運用這些挑戰和質問，持續改善我們的作爲。	①	②	③	④	⑤

習慣6：給予愈多，獲得愈多	非常不同意				非常同意
T26 我們知道造就過去成功、失敗，以及重振旗鼓的因素。	①	②	③	④	⑤
T27 我們向合作者分享上述知識。	①	②	③	④	⑤
T28 我們邀請其他人研究我們，協助我們向全世界分享成果。	①	②	③	④	⑤
T29 大多數的組織外部人士都知道我們的作爲和方法。	①	②	③	④	⑤
T30 多數的組織外部人士喜歡且信任我們。	①	②	③	④	⑤

這份問卷總分為一百五十分，若低於一百分，就要留意穩定的核心是否穩固。

第二部分　顛覆的邊緣

習慣7：保持開放，廣納外部意見	非常不同意				非常同意
T31 我們知道誰是我們的關鍵專家，以及他們如何協助我們塑造社會。	①	②	③	④	⑤
T32 我們確保關鍵專家可以在其領域的尖端工作。	①	②	③	④	⑤
T33 我們的關鍵專家用百分之二十的時間處理自己的計畫。	①	②	③	④	⑤
T34 我們的關鍵專家用百分之五十的時間與組織的外部人士合作。	①	②	③	④	⑤
T35 我們持續重新定義組織內外的最佳實踐方式。	①	②	③	④	⑤

習慣8：主動出擊	非常不同意				非常同意
T36 我們知道在我們需要的關鍵能力中，誰是全球的頂尖好手。	①	②	③	④	⑤
T37 我們知道全球頂尖好手想要做什麼，以及他們的方法。	①	②	③	④	⑤
T38 我們持續向全球的頂尖好手分享自己的想法與實踐方式。	①	②	③	④	⑤
T39 我們與百分之五十的全球頂尖好手保持良好的關係。	①	②	③	④	⑤
T40 全球百分之五十的頂尖好手都與我們共同合作。	①	②	③	④	⑤

習慣9：變得更好，而不是更大	非常不同意				非常同意
T41 我們優先追求變得更好，而不是變得更龐大。	①	②	③	④	⑤
T42 我們知道自己需要多大的規模，才能塑造社會並保持財務穩定。	①	②	③	④	⑤
T43 即使我們的規模很大，依然能用小型組織的方法進行管理。	①	②	③	④	⑤
T44 我們組織的管理階層小於五。	①	②	③	④	⑤
T45 我們的平均工作場域人數低於三百人。	①	②	③	④	⑤

習慣10：檢視一切	非常不同意				非常同意
T46 我們深入剖析成功與失敗，因此懂得學習如何進步。	①	②	③	④	⑤
T47 我們用科學化的方法分析可能影響自身表現的所有原因。	①	②	③	④	⑤
T48 我們將成功的因素列爲規則，且持續改善自身作爲與方法。	①	②	③	④	⑤
T49 百分之八十的關鍵實務作爲在過去三年內有顯著的進步。	①	②	③	④	⑤
T50 去年有百分之四十的營收來自於過去三年來所發展的想法。	①	②	③	④	⑤

習慣11：爲隨機事件做好準備		非常不同意				非常同意
T51	我們讓不同想法和觀點的人聚在一起。	①	②	③	④	⑤
T52	我們有特別設計辦公室，好讓人們必須四處走動。	①	②	③	④	⑤
T53	我們持續改變人們工作的團隊及其合作對象。	①	②	③	④	⑤
T54	我們邀請人們持續回顧，並在其核心專業領域之外提出問題。	①	②	③	④	⑤
T55	我們發現人們的觀點和實務方法，會隨著他們面對的挑戰而有所改變。	①	②	③	④	⑤

習慣12：一起用餐	非常不同意				非常同意
T56 我們在工作場所爲同仁創造可以相處的空間和時間。	①	②	③	④	⑤
T57 我們鼓勵同仁每天一起用餐。	①	②	③	④	⑤
T58 我們可以很有自信地認爲同仁一天至少相處一個小時。	①	②	③	④	⑤
T59 我們可以很有自信地認爲同仁會向彼此分享問題、想法，以及機會。	①	②	③	④	⑤
T60 同仁表示有些最好的想法，是來自於相處時光以及彼此閒聊之時。	①	②	③	④	⑤

第二部分的問卷總分，也是一百五十分，若低於一百分就需要更重視顛覆的邊緣。另外，也需要用這個部分的分數與第一部分（穩定的核心）的問卷分數進行比較，確定組織的穩定核心與顛覆邊緣能夠取得平衡。

一旦你認為已經找到了你的優點和缺點，請在穩定核心和顛覆邊緣的範圍中，各自選擇一個優點與一個缺點，進行深入的研究。因為，根據我的經驗，基於發展優點比修正缺點更容易，不妨先根據優點擬定一個行動計畫，尤其是因為輕鬆取勝能鼓勵他人加入，並減少全面否定新觀念的風險。透過同時挑選一個傳統領域（穩定）與一個激進領域（顛覆）來進行，你可以讓大部分的人們願意表達意見，如此一來，就能讓早期的反對意見大幅降至最低。

此外，讓不同的世代參與也是個好主意。年輕人通常傾向於改變現況，而年長者往往更為謹慎。促成不同世代的合作，不僅可以增進彼此的理解，還能產生更好的想法。

謝辭

這本書，正如人生多數的冒險一樣都是團隊合作。我的名字之所以刊登在封面，只是因為我有時間和意願書寫，但實際上，這本書是許多人的努力成果，更準確地說，這是二十六人的努力；另外還有六個人，則是在一路上緊密地參與，他們尋找機會、蒐集資料，並培養觀念。

有太多人曾經指引我的思維，協助我創作你現在拿在手中的這本書。我也希望，假如你正在閱讀這本書，但你的名字並未被列入，要知道你也幫助了我。

我要特別感謝我的父親，他永遠支持並指引我，從我非常年輕時，他就開始教導我如何管理、研究、教學及寫作。我還要感謝朱爾斯．戈達德以及莉茲．梅隆，他們一直都鼎力支持，並協助我研究與撰寫作為本書基礎的《哈佛商業評論》原文。感謝莎拉．格林．卡麥可，她負責編輯那篇文章並協助發表，以及約翰．布爾和史蒂夫・哈里森，他們一路上指引我的思維。強納森・哈里斯和拉希德・阿胡耶克協助讓文章更為精鍊。保羅・戴維斯與皮特・威金森永遠都提供最好的建議。

我也非常感謝百年基業組織的每個人。他們願意在本書寫作計畫開始時，向我們敞開大門，當時，我們還不知道自己在做什麼、在尋找什麼，以及可能會發現什麼，所幸他們不斷慷慨地分享自己的時間，永遠樂於和我們開會、回答問題。對此，我要特別感謝彼得・基恩（他推動了許多事情）、喬尼・諾克斯，以及保羅・湯普森（他開啟了許多機會），以及安迪・薩門、凱瑟琳・馬利昂、克里夫・葛瑞耶、伊恩・米歇爾、露西・斯基爾貝克、麥可・柏尼、尚恩・費茲傑羅，以及提姆・魯尼格（他們一直都是嶄新觀念的源頭）。

最後，我想感謝奠定本書基礎的前輩，特別是查爾斯・韓迪、吉姆・柯林斯，以及湯姆・彼得斯（感謝他們在這個領域的早期著作），馬爾康・格拉迪威爾，以及麥可・路易斯（感謝他們展現了如何用簡單的故事，分享複雜的觀念），丹尼爾・康納曼以及羅賓・鄧巴（感謝他們的作品持續啟發我們），以及我的編輯奈格爾・

威爾庫克森，他協助創造了這個領域眾多的重要著作。在本書寫作計畫的過程中，他不斷挑戰並質問我的思維，不僅讓這本書能夠比可能的模樣更好，也讓我看起來像是一位比實際情況更優秀的作家。

注釋

前言．．萬物論

1 Bernard Pullman, *The Atom in the History of Human Thought*, Oxford University Press, 1998.

2 John Dalton, 'On the Absorption of Gases by Water and Other Liquids', *Philosophical Magazine*, 1806, series 1, vol. 24, no. 1, pp. 15-24; John Dalton, *A New System of Chemical Philosophy*, Part 1-2, S. Russell, 1808.

3 Michael Faraday, 'VIII. Experimental Researches in Electricity - Thirteenth Series', *Philosophical Transactions*, 1838, vol. 128, pp. 125-68; John Thomson, 1897, 'Cathode Rays', Weekly Evening Meeting, 30 April 1897; John Thomson, 'On Bodies Smaller than Atoms', Royal Institution lecture, 1901; John Thomson, 'On the Structure of the Atom: An Investigation of the Stability and Periods of Oscillation of a Number of Corpuscles Arranged at Equal Intervals Around the Circumference of a Circle; with Application of the Results to the Theory of Atomic Structure', *Philosophical Magazine*, 1904, series 6, vol. 7, no. 39, pp. 237-65.

4 Marie Curie, 'Nobel Lecture: Radium and the New Concepts in Chemistry', 11 December 1911; Susan Quinn, *Marie Curie: A Life*, Simon & Schuster, 1995.

5 Ernest Rutherford, 'The Scattering of Alpha and Beta Particles by Matter and the Structure of the Atom', *Philosophical Magazine*, 1911, series 6, vol. 21, no. 125, pp. 669-88; David Wilson, Rutherford: Simple Genius, MIT Press, 1983.

6 譯注：在英國皇家藝術學院，實質負責校務行政和學術管理的職位就是湯普森擔任的 vice-chancellor，其實質職務貼近於傳統所說的校長，而該校在名譽上的最高職位是 President，更接近董事會的主席或理事長，負責作為學院的象徵領袖。因此，在本書中，英國皇家藝術學院的 vice-chancellor 將譯為校長。值得留意的是，英國大學對於各種職位的名稱和職權各有不同，在其他學校，chancellor 也可能是名譽職位，對外代表校方，但英國皇家藝術學院的情況並非如此。

7 作者於二〇一五年三月六日與保羅・湯普森的訪談紀錄。

8 請參閱：Ben Branch, 'The Costs of Bankruptcy: A Review', *International Review of Financial Analysis*, 2002, vol. 11, no. 1, pp. 39-57; Joseph Bower and Stuart Gibson, 'The Social Cost of Fraud and Bankruptcy', *Harvard Business Review*, December 2003, pp. 20-2; Marco Bontje, 'Facing the Challenge of Shrinking Cities in East Germany: The Case of Leipzig', *GeoJournal*, 2004, vol. 61, no. 1, pp. 13-21; John Heilbrunn, 'Paying the Price of Failure: Reconstructing Failed and Collapsed States in Africa and Central Asia', *Perspectives on Politics*, 2006, vol. 4, no. 1, pp. 135-50; Dominic Barton, James Manyika and Sarah Keohane Williamson, 'Finally, Evidence that Managing for the Long Term Pays Off ', *Harvard Business Review*, 7 February 2017.

9 請參閱：Franco Bassanini and Edoardo Reviglio, 'Financial Stability, Fiscal Consolidation and Long Term Investment After the Crisis', *Financial Market Trends*, 2011, vol. 2011, no. 1; Daron Acemoglu and James Robinson, *Why Nations Fail: The Origins of Power, Prosperity and Poverty*, Profile Books, 2012.

10 Tom Peters and Robert Waterman, *In Search of Excellence: Lessons from America's Best-Run Companies*, Harper & Row, 1982; Jim Collins and Jerry Porras, *Built to Last: Successful Habits of Visionary Companies*, HarperCollins, 1994; Jim Collins, *Good to Great: Why Some Companies Make the Leap...And Others Don't*, Random House Business, 2001.

11 Christian Stadler, 'The Four Principles of Enduring Success', *Harvard Business Review*, July-August 2007, pp. 62-72; Michael Raynor and Mumtaz Ahmed, 'Three Rules for Making a Company Truly Great', *Harvard Business Review*, April 2013, pp. 108-17.

12 請參閱：Jennifer Reingold and Ryan Underwood, 'Was "Built to Last", Built to Last?', *Fast Company*, 1 November 2004; 'Good to Great to Gone', *The Economist*, 7 July 2009; Chris Bradley, 'Surprise: Those Great Companies Generally Turn Out to Be Meh . . . or Duds', MarketWatch, 31 August 2017.

13 Michael Lewis, *Moneyball: The Art of Winning an Unfair Game*, W.W. Norton & Company, 2003; Malcolm Gladwell, Outliers: The Story of Success, Penguin, 2008; Matthew Syed, *Rebel Ideas: The Power of Diverse Thinking*, John Murray, 2019.

14 英國皇家莎士比亞劇團最初是莎士比亞紀念劇院；美國太空總署最初是美國軍隊的一部分；第一批英國自行車奧運選手參加了一八九六年的第一屆夏季奧運會。

習慣1：建立你的北極星

1 對此更詳盡的介紹，可見 Hamish McDougall, "The Whole World's Watching": New Zealand, International Opinion, and the 1981 Springbok Rugby Tour', Journal of Sport History, 2018, vol. 45, no. 2, pp. 202-23; Geoff Chapple, 1981: The Tour, Reed Publishing, 1984. 相關示威遊行影片。可見：https://teara.govt.nz/en/video/27165/the-game-that-never-was

2 在紐西蘭歷史網站（https://nzhistory.govt.nz/culture/1981-springbok-tour）上可以看到各種有關此衝突的文章和影片。

3 對此更詳盡的介紹，可見 John Minto, 'Rugby, Racism and the Battle for the Soul of Aotearoa New Zealand', *Guardian*, 15 August 2021.

4 Neil Reid, '1981 Springbok Tour: Nelson Mandela's Salute to NZ Protest Movement', *New Zealand Herald*, 15 July 2021.

5 對此更詳盡的介紹，可見 John McCrystal, *The Originals: 1905 All Black Rugby Odyssey*, Random House, 2005; Ron Palenski, *All Blacks: Myths and Legends*, Hodder Moa, 2008.

6 請參閱：Shane Gilchrist, 'Game on, the "Ki" is Back in Court', *Otago Daily Times,* 5 October 2007, and the New Zealand History website:https://nzhistory.govt.nz/culture/the-new-zealand-natives-rugby-tour/nz-natives-rugby-tour

7 Peter Bills, *The Jersey: The All Blacks-The Secrets Behind the World's Most Successful Team*, Macmillan, 2018, p. 26.

8 對此更詳盡的介紹，可見 Peter Bills, *The Jersey* 以及紐西蘭歷史網站上「政治里程碑」（Political Milestones）的地方。

9 Why New Zealand's Other All Blacks Matter', *The Economist*, 18 July 2019.

10 Rugby New Zealand, 'Record Number Playing Rugby in NZ', 6 November 2016.

11 作者於二〇一四年八月二十六日與凱瑟琳・馬利昂的訪談紀錄。

12 每家百年基業組織的年度報告、使命宣言和策略計畫上均對此有更詳細的介紹，可至其網站查閱。

13 請參閱：Andrew Haldane and Richard Davies, 'The Short Long', Bank of England, 9 May 2011; Bassanini and Reviglio, 'Financial Stability, Fiscal Consolidation and Long Term Investment After the Crisis.

14 請參閱：Caroline Valetkevitch, 'Key Dates and Milestones in the S&P 500's History', Reuters, 10 April 2013; Scott Anthony, Patrick Viguerie, Evan Schwartz and John Van Landeghem, '2018 Corporate Longevity Forecast: Creative Destruction is Accelerating', Innosight, February 2018.

15 在他們的官網和年度報告中，對此有更詳盡的介紹。

16 Dan Schawbel, 'Chip Bergh: Why Levi Strauss Cares About Sustainability', *Forbes*, 29 April 2015.

17 David Goodman, 'Kellogg Foundation Keeps a Low Philanthropic Profile', *Los Angeles Times*, 6 June 1998.

18 在他們的官網和年度報告中，對此有更詳盡的介紹。

19 這項分析是我自行查看在二〇二一年為標普五百指數的公司，並將其與過去五年的年銷售額和利潤進行了比較。

20 譯注：公開交易公司，也稱為公開公司。這個詞的翻譯經常與上市公司（listed company）有混淆的情況。上市公司的概念較為單純，即是在證券交易所上市，能夠提供股份買賣的公司。公開公司則是相對於私人公司，公開公司為社會大眾都可以購買其股份的公司。公開交易公司與上市公司雖然概念近似，但不完全相同。公開交易公司（公開公司）可以是上市公司，但也可以不藉由上市而進行股份交易。公開公司的公開有時也會翻譯為「公眾」，但這個公眾的意思是可公開交易。

21 Barton, Manyika and Williamson, ‘Finally, Evidence that Managing for the Long Term Pays Off ’.

22 請參閱：‘The Founding Prospectus’ on Sony’s website: www.sony.com en/SonyInfo/CorporateInfo/History/prospectus.html; Sea-JinChang, *Sony vs Samsung: The Inside Story of the Electronics Giants’ Battle for Global Supremacy*, Wiley, 2008.

23 Akio Morita, *Made in Japan: Akio Morita and Sony*, Collins, 1987, p. 37.

24 Akio Morita, *Made in Japan*, p. 138.

25 請參閱：Michael Kamins and Akira Nagashima, ‘Perceptions of Products Made in Japan Versus Those Made in the United States Among Japanese and American Executives: A Longitudinal Perspective’, *Asia Pacific Journal of Management*, 1995, vol. 12, no. 1, pp. 49-68; Angus Maddison, *Contours of the World Economy 1-2030 AD: Essays in Macro-Economic History*, Oxford University Press, 2007; Sébastien Lechevalier, *The Great Transformation of Japanese Capitalism*, Routledge, 2014; and the figures in the World Economic Outlook Database: www.imf.org

26 Brent Schlender, ‘Inside: The Shakeup at Sony’, *Fortune*, 4 April 2005.

27 Peter Temin, Engines of Enterprise: An Economic History of New England, Harvard University Press, 2000.

28 對此更詳盡的介紹，可見 *Why Nations Fail; Roger Crowley, City of Fortune: How Venice Won and Lost a Naval Empire*, Faber & Faber, 2012.

29 對此更詳盡的介紹，可見 David Western, *Booms, Bubbles and Busts in the US Stock Market*, Routledge, 2004; Scott Nations, *A History of the United States in Five Crashes: Stock Market Meltdowns That Defined a Nation*, William Morrow, 2017; Somer Anderson, ‘Stocks Then and Now: The 1950s and 1970s’, Investopedia, 26 January 2021; Saikat Chatterjee and Thyagaraju Adinarayan, ‘Buy, Sell, Repeat! No Room for “Hold” in Whipsawing Markets’, Reuters, 3 August 2020.

30 請參閱：Franco Modigliani and Merton Miller, ‘The Cost of Capital, Corporate Finance, and the Theory of Investment’, *American Economic Review*, 1958, vol. 48, no. 3, pp. 261-97; Milton Friedman, ‘The Social Responsibility of Business Is to

Increase Its Profits', *New York Times*, 13 September 1970, p. 17.

31 請參閱：Caroline Valetkevitch, 'Key Dates and Milestones in the S&P 500's History'; Scott Anthony et al., 'Corporate Longevity Forecast'.

32 對此更詳盡的介紹，可見《賈伯斯傳》（*Steve Jobs*, 2015）。

33 John Sculley 和 John Byrne 對此有更詳盡的介紹，可見 *Odyssey: Pepsi to Apple*, Collins, 1988; Owen Linzmayer, *Apple Confidential 2.0: The Definitive History of the World's Most Colorful Company-The Real Story of Apple Computer, Inc*, No Starch Press, 2004.

34 對此更詳盡的介紹，可見 Owen Linzmayer, *Apple Confidential 2.0*.

35 華特・艾薩克森在《賈伯斯傳》（*Steve Jobs*, 2015）一書中對此有更詳盡的介紹，可自行參閱。

36 這段史蒂夫・賈伯斯的完整演說，可至 YouTube 觀看：https://www.youtube.com/watch?v=VQKMoT-6XSg

37 華特・艾薩克森對此有更詳盡的介紹，可見《賈伯斯傳》（*Steve Jobs*, 2015）以及 Brian Merchant, *The One Device: The Secret History of the iPhone, Little*, Brown, 2018.

38 請參閱：Jacob Kastrenakes, 'Apple Says There Are Now Over 1 Billion Active iPhones', The Verge, 27 January 2021.

39 光輝國際（Korn Ferry）的官網（www.kornferry.com）上有對此調查更詳細的描述：該網站為《財星》雜誌進行了這項研究。

40 請參閱：Howard Schultz, *Pour Your Heart Into It: How Starbucks Built a Company One Cup at a Time*, Hyperion, 1997; Owen Linzmayer, *Apple Confidential 2.0*; Eric Schmidt and Jonathan Rosenberg, How Google Works, John Murray, 2014; Jeff Bezos and Walter Isaacson, *Invent and Wander: The Collected Writings of Jeff Bezos, with an Introduction by Walter Isaacson*, Harvard Business Review Press, 2020.

41 星巴克官網上（www.starbucksathome.com/gb/story/about-starbucks）的「關於我」以及 Howard Schultz, *Pour Your Heart Into It.* 對此有更詳盡的介紹。

42 Herman Melville, *Moby-Dick*, Richard Bentley, 1851.

43 星巴克官網（https://stories.starbucks.com）上介紹公司歷史的段落，對此有更詳盡的介紹。

44 Corporate Design Foundation, 'Starbucks: A Visual Cup o' Joe', *Journal of Business and Design*, 1995, vol. 1, no. 1, p. 18.

45 Joseph Michelli, *The Starbucks Experience: 5 Principles for Turning Ordinary into Extraordinary*, McGraw Hill, 2007, p. 48.

46 Howard Schultz, *Onward: How Starbucks Fought for Its Life Without Losing Its Soul*, John Wiley & Sons, 2012, p. 10.

47 請參閱：Henry Brean, 'UNLV Professor Targets "Wasteful" Dipper Wells', *Las Vegas Review-Journal*, 8 June 2009; Melanie Warner, 'Starbucks Will Use Cups with 10% Recycled Paper', *New York Times*, 17 November 2004; Tiffany May, 'Starbucks Will Stop Using Disposable Coffee Cups in South Korea by 2025', *New York Times*, 6 April 2021.

48 Howard Schultz, *Onward*, p. 10.

49 Howard Schultz, *Onward*, p. 19.

50 請參閱：Henry Brean, 'UNLV Professor Targets "Wasteful" Dipper Wells'; Melanie Warner, 'Starbucks Will Use Cups with 10% Recycled Paper'; Tiffany May, 'Starbucks Will Stop Using Disposable Coffee Cups in South Korea by 2025. 更多關於星巴克基金會的運作實例，可至其官網（https://stories.starbucks.com）查閱。

51 作者於二〇一七年八月十六日與史蒂夫・托的訪談紀錄（更詳盡的訪談介紹，可參見 Graham Henry, Final Word, HarperCollins, 2013）;Gregor Paul, *The Reign of King Henry: How Graham Henry Transformed the All Blacks*, Exisle Publishing, 2015; Richie McCaw, *The Real McCaw: The Autobiography*, Aurum Press, 2015.

52 New Zealand Rugby, 'Annual Report', 2020 對此有更詳盡的介紹。

53 請參閱：Royal College of Art, 'Redesigning the Ambulance' and 'Design for Dementia' research projects; Dalya Alberge, 'This is Another Crack in the Glass Ceiling: RSC Casts Disabled Actors in New Season', *Guardian*, 26 January 2019.

54 特斯拉的年度影響報告和年度報告對此有更詳盡的介紹，可至其官網（www.tesla.com）參閱。

55 請參閱：特斯拉官網（www.tesla.com）上的使命宣言。

56 正如臉書官網（www.facebook.com）上使命宣言中所解釋的。

57 請參閱：Natasha Singer, 'How Big Tech Is Going After Your Health Care', *New York Times*, 26 December 2017; Natasha Singer, 'How Google Took Over the Classroom', *New York Times*, 13 May 2017; Andy Ihnatko, 'Apple's New Approach to Education Is Humbler, but Stronger', *Fast Company*, 29 March 2018.

58 Double the Donation 的官網（www.doublethedonation.com）對此有更詳盡的介紹。

習慣2：爲了孩子的孩子而做

1 對此更詳盡的介紹，可見 Robert Muelle, 'Lunabotics Mining Competition: Inspiration Through Accomplishment', Nasa, 2019, and at www.nasa.gov/lunabotics/

2 對此更詳盡的介紹，可見 Nasa, 'STEM Education Strategic Plan', 2018; Nasa, 'Nasa Strategy for STEM Engagement', 2020; Jeremy Engle, 'Lesson of the Day: Nasa's Perseverance Rover Lands on Mars to Renew Search for Extinct Life', *New York Times*, 24 February 2021.

3 請參閱：*Nasa Astronaut Fact Book* 以及至網站（www.nasa.gov）查看當前的太空人傳記。

4 作者於二〇一四年四月七日與凱瑟琳・馬利昂的訪談紀錄。對此的對此更詳盡的介紹，可見 Royal Shakespeare Company's education website: www.rsc.org.uk/education

5 對此更詳盡的介紹，可見 'Next Generation: Talent Development Programme', Royal Shakespeare Company, 2020; and the apprenticeships page on its website: www.rsc.org.uk

6 請參閱：David Maurice Smith, 'Raised on Rugby', *New York Times*, 5 August 2018; Peter Bills, *The Jersey*; and the 'participation framework' page of the New Zealand Rugby website: www.nzrugby.co.nz; the 'Small Blacks' website: www.smallblacks.com; and the coach education website: www.rugbytoolbox.co.nz

7 作者於二〇一九年四月十七日與戴夫・布萊斯福德的訪談紀錄。

8 Viv Richards, *Hitting Across the Line: An Autobiography*, Headline, 1992, p. 9.

9 請參閱：Frank Birbalsingh, *The Rise of West Indian Cricket: From Colony to Nation*, Hansib Publishing, 1996; Ray Goble and Keith Sandiford, *75 Years of West Indies Cricket: 1928-2003*, Hansib Publishing, 2004.

10 請參閱：Associated Press, 'Overseas Players Courted by N.B.A.', *New York Times*, 26 June 2005; Professional Cricketers' Association, 'PCA Report into Overseas Players in Domestic Professional Cricket', 2 October 2013; Orlando Patterson, 'The Secret of Jamaica's Runners', *New York Times*, 13 August 2016; Gregor Aisch, Kevin Quealy and Rory Smith, 'Where Athletes in the Premier League, the N.B.A., and Other Sports Leagues Come From, in 15 Charts', *New York Times*, 29 December 2017; Major League Baseball, 'MLB Rosters Feature 251 International Players', 29 March 2019.

11 對此更詳盡的介紹，可見 MVP website: https://mvptrackclub.com; and the Racers Track Club website: http://racerstrackclub.com

12 對此更詳盡的介紹，可見 Benjamin Bloom, *Developing Talent in Young People*, Ballantine Books, 1985.

13 譯注：在心理學的概念中，通常會將這個時期稱為孩子的「探索期」或「嘗試期」，意思相近，都是描述孩子在成長階段探索或嘗試不同活動。

14 對此更詳盡的介紹，可見 David Epstein, Range: How Generalists Triumph in a Specialized World, Riverhead Books, 2019.

15 Benjamin Bloom, *Developing Talent in Young People* 一書針對不同藝術家、運動員和科學家的發展階段有更全面且詳盡的介紹。

16 請參閱：Harry Chugani, 'A Critical Period of Brain Development: Studies of Cerebral Glucose Utilization with PET', *Preventive Medicine*, 1998, vol. 27, no. 2, pp. 184-8; Suzana Herculano-Houzel, 'The Human Brain in Numbers: A Linearly Scaled-up Primate Brain', *Frontiers in Human Neuroscience*, 2009, vol. 3, article 31; Timothy Brown and Terry Jernigan, 'Brain Development During the Preschool Years', *Neuropsychology Review*, 2012, vol. 22, no. 4, pp. 313-33; Patrice Voss, Maryse Thomas, Miguel Cisneros-Franco and Etienne de Villers-Sidani, 'Dynamic Brains and the Changing Rules of Neuroplasticity: Implications for Learning and Recovery', *Frontiers in Psychology*, 2017, vol. 8, article 1657.

17 請參閱：Andreja Bubic, Ella Striem-Amit and Amir Amedi, 'Large-Scale Brain Plasticity Following Blindness and the Use of Sensory Substitution Devices', in *Multisensory Object Perception in the Primate Brain*, ed. Jochen Kaiser and Marcus Johannes Naumer, Springer, 2010, pp. 351-380; Lotfi Merabet and Alvaro Pascual-Leone, 'Neural Reorganization Following Sensory Loss: The Opportunity of Change', *Nature Reviews Neuroscience*, 2010, vol. 11, pp. 44-52; Katherine Woollett and Eleanor Maguire, 'Acquiring "the Knowledge" of London's Layout Drives Structural Brain Changes', *Current Biology*, 2011, vol. 21, no. 24, pp. 2109-14; Karen Barrett, Richard Ashley, Dana Strait and Nina Kraus, 'Art and Science: How Musical Training Shapes the Brain', *Frontiers in Psychology*, 2013, vol. 4, article 713.

18 譯注：臺灣的大專院校通常將電腦科學（Computer Science）稱為「資訊工程」或「計算機科學」。臺灣大學、臺灣科技大學和臺灣師範大學的資訊工程學系的英文名稱為 Computer Science & Information Engineering，因此其中文系名沒有「電腦科學」或「計算機科學」。陽明交通大學的資訊工程學系英文名稱則是 Computer Science，反而沒有 Information Engineering（資訊工程）。因此，電腦科學一詞比較少出現在學門領域的討論中。由於電腦科學是系統性研究資訊和計算（compute）的理論基礎和實用技術的學科，因此採用資訊工程一詞是合適的選擇。譯文為了避免與資訊工程的字義產生混淆，翻譯為電腦科學。

19 請參閱：'Future of Work and Skills', OECD, 2017; 'The Future of Jobs Report', World Economic Forum, 2020.

20 對此更詳盡的介紹，可見 Caroline Criado Perez, *Invisible Women: Exposing Data Bias in a World Designed for Men*, Vintage, 2020.

21 對此更詳盡的介紹，可見 Jane Margolis, Allan Fisher and Faye Miller, 'The Anatomy of Interest: Women in Undergraduate Computer Science', *Women's Studies Quarterly*, 2000, vol. 28, no. 1, pp. 104-27; Jane Margolis, *Unlocking the Clubhouse: Women in Computing*, MIT Press, 2002; Allan Fisher and Jane Margolis, 'Unlocking the Clubhouse: The Carnegie Mellon Experience', *ACM SIGCSE Bulletin*, 2002, vol. 34, no. 2, pp. 79-83.

22 對此更詳盡的介紹，可見 Sara Kiesler, Lee Sproull and Jacquelynne Eccles, 'Pool Halls, Chips, and War Games: Women in the Culture of Computing', *Psychology of Women Quarterly*, 1985, vol. 9, no. 4, pp.451-62.

23 請參閱：'Degrees in Computer and Information Sciences Conferred by Degree-Granting Institutions by Level of Degree and Sex of Student: 1970-71 through 2010-11', National Center for Education Statistics, 2012; Katharine Sanderson, 'More Women than Ever Are Starting Careers in Science', *Nature*, 5 August 2021.

24 請參閱：'Closing the STEM Gap: Why STEM Classes and Careers Still Lack Girls and What We Can Do About It', Microsoft, 2019; 'Cracking the Gender Code: Get 3X More Women in Computing', Accenture and Girls Who Code, 2016.

25 請參閱：'Nasa Equal Employment Opportunity Strategic Plan: FY 2017-19', Nasa, 2019 以及至網站（www.nasa.gov）查看當前的太空人傳記。

26 請參閱：'Employed Persons by Detailed Occupation, Sex, Race, and Hispanic or Latino Ethnicity', US Bureau of Labor Statistics, 2020.

27 請參閱：'Future of Work and Skills', OECD; 'The Future of Jobs Report', World Economic Forum.

28 請參閱：Robert Atkinson and John Wu, 'False Alarmism: Technological Disruption and the U.S. Labor Market, 1850-2015', Information Technology & Innovation Foundation, 8 May 2017; 'Current Labor Statistics: December 2000', US Bureau of Labor Statistics, 2000; 'Employment Projections', US Bureau of Labor Statistics, 2021.

29 請參閱：'Future of Work and Skills', OECD; 'The Future of Jobs Report', World Economic Forum.

30 請參閱：Malcolm Mulholland, 'Rugby World Cup: All Blacks, New Zealand Maori and the Politics of the Pitch', The *Conversation*, 6 September 2011; 'All Blacks Stars Make Powerful Statement About Cultural Diversity in New Zealand', Stuff, 26 March 2021; British Cycling's athlete biographies at www.britishcycling.org.uk; Nasa astronaut biographies at www.nasa.gov; 'Annual Equality Report', Royal College of Art, 2019.

31 請參閱：Jasper Hamill, 'Apple Brings Life-changing "Everyone Can Code" Curriculum to Thousands of Students Across the UK and Europe', *Metro*, 19 January 2018; '500 Words Final 2020', BBC Radio 2; 'World of Stories', Puffin, Penguin Random House.

32 請參閱：'Kellogg's Apprentice Scheme Hunts for Talent', Kellogg's, 13 March 2017; 'Internship Questions', Nordstrom; 'Future Leaders Start Here', Starbucks.

33 對此更詳盡的介紹，可見 Kevin Badgett, 'School-Business Partnerships: Understanding Business Perspectives', *School Community Journal*, 2016, vol. 26, no. 2, pp. 83-105.

34 請參閱：Nye Cominetti, Paul Sissons and Katy Jones, 'Beyond the Business Case: The Employer's Role in Tackling Youth Unemployment', The Work Foundation, July 2013; Anthony Mann and Prue Huddleston, 'How Should Our Schools Respond to the Demands of the Twenty-First Century Labour Market? Eight Perspectives', Education and Employers Research, 2015; 'School Ties: Transforming Small Business Engagement with Schools', Rocket Science, 15 February 2016.

35 作者於二〇二二年四月一日的訪談。

36 對此更詳盡的介紹，可見 Kevin Badgett, 'School-Business Partnerships: Understanding Business Perspectives'; Peter Crush, 'Why Small Business Owners Should Be Building Relationships with Local Schools', First Voice, 9 January 2017.

37 請參閱：Ciara Byrne, 'The Loneliness of the Female Coder', *Fast Company,* 11 September 2013; Sylvia Ann Hewlett, 'What's Holding Women Back in Science and Technology Industries', *Harvard Business Review*, 13 March 2014; 'Women in Technology Survey 2019', Women in Tech, September 2019; Sarah White, 'Women in Tech Statistics: The Hard Truths of an Uphill Battle', CIO, 8 March 2021.

38 關於該調查的更多詳盡介紹，可至網站 https://girlswhocode.com 參閱。

39 請參閱：'Inclusion & Diversity', Apple; 'Annual Diversity Report', Facebook, 2021; 'Diversity Annual Report', Google, 2021.

習慣3：建立強壯的根基

1 有關伊頓公學的一日的更多詳盡介紹，可參閱 Nick Fraser, *The Importance of Being Eton*, Short Books, 2006; John Corbin, *School Boy Life in England: An American View*, Leopold Classic Library, 2015; Musa Okwonga, 2021, One of

Them: An Eton College Memoir, Unbound, 2021.

2 譯注：雖然 the house master/the housemaster 最常見的翻譯為舍監，但這個詞，尤其是在英國的語境中，正如本文所述，係指綜合管理並指導宿舍學生者，因此可以理解為「宿舍導師」，譯者在此選擇最常見的翻譯，避免引起讀者誤解。

3 作者於二〇一八年十一月十八日與喬尼．諾克斯的訪談紀錄，可見 Alex Hill, 'Summit Session: Are You Radically Traditional?', Radically Traditional, 14 February 2019.

4 對此更詳盡的介紹，可見 Paul Moss, 'Why Has Eton Produced So Many Prime Ministers?', *The World Tonight*, BBC Radio 4, 12 May 2010; Tony Little, *An Intelligent Person's Guide to Education*, Bloomsbury Continuum, 2015; Christopher de Bellaigue, 'Eton and the Making of a Modern Elite,' 1843, 16 August 2016.

5 請參閱：Graeme Patton, 'Eton College to Admit Pupils Irrespective of Family Income', Daily Telegraph, 5 February 2014; 'Annual Report', Eton College, 2020.

6 作者於二〇一八年十二月四日的訪問，收錄於 Lisa Mainwaring, 'Eton College', *How to Outperform*, 2019, Audible Original podcast.

7 對此更詳盡的介紹，可見 Julian Barnes, Megan Barnett, Christopher Schmitt and Marianne Lavelle, 'Investigative Report: How a Titan Came Undone', U.S. News and World Report, 18 March 2002; Bethany McLean and Peter Elkins, 2003, *The Smartest Guys in the Room: The Amazing Rise and Scandalous Fall of Enron*, Viking, 2003; Malcolm Salter, *Innovation Corrupted: The Origins and Legacy of Enron's Collapse*, Harvard University Press, 2008.

8 對此更詳盡的介紹，可見 Bethany McLean and Peter Elkins, *The Smartest Guys in the Room*; Malcolm Salter, *Innovation Corrupted*.

9 請參閱：Ed Michaels, Helen Handfield-Jones and Beth Axelrod, *The War for Talent*, Harvard Business Review Press, 2001.

10 請參閱：'Annual Report', Enron, 2000; Paul Healy and Krishna Palepu, 'The Fall of Enron', *Journal of Economic*

Perspectives, 2003, vol. 17, no. 2, pp. 3-26.

11 Brian O'Reilly, 'Once a Dull-As-Methane Utility, Enron Has Grown Rich Making Markets Where Markets Were Never Made Before', Fortune, 17 April 2000.

12 對此更詳盡的描述，可見 Malcolm Salter, *Innovation Corrupted*.

13 作者於二〇一四年八月二十六日與凱瑟琳・馬利昂的訪談紀錄。

14 請參閱：Lawrence Mishel and Jori Kandra, 'CEO Pay Has Skyrocketed 1,322% Since 1978', Economic Policy Institute, 10 August 2021.

15 請參閱：Maggie Fitzgerald, '2019 Had the Most CEO Departures on Record with More than 1,600', CNBC, 8 January 2020; '2021 CEO Turnover Report', Challenger, Gray & Christmas, Inc., 2022.

16 請參閱：Tyler Cowen, 'Why CEOs Actually Deserve Their Gazillion-Dollar Salaries', *Time*, 11 April 2019.

17 對此更詳盡的介紹，可見 'The Best-Performing CEOs in the World 2019', *Harvard Business Review*, November-December 2019.

18 譯注：CCR 集團公司的前身為 Companhia de Concessões Rodoviárias，從事運輸建設行業，其業務已經拓展至拉丁美洲的其他國家，是巴西當地規模相當龐大的集團企業。

19 請參閱：Chuck Lucier, Eric Spiegle and Rob Schuyt, 'Why CEOs Fall: The Causes and Consequences of Turnover at the Top,' Strategy + Business, 15 July 2002; 'CEO Turnover Report', Challenger, Gray and Christmas Inc., 2017; 'CEO Success Study', Strategy&, PwC, 2018; Dan Marcec, 'CEO Tenure Rates', Harvard Law School Forum on Corporate Governance, 12 February 2018.

20 對此更詳盡的介紹，可見 Graham Henry, *Final Word*; Gregor Paul, *The Reign of King Henry*; David Long, 'Cardiff 2007: The All Blacks' Loss to France Through the Eyes of the Media', *Stuff*, 16 October 2015; Richie McCaw, *The Real McCaw*.

21 譯注：橄欖球的達陣分數為五分，但難度較高，必須進攻至對手的得分區；相形之下，踢罰射門雖然只有三分，但可以從較遠距離進攻，把握度更高，風險更低。

22 請參閱：Gregor Paul, 'The Contentious Decision That Led to Unprecedented All Blacks Success', *New Zealand Herald*, 26 April 2019.

23 請參閱：'All Blacks: The Most Experienced Rugby World Cup Squad', New Zealand Herald, 1 September 2015.

24 請參閱：John Mahon and Romana Danysh, *Infantry, Part I: Regular Army*, Army Lineage Series, Office of the Chief of Military History United States Army, 1972; Rod Powers, 2019, 'How the US Army Is Organized,' Liveabout.com, 26 April 2019; the 'Rank Progression' section of the British Army website: www.army.mod.uk

25 請參閱：Dr Paul Thompson's biography on the Royal College of Art website: www.rca.ac.uk.

26 作者於二〇一七年一月五日與保羅・湯普森的訪談紀錄。

27 作者於二〇一五年七月三日與佐威・布羅區的訪談紀錄。

28 作者於二〇一九年一月二十一的訪談紀錄。

習慣4：當心間隙

1 對此更詳盡的介紹，可見 Dan Carter, *The Autobiography of an All Blacks Legend*, Headline, 2015; Tony Johnson and Lynn McConnell, *Behind the Silver Fern: The All Blacks in Their Own Words*, Polaris, 2016; Kieran Read, *Straight 8: The Autobiography, Headline*, 2019.

2 請參閱：'CEO Turnover Report', Challenger, Gray & Christmas, 2017; 'CEO Success Study', Strategy&; Dan Marcec, 'CEO Tenure Rates'; 'CEO Succession Practices in the Russell 3000 and S&P 500: 2021 Edition', The Conference Board, 2021.

3 對此更詳盡的介紹，可見 Jim White, *Manchester United: The Biography*, Sphere, 2008.

4 對此更詳盡的介紹，可見 Alex Ferguson, *My Autobiography*, Hodder & Stoughton, 2013.

5 此為作者使用 Transfermarkt.com 和 wikipedia.com 上的足球隊資訊自行完成的分析。

6 對此的更多詳盡介紹，可參考 Mr X, 'Has David Moyes Made a Mistake with His Coaching Team at Manchester United?', *Bleacher Report*, 5 July 2013; Daniel Taylor, 'David Moyes Ignored Manchester United Staff's Advice, Says Meulensteen', *Guardian*, 24 April 2014.

7 這是根據作者自行分析的結論。

8 作者於二〇一六年五月十三日與喬尼・諾克斯的訪談紀錄。

9 這是基於作者對百年基業在任何時間點的集體經驗之分析。

10 請參閱：Anders Ericsson, Ralf Krampe and Clemens Tesch-Römer, 'The Role of Deliberate Practice in the Acquisition of Expert Performance,' *Psychological Review*, 1993, vol. 100, no. 3, pp. 363-406; Anders Ericsson, Michael Prietula and Edward Cokely, 'The Making of an Expert', *Harvard Business Review*, July-August 2007, pp. 7-8; Anders Ericsson and Robert Pool, *Peak: How All of Us Can Achieve Extraordinary Things*, Vintage Books, 2016.

11 請參閱：Pam Hruska, Kent Hecker, Sylvain Coderre, Kevin McLaughlin, Filomeno Cortese, Christopher Doig, Tanya Beran, Bruce Wright and Olav Krigolson, 'Hemispheric Activation Differences in Novice and Expert Clinicians During Clinical Decision Making', *Advances in Health Sciences Education*, 2010, vol. 21, no. 5, pp. 921-33.

12 請參閱：Martin Hill Ortiz, 'New York Times Bestsellers: Ages of Authors', *It's Harder Not To blog*, May 2015; 'Nobel Laureates by Age', Nobel Prize, 2021; Pierre Azoulay, Benjamin Jones, Daniel Kim and Javier Miranda, 'Age and High-Growth Entrepreneurship', *American Economic Review: Insights*, 2020, vol. 2, no. 1, pp. 65-82; Statista, 'Average Age at Hire of CEOs and CFOs in the United States from 2005 to 2018', Statista, 2019.

13 對此更詳盡的介紹，可見 Pie Hobu, Henk Schmidt, Henny Boshuizen and Vimla Patel, 'Contextual Factors in the Activation of First Diagnostic Hypotheses: Expert-Novice Differences', *Medical Education*, 1987, vol. 21, no. 6, pp. 471-6.

14 編注：法國商人，頂級奢侈品公司 LVMH 集團的董事長和執行長。

15 請參閱：Marie-France Pochna, *Christian Dior: The Man Who Made the World Look New*, Arcade Publishing, 1994; Statista, 'Most Valuable French Brands 2020', Statista, 2021.

16 請參閱：'CEO Turnover Report', Challenger, Gray and Christmas, 2017; 'CEO Success Study', Strategy&; Dan Marcec, 'CEO Tenure Rates'; 'CEO Succession Practices in the Russell 3000 and S&P 500', The Conference Board.

17 作者於二〇一八年五月四日的訪談紀錄。

18 請參閱：'CEO Turnover Report', Challenger, Gray and Christmas, 2017; 'CEO Success Study', Strategy&; Dan Marcec, 'CEO Tenure Rates'; 'CEO Succession Practices in the Russell 3000 and S&P 500', The Conference Board.

習慣5：公開展演

1 誠如以下此文中所述：Katherine Phillips, Katie Liljenquist and Margaret Neale, 'Is the Pain Worth the Gain? The Advantages and Liabilities of Agreeing with Socially Distinct Newcomers', *Personality and Social Psychology Bulletin*, 2009, vol. 35, no. 3, pp. 336-50.

2 Phillips, Liljenquist and Neale, 'Is the Pain Worth the Gain?'.

3 Phillips, Liljenquist and Neale, 'Is the Pain Worth the Gain?'.

4 Phillips, Liljenquist and Neale, 'Is the Pain Worth the Gain?'.

5 請參閱：Robert Lount and Katherine Phillips, 'Working Harder with the Out-Group: The Impact of Social Category Diversity on Motivation Gains', *Organizational Behavior and Human Decision Processes*, 2007, vol. 103, no. 2, pp. 214-24; Katherine Phillips and Evan Apfelbaum, 'Delusions of Homogeneity? Reinterpreting the Effects of Group Diversity', in *Looking Back, Moving Forward: A Review of Group and Team-Based Research*, ed. Margaret Neale and Elizabeth Mannix, Emerald Publishing, 2012; Denise Lewin Loyd, Cynthia Wang, Katherine Phillips and Robert Lount, 'Social Category Diversity Promotes Premeeting Elaboration: The Role of Relationship Focus', *Organization Science*, 2013, vol. 24, no. 3, pp. 757-72; Hong Bui, Vinh Sum Chau, Marta Degl'Innocenti, Ludovica Leone and Francesca Vicentini, 'The Resilient Organisation: A Metaanalysis of the Effect of Communication on Team Diversity and Team Performance', *Applied Psychology*, 2019, vol. 68, no. 4, pp. 621-57.

6 Bui, Chau, Degl'Innocenti, Leone and Vicentini, 'The Resilient Organisation'.

7 Samuel Sommers, 'On Racial Diversity and Group Decision Making: Identifying Multiple Effects of Racial Composition on Jury Deliberations', *Journal of Personality and Social Psychology*, 2006, vol. 90, no. 4, pp. 597-612.

8 Charles Bond and Linda Titus, 'Social Facilitation: A Meta-analysis of 241 Studies,' *Psychological Bulletin*, 1983, vol. 94, no. 2, pp. 265-92.

9 請參閱：Mihaly Csikszentmihalyi, *Flow: The Psychology of Optimal Experience, Ingram International*, 2002; Jeanne Nakamura and Mihaly Csikszentmihalyi, 'The Concept of Flow', in *The Oxford Handbook of Positive Psychology*, ed. Rick Snyder and Shane Lopez, Oxford University Press, 2002.

10 Kristin Elwood, Danah Henriksen and Punya Mishra, 'Finding Meaning in Flow: A Conversation with Susan K. Perry on Writing Creatively', *Tech- Trends*, 2017, vol. 61, no. 1, pp. 212-17.

11 Melissa Warr, Danah Henriksen and Punya Mishra, 'Creativity and Flow in Surgery, Music, and Cooking: An Interview with Neuroscientist Charles Limb', *Tech Trends*, 2018, vol. 62, no. 42, pp. 137-42.

12 'Final Report of the Investigation into the Accident with the Collision of KLM Flight 4805, Boeing 747-206B, PH-BUF and Pan American Flight 1736, Boeing 747-121, N736PA at Tenerife Airport, Spain on 27 March 1977', Netherlands Aviation Safety Board, 1978.

13 誠如以下此文中所述：'Final Report of the Investigation into the Accident with the Collision of... ', Netherlands Aviation Safety Board; 'Joint Report: Project Tenerife', KLM and PAA, 1978.

14 'Final Report of the Investigation into the Accident with the Collision of... ', Netherlands Aviation Safety Board.

15 'Resource Management on the Flight Deck: Proceedings of a Nasa/Industry Workshop Held at San Francisco, California June 26-28, 1979', Nasa Conference Publication, 1980.

16 'Resource Management on the Flight Deck', Nasa Conference Publication.

17 誠如以下此文中所述：Rex Hardy, *Callback: NASA's Aviation Safety Reporting System*, Smithsonian Institution, 1990;

'Resource Management on the Flight Deck', Nasa Conference Publication.
18 'Resource Management on the Flight Deck', Nasa Conference Publication.
19 請參閱：'Report on the Workshop on Aviation Safety/Automation Program', Nasa Conference Publication, 1980; 'Pilot Judgement in TCA-Related Flight Planning', Nasa, 1989; 'General Aviation Weather Encounters', Nasa, 2007.
20 'Fatal Accidents Per Year: 1946-2019', Aviation Safety Network, 2020.
21 Henry Beecher and Donald Todd, 'A Study of the Deaths Associated with Anesthesia and Surgery: Based on a Study of 599,548 Anesthesias in Ten Institutions 1948-1952, Inclusive', *Annals of Surgery*, 1954, vol. 140, no. 1, pp. 2-34.
22 Henry Beecher and Donald Todd, 'A Study of the Deaths Associated with Anesthesia and Surgery'.
23 請參閱：B.S. Clifton and W. Hotten, 'Deaths Associated with Anesthesia', *British Journal of Anaesthesia,* 1963, vol. 35, no. 4, pp. 250-9; O.C. Phillips and L.S. Capizzi, 'Anesthesia Mortality', *Clinical Anesthesia*, 1974, vol. 10, no. 3, pp. 220-44.
24 Jeffrey Cooper, Ronald Newbower, Charlene Long and Bucknam McPeek, 'Preventable Anesthesia Mishaps: A Study of Human Factors', *Anesthesiology*, 1978, vol. 49, pp. 399-406.
25 Cooper, Newbower, Long and McPeek, 'Preventable Anesthesia Mishaps'.
26 Frederick Cheney, 'The American Society of Anesthesiologists Closed Claims Project', *Anesthesiology*, 1999, vol. 91, pp. 552-6.
27 Frederick Cheney, 'The American Society of Anesthesiologists Closed Claims Project'.
28 Joy Steadman, Blas Catalani, Christopher Sharp and Lebron Cooper, 'Lifethreatening Perioperative Anesthetic Complications: Major Issues Surrounding Perioperative Morbidity and Mortality', *Trauma Surgery Acute Care Open*, 2017, vol. 2, no. 1, article 113.
29 Bernie Liban, 'Innovations, Inventions and Dr Archie Brain', *Anaesthesia*, 2012, vol. 67, no. 12, pp. 1309-13.
30 Alan Aitkenhead and M. Irwin, 'Deaths Associated with Anaesthesia – 65 Years On', *Anaesthesia*, 2021, vol. 76, no. 2, pp. 277-80.
31 Guohua Li, Margaret Warner, Barbara Lang, Lin Huang and Lena Sun, 'Epidemiology of Anesthesia-Related Mortality

in the United States, 1999-2005', *Anesthesiology*, 2009, vol. 110, no. 4, pp. 759-65.

32 Ann Bonner and Gerda Tolhurst, 'Insider-Outsider Perspectives of Participant Observation', *Nurse Researcher*, 2002, vol. 9, no. 4, pp. 7-19.

33 Robert Sapolsky, 'Why Your Brain Hates Other People', *Nautilus*, 16 June 2017.

34 請參閱：Lasana Harris and Susan Fiske, 'Dehumanizing the Lowest of the Low: Neuroimaging Responses to Extreme Out-Groups', *Psychological Science*, 2006, vol. 17, no. 10, pp. 847-53; Adam Chekroud, Jim Everett, Holly Bridge and Miles Hewstone, 'A Review of Neuroimaging Studies of Race-Related Prejudice: Does Amygdala Response Reflect Threat?', *Frontiers in Human Neuroscience*, 2014, vol. 8, article 179.

35 Robert Sapolsky, 'Why Your Brain Hates Other People'.

36 Robert Sapolsky, 'Why Your Brain Hates Other People'.

37 請參閱：Henri Tajfel, 'Experiments in Intergroup Discrimination', *Scientific American*, 1970, vol. 223, no. 5, pp. 96-103; Henri Tajfel, 'Social Psychology of Intergroup Relations', *Annual Review of Psychology*, 1982, vol. 33, pp. 1-39; Feng Sheng and Shihui Han, 'Manipulations of Cognitive Strategies and Intergroup Relationships Reduce the Racial Bias in Empathic Neural Responses', *Neuroimage*, 2012, vol. 61, no. 4, pp. 786-97.

38 Laura Babbitt and Samuel Sommers, 'Framing Matters: Contextual Influences on Interracial Interaction Outcomes', *Personality and Social Psychology Bulletin*, 2011, vol. 37, no. 9, pp. 1233-44.

39 Robert Sapolsky, 'Why Your Brain Hates Other People'.

40 請參閱：Bonner and Tolhurst, 'Insider-Outsider Perspectives of Participant Observation'.

41 Harry Wolcott, *Ethnography: A Way of Seeing*, AltaMira Press, 2008.

42 請參閱：'Policy and Guidance for Examiners and Others Involved in University Examinations', University of Oxford, 2018; Barbara Whitaker, 'Yes, There Is a Job That Pays You to Shop', *New York Times*, 13 March 2005; 'Visualizing

Apple Product Release Patterns’, InfoNewt, 8 September 2021.
43 請參閱：a review of the Land Rover Experience on the Trip Advisor website: www.tripadvisor.co.uk; the Harley-Davidson factory tour on www.harley-davidson.com; the Toyota tour on www.toyotauk.com; and Southwest Airlines stores on its blog at https://community.southwest.com
44 作者於二〇二〇年九月十日的訪談紀錄。
45 Evan Hoopfer, ‘Social Media LUV: How Southwest Airlines Connects with Customers Online’, Dallas Business Journal, 3 March 2019.
46 Richie McCaw, The Real McCaw, p. 122.
47 作者於二〇一五年十二月七日與菲莉西提・艾利夫的訪談紀錄。
48 作者於二〇一二年十一月二十日與彼得・基恩的訪談紀錄。
49 *All or Nothing: New Zealand All Blacks*, Amazon Prime, 2018.
50 Alan Light, *The Holy or the Broken*, Atria, 2012.
51 Guy Garvey, *The Fourth, the Fifth, the Minor Fall,* BBC Radio 2, 13 June 2009.
52 Alan Light, *The Holy or the Broken.*
53 譯注：傳統的黑膠唱片採用第一面與第二面的設計，兩面的歌曲不同，有點類似傳統的錄音帶AB面（也採用相同的稱呼方式），在柯恩的這張專輯中，黑膠唱片的B面第一首歌就是〈哈雷路亞〉。
54 Alan Light, *The Holy or the Broken.*
55 Alan Light, *The Holy or the Broken.*
56 Jack Whatley, ‘Without John Cale, Leonard Cohen’s “Hallelujah” Would’ve Been Forgotten’, Far Out, 9 March 2020.
57 Alan Light, *The Holy or the Broken.*
58 Alan Light, *The Holy or the Broken.*
59 譯注：鮑伯・迪倫為美國傳奇創作歌手，曾於二〇〇八年因為詞曲創作對於流行音樂和美國文化的影響而獲得普立茲特殊貢獻獎，並在二〇一六年獲得諾貝爾文學獎。
60 譯注：邁爾斯・戴維斯是美國爵士樂巨星。
61 Alan Light, *The Holy or the Broken.*
62 Alan Light, *The Holy or the Broken.*
63 Wes Phillips, 'Jeff Buckley: Amazing Grace,' Schwann Spectrum, Spring 1995.
64 Alan Light, *The Holy or the Broken.*
65 Daphne Brooks, *Grace*, Bloomsbury, 2005.
66 'The 10 Most Perfect Songs Ever,' *Q*, 30 August 2007.

習慣6：給予愈多，獲得愈多

1 請參閱：John Carreyrou, *Bad Blood: Secrets and Lies in a Silicon Valley Startup*, Picador, 2018; Peter Cohan, '4 Startling Insights into Elizabeth Holmes from Psychiatrist Who's Known Her Since Childhood', *Forbes*, 17 February 2019.
2 一九九五年至二〇一九年的創投水準和交易數量顯示在普華永道（PwC）於二〇二〇年的「MoneyTree」中。
3 譯注：該公司的名稱為治療（therapy）和診斷（diagnosis）兩字的結合。
4 對此更詳盡的介紹，可見 John Carreyrou, Bad Blood; Norah O'Donnell, 'The Theranos Deception: How a Company with a Bloodtesting Machine That Could Never Perform as Touted Went from Billion-Dollar Baby to Complete Bust', *60 Minutes*, 4 January 2018.
5 Elizabeth Holmes, 'TEDMED: Healthcare the Leading Cause of Bankruptcy', TEDMED, 2014.
6 請參閱：Mariella Moon, 'Walgreens to Offer Affordable and Needle-Free Blood Tests in More Stores', Engadget, 18 November 2014; Roger Parloff, 'A Singular Board at Theranos', *Fortune*, 12 June 2014.
7 Ludmila Leiva, 'Here Are the Theranos Investors Who Lost Millions', Yahoo! Finance, 5 March 2019.

8 請參閱：'Forbes Announces Its 33rd Annual Forbes 400 Ranking of the Richest Americans', *Forbes*, 29 September 2014.

9 對此更詳盡的介紹，可見 John Carreyrou, *Bad Blood*; Norah O'Donnell, 'The Theranos Deception'.

10 John Carreyrou, 'Hot Startup Theranos Has Struggled with Its Blood-Test Technology; Silicon Valley Lab, Led by Elizabeth Holmes, Is Valued at $9 Billion but Isn't Using Its Technology for All the Tests It Offers', *Wall Street Journal,* 16 October 2015.

11 Christopher Weaver, John Carreyrou and Michael Siconolfi, 'Theranos Is Subject of Criminal Probe by US', *Wall Street Journal*, 18 April 2016; Sheelah Kolhatkar and Caroline Chen, 'Theranos Under Investigation by SEC, US Attorney's Office', *Bloomberg Business*, 18 April 2016.

12 請參閱：John Carreyrou, 'U.S. Files Criminal Charges Against Theranos's Elizabeth Holmes, Ramesh Balwani', *Wall Street Journal*, 15 June 2018; 'US vs Elizabeth Holmes, et al.', United States Attorney's Office, 2020.

13 譯注：「黑天鵝事件」一詞出自納西姆・塔雷伯（Nassim Taleb），他在二〇〇一年的《隨機騙局》（*Fooled by Randomness*，原意「因為隨機性而遭到矇騙」）一書討論黑天鵝事件，並在二〇〇七年的《黑天鵝效應》中更進一步地討論。黑天鵝效應曾是熱門概念，係指「看起來非常不可能發生的事件」，無法預測、影響範圍極大，而且人們在事件發生之後，提出某種解釋，藉此消除相關事件的隨機特質，使其更容易預測。

14 對此更詳盡的介紹，可見 John Carreyrou, *Bad Blood*.

15 根據二〇一九年紐西蘭橄欖球的〈年度報告〉所述，據估計，通常有超過一百萬球迷於現場或透過電視觀看黑衫軍的每場比賽。

16 請參閱：John McCrystal, *The Originals*; Richie McCaw, *The Real McCaw*; Dan Carter, *The Autobiography of an All Blacks Legend*; Peter Bills, *The Jersey*; Kieran Read, Straight 8.

17 這些資料可以從網站 Nasa Open Data Portal（https://data.nasa.gov）免費下載。

18 'Edelman Trust Barometer 2020', Edelman, 2020.

19 請參閱：Naomi Oreskes, *Why Trust Science?*, Princeton University Press, 2019; Cary Funk, Alec Tyson, Brian Kennedy and Courtney

Johnson, 'Science and Scientists Held in High Esteem Across Global Publics', Pew Research Center, 29 September 2020.

20 Rebecca Johannsen and Paul Zak, 'The Neuroscience of Organisational Trust and Business Performance: Findings from United States Working Adults and an Intervention at an Online Retailer', *Frontiers in Psychology*, 11 January 2021.

21 請參閱：Paul Zak and Stephen Knack, 'Trust and Growth', *Economic Journal*, 2001, vol. 111, no. 470, pp. 295-321; Joel Slemrod and Peter Katuščák, 'Do Trust and Trustworthiness Pay Off?', *Journal of Human Resources*, 2005, vol. 40, no. 3, pp. 621-46; Paul Zak, *Trust Factor: The Science of Creating High-Performance Companies*, Amacom, 2018.

22 請參閱：Michael Kosfeld, Marcus Heinrichs, Paul Zak, Urs Fischbacher and Ernst Fehr, 'Oxytocin Increases Trust in Humans', *Nature*, 2005, vol. 435, pp. 673-76; Paul Zak, Robert Kurzban and William Matzner, 'Oxytocin Is Associated with Human Trustworthiness', *Hormones and Behavior*, 2005, vol. 48, no. 5, pp. 522-7; Paul Zak, Angela Stanton and Sheila Ahmadi, 'Oxytocin Increases Generosity in Humans', *PLOS One*, 2007, vol. 2, no. 11, article 1128.

23 請參閱：Aleeca Bell, Elise Erickson and Sue Carter, 'Beyond Labor: The Role of Natural and Synthetic Oxytocin in the Transition to Motherhood', *Journal of Midwifery and Women's Health*, 2014, vol. 59, no. 1, pp. 35-42; James Rilling and Larry Young, 'The Biology of Mammalian Parenting and Its Effect on Offspring Social Development', Science, 2014, vol. 345, no. 6198, pp. 771-6; Francis McGlone and Susannah Walker, 'Four Health Benefits of Hugs - And Why They Feel So Good', *The Conversation*, 17 May 2021.

24 請參閱：Christina Grape, Maria Sandgren, Lars-Olof Hansson, Mats Ericson and Töres Theorell, 'Does Singing Promote Well-Being?: An Empirical Study of Professional and Amateur Singers During a Singing Lesson', *Integrative Psychological and Behavioral Science*, 2003, vol. 38, no. 1, pp. 65-74; Roman Wittig, Catherine Crockford, Tobias Deschner, Kevin Langergraber, Toni Ziegler and Klaus Zuberbühler, 'Food Sharing Is Linked to Urinary Oxytocin Levels and Bonding in Related and Unrelated Wild Chimpanzees', *Proceedings of the Royal Society B: Biological Sciences*, 2014, vol. 281, no. 1778, article 20133096; Alan Harvey, 'Links Between the Neurobiology of Oxytocin and Human Musicality', *Frontiers in*

Human Neuroscience, 2020, vol. 14, article 350; Courtney King, Anny Gano and Howard Becker, 'The Role of Oxytocin in Alcohol and Drug Abuse', *Brain Research*, 2020, vol. 1736, article 146761.

25 請參閱：Philippe Richard, Françoise Moos and Marie-José Freund-Mercier, 'Central Effects of Oxytocin', *Physiological Reviews*, 1991, vol. 71, no. 2, pp. 331-70; Thomas Baumgartner, Markus Heinrichs, Aline Vonlanthen, Urs Fischbacher and Ernst Fehr, 'Oxytocin Shapes the Neural Circuitry of Trust and Trust Adaptation in Humans', *Neuron*, 2008, vol. 58, no. 4, pp. 639-50; Waguih IsHak, Maria Kahloon and Hala Fakhry, 'Oxytocin Role in Enhancing Well-Being: A Literature Review', *Journal of Affective Disorders*, 2011, vol. 130, no. 1-2, pp. 1-9; Liran Samuni, Anna Preis, Roger Mundry, Tobias Deschner, Catherine Crockford and Roman Wittig, 'Oxytocin Reactivity During Intergroup Conflict in Wild Chimpanzees', *PNAS*, 2017, vol. 114, no. 2, pp. 268-73; Guilherme Brockington, Ana Gomes Moreira, Maria Buso, Sérgio Gomes da Silva, Edgar Altszyler, Ronald Fischer and Jorge Moll, 'Storytelling Increases Oxytocin and Positive Emotions and Decreases Cortisol and Pain in Hospitalized Children', *PNAS*, 2021, vol. 118, no. 22, article 2018409118.

26 作者於二〇二二年十一月二十日與彼得・基恩的訪談紀錄。

27 請參閱：Matt Slater, 'Olympics Cycling: Marginal Gains Underpin Team GB Dominance', BBC Sport, 8 August 2012; 'Annual Report', British Cycling, 2019.

28 請參閱：Matt Lawton, 'British Cycling and UK Anti-Doping Face Questions Over Traces of Steroid in Prominent Rider's 2010 Test', *The Times*, 27 March 2021; 'List of Doping Cases in Cycling', Wikipedia.

29 關於此專案的介紹，可至以下查閱：'Character Animation', School of Film/Video, CalArts.

30 請參閱：Jim Korkis, 'The Birth of Animation Training', Animation World Network, 23 September 2004; Sam Kashner, 'The Class That Roared', *Vanity Fair*, March 2014.

31 Peter Hartlaub, 'The Secret of Pixar's Magic Can Be Found at CalArts, Where Legendary Old-School Animators from Disney's Golden Era Passed on Their Knowledge - and Passion - to Younger Generations', SF Gate, 17 September 2003.

32 Peter Hartlaub, 'The Secret of Pixar's Magic Can Be Found at CalArts'.

33 Frank Thomas and Ollie Johnston, *Disney Animation: The Illusion of Life*, Abbeville Press, 1981.

34 Susan King, 'Walt Disney Animation Studios Turns 90 in Colorful Fashion', *Los Angeles Times*, 10 December 2013.

35 Sam Kashner, 'The Class That Roared'.

36 對此更詳盡的介紹，可見 Leslie Iwerks, *The Pixar Story*, Buena Vista Pictures Distribution, 2007; David Price, 2009, *The Pixar Touch: The Making of a Company*, Alfred A. Knopf, 2008; Ed Catmull, *Creativity Inc.: Overcoming the Unseen Forces That Stand in the Way of True Inspiration*, Bantam Press, 2014.

37 對此更詳盡的介紹，可見 Leslie Iwerks, The Pixar Story; David Price, The Pixar Touch; Ed Catmull, Creativity Inc.

38 這些數字取自於 'Toy Story (1995)', The Numbers.

39 Associated Press, 'Disney to Buy Pixar for $7.4 Billion', *New York Times*, 24 January 2006.

40 作者於二〇一四年八月二十六日與凱瑟琳．馬利昂的訪談紀錄。

41 請參閱：Yael Lapidot, Ronit Kark and Boas Shamir, 'The Impact of Situational Vulnerability on the Development and Erosion of Followers' Trust in Their Leader', *Leadership Quarterly*, 2007, vol. 18, no. 1, pp. 16-34; Ann-Marie Nienaber, Marcel Hofeditz and Philipp Daniel Romeike, 'Vulnerability and Trust in Leader-Follower Relationships', *Personnel Review*, 2015, vol. 44, no. 4, pp. 567-91.

42 請參閱：Gene Kranz, *Failure Is Not an Option: Mission Control from Mercury to Apollo 13 and Beyond*, Simon & Schuster, 2000; Paul Sean Hill, *Mission Control Management: The Principles of High Performance and Perfect Decision-Making Learned from Leading at NASA*, Nicholas Brealey Publishing, 2018.

43 請參閱：Steve Peters, *The Chimp Paradox: The Mind Management Programme for Confidence, Success and Happiness*, Vermilion, 2011; Joe Friel, *The Cyclist's Training Bible: The World's Most Comprehensive Training Guide*, VeloPress, 2018; Alan Murchison, *The Cycling Chef: Recipes for Getting Lean and Fuelling the Machine*, Bloomsbury, 2021.

44 請參閱：Tomoki Kitawaki, 'The Synergy of EMG Waveform During Bicycle Pedaling Is Related to Elemental Force

Vector Waveform', *Journal of Science and Cycling*, 2019, vol. 8, no. 2, pp. 3-4; Borja Martinez-Gonzalez, 'The Sleep of Professional Cyclists During a 5-Day UCI Europe Tour Road Cycling Race', *Journal of Science and Cycling*, 2019, vol. 8, no. 2, pp. 20-1; Masahiro Fukuda, 'Easy to Use Accurate Measuring System for Cycling Pedaling Motion Using a Small LED and a Smartphone', *Journal of Science and Cycling*, 2019, vol. 8, no. 2, pp. 59-60.

45 請參閱：John Massie and Martin Delatycki, 'Cystic Fibrosis Carrier Screening', *Paediatric Respiratory Reviews*, 2013, vol. 14, no. 4, pp. 270-5; Stuart Elborn, 'Cystic Fibrosis', *Lancet*, 2016, vol. 388, no. 10059, pp. 2519-31.

46 請參閱：Warren Warwick, 'Cystic Fibrosis Sweat Test for Newborns', *JAMA*, 1966, vol. 198, no. 1, pp. 59-62; Warren Warwick and Leland Hansen, 'The Silver Electrode Method for Rapid Analysis of Sweat Chloride', *Pediatrics*, 1965, vol. 36, pp. 261-4; Leland Hansen, Mary Buechele, Joann Koroshec and Warren Warwick, 'Sweat Chloride Analysis by Chloride Ion-Specific Electrode Method Using Heat Stimulation', *American Journal of Clinical Pathology*, 1968, vol. 49, no. 6, pp. 834-41.

47 對此更詳盡的介紹，可見 Preston Campbell, 'Warren Warwick: A Pioneer in CF Care and Research', Cystic Fibrosis Foundation, 19 February 2016; 'Research - What the CF?', Cystic Fibrosis Trust.

48 對此更詳盡的介紹，可見：'CF Basic Research Centers', Cystic Fibrosis Foundation.

49 請參閱：'Patient Registry Annual Data Report', Cystic Fibrosis Foundation, 2019.

50 請參閱：Michael Boyle, Kathryn Sabadosa, Hebe Quinton, Bruce Marshall and Michael Schechter, 'Key Findings of the US Cystic Fibrosis Foundation's Clinical Practice Benchmarking Project', *BMJ Quality and Safety*, 2014, vol. 23, no. S1, pp. i15- i22; Bruce Marshall and Eugene Nelson, 'Accelerating Implementation of Biomedical Research Advances: Critical Elements of a Successful 10 Year Cystic Fibrosis Foundation Healthcare Delivery Improvement Initiative', *BMJ Quality and Safety*, 2014, vol. 23, no. S1, pp. i95-i103; Bruce Marshall, 'Survival Trending Upward but What Does This Really Mean?', Cystic Fibrosis Foundation, 16 November 2017.

51 對此更多的詳盡解釋，可見 Bruce Fallick, Charles Fleischman and James Rebitzer, 'Job-Hopping in Silicon Valley: Some Evidence Concerning the Microfoundations of a High-Technology Cluster', *Review of Economics and Statistics*, 2006, vol. 88, no. 3, pp. 472-81; Eric Taub, 'US High Tech Said to Slip', *New York Times*, 25 June 2008.

52 請參閱：'Explosive Growth', Britannica; 'Silicon Valley Employment Trends Through 2016', Silicon Valley Institute for Regional Studies, 2017; George Avalos, 'Silicon Valley Job Market Bounces Back Strongly, Inflation Soars: Report', *Mercury News*, 15 February 2022.

53 對此更詳盡的介紹，可見 Conner Forrest, 'How Buck's of Woodside Became the "Cheers" of Silicon Valley', TechRepublic, 4 July 2014; Jamis MacNiven, *Breakfast at Buck's: Tales from the Pancake Guy*, Liverwurst Press, 2004; Adam Fisher, *Valley of Genius: The Uncensored History of Silicon Valley*, Twelve, 2018.

54 對此更詳盡的解釋，可見 Michael Lewis, *The New New Thing: A Silicon Valley Story*, Coronet, 2000; Adam Fisher, *Valley of Genius*.

55 請參閱：John Sandelin, 'Co-Evolution of Stanford University & the Silicon Valley: 1950 to Today', presentation, 2004; Jeff Chu, 'Stanford University's Unique Economic Engine', *Fast Company*, 1 October 2010.

56 請參閱：Melanie Warner, 'Inside the Silicon Valley Money Machine', *Fortune*, 26 October 1998; Bruce Schulman, *Making the American Century: Essays on the Political Culture of Twentieth Century America*, Oxford University Press, 2014; Tom Nicholas, *VC: An American History*, Harvard University Press, 2020.

57 更多詳盡介紹，可見 Michael Hiltzik, *Dealers of Lightning: Xerox PARC and the Dawn of the Computer Age*, HarperBusiness, 1999; Tom Nicholas, *VC: An American History*.

58 Michael Malone, *The Big Score: The Billion Dollar Story of Silicon Valley*, Doubleday, 1985.

59 請參閱：Mohamed Atalla, Emmanuel Tannenbaum and E. Scheibner, 'Stabilization of Silicon Surfaces by Thermally Grown Oxides', *Bell System Technical Journal*, 1959, vol. 38, no. 3, pp. 749-83; Marcian Hoff, Stanley Mazor and Federico Faggin, 'Memory System for a Multi-Chip Digital Computer', *IEEE Solid-State Circuits Magazine*, 1974, vol.

1, no. 1, pp. 46-54; Thomas Wadlow, 'The Xerox Alto Computer', *BYTE*, September 1981, pp. 58-68; John Markoff, 'Searching for Silicon Valley', *New York Times*, 16 April 2009.

60 'Top 30 US Companies in the S&P 500 Index', Disfold, 2021.

61 對此更詳盡的介紹，可見 Adam Fisher, *Valley of Genius*; Michael Malone, 'The Twitter Revolution: The Brains Behind the Web's Hottest Networking Tool', *Wall Street Journal*, 18 April 2009.

62 譯注：Napster 是在一九九〇年代與二〇〇〇年代非常盛行的線上音樂共享軟體，雖然成為盜版音樂的溫床，也因此導致 Napster 在二〇〇一年與唱片公司達成和解，但其線上聆聽模式啟發了現在許多線上音樂串流服務

63 Adam Fisher, *Valley of Genius*.

習慣7：保持開放，廣納外部意見

1 Dylan Jones, *David Bowie: A Life*, Windmill Books, 2017.

2 請參閱：'The 500 Greatest Albums of All Time', NME, 25 October 2013; Joe Lynch, 'David Bowie Influenced More Musical Genres than Any Other Rock Star', *Billboard*, 14 January 2016; Nolan Feeney, 'Four Ways David Bowie Influenced Musicians Today', *Time*, 11 January 2016; Robin Reiser, 'One Year Gone, David Bowie Is Still the Most Influential Musician Ever', *Observer*, 10 January 2017; '500 Greatest Albums of All Time', *Rolling Stone*, 22 September 2020; Rob Sheffield, 'Thanks, Starman: Why David Bowie Was the Greatest Rock Star Ever', *Rolling Stone*, 11 January 2016.

3 BBC Radio 2, *David Bowie's "Heroes" 40th Anniversary*, 2017.

4 BBC Radio 2, *David Bowie's "Heroes" 40th Anniversary*.

5 BBC Radio 2, *David Bowie's "Heroes" 40th Anniversary*.

6 可以在 Brian Eno 的網站（https://enoshop.co.uk）購買此套卡片。

7 BBC Radio 2, *David Bowie's "Heroes" 40th Anniversary*.

8 Dylan Jones, *David Bowie: A Life*.

9 Jon Fingas, 'RIM: A Brief History from Budgie to BlackBerry 10', Engadget, 28 January 2013.

10 誠如 Research in Motion 其在二〇〇一年至二〇〇七年的年度報告所示。

11 Juliette Garside, 'BlackBerry: How Business Went Sour', *Guardian*, 13 August 2013.

12 'App-Centric iPhone Model Is Overrated: RIM CEO', *Independent*, 17 November 2010; Jay Yarow, 'All the Dumb Things RIM's CEOs Said While Apple and Android Ate Their Lunch', *Business Insider*, 16 September 2011.

13 Jacquie McNish and Sean Silcoff, *Losing the Signal: The Untold Story Behind the Extraordinary Rise and Spectacular Fall of BlackBerry*, Flatiron Books, 2015.

14 對此更詳盡的介紹，可見 Jacquie McNish and Sean Silcoff, *Losing the Signal*; and the story of Monitor Group's eventual demise is described in Steve Denning, 'What Killed Michael Porter's Monitor Group? The One Force That Really Matters', *Forbes*, 20 November 2012.

15 Brian Chen, 'Apple Registers Trademark for: There's an App for That', *Wired*, 11 October 2010; Jonathan Geller, 'Open Letter to BlackBerry Bosses: Senior RIM Exec Tells All as Company Crumbles Around Him', BGR, 30 January 2011; Xavier Lanier, 'Developers Face Challenges Gearing Up for Playbook', GottaBe Mobile, 27 February 2011.

16 David Crow, 'BlackBerry Hangs Up on Handset Business', *Financial Times*, 28 September 2016; Lisa Eadicicco, 'The Company Keeping BlackBerry Phones Alive Will Stop Selling Them Later This Year, Marking the Final Nail in the Coffin for the Once-Dominant Phone Brand', *Business Insider*, 4 February 2020.

17 Caroline Valetkevitch, 'Key Dates and Milestones in the S&P 500's History'.

18 Scott Anthony, Patrick Viguerie and Andrew Waldeck, 'Corporate Longevity: Turbulence Ahead for Large Organisations', Innosight, spring 2016.

19 請參閱：'Strategic Readiness and Transformation Survey: Are Business Leaders Caught in a Confidence Bubble?', Innosight,

June 2017; Mark Bertolini, David Duncan and Andrew Waldeck, 'Knowing When to Reinvent: Detecting Marketplace "Fault Lines" Is the Key to Build the Case for Preemptive Change', *Harvard Business Review*, December 2015, pp. 90-101; Anthony, Viguerie, Schwartz and Van Landeghem, '2018 Corporate Longevity Forecast'.

20 'Strategic Readiness and Transformation Survey: Are Business Leaders Caught in a Confidence Bubble?', Innosight.

21 請參閱：Thucydides, *History of the Peloponnesian War*, Guild Publishing, 1990; Dante Alighieri, 'Divine Comedy', Foligno, 11 April 1472; Francis Bacon, *Novum Organum*, 1620; Arthur Schopenhauer, *Die Welt als Wille und Vorstellung*, Routledge, 1844; Leo Tolstoy, *What Is Art?*, Macmillan, 1897; Peter Wason, 'On the Failure to Eliminate Hypotheses in a Conceptual Task', *Quarterly Journal of Experimental Psychology*, 1960, vol. 12, no. 3, pp. 129-40; Peter Wason, 'Reasoning About a Rule', *Quarterly Journal of Experimental Psychology*, 1968, vol. 20, no. 3, pp. 273-81; Peter Wason and Diana Shapiro, 'Natural and Contrived Experience in a Reasoning Problem', *Quarterly Journal of Experimental Psychology*, 1971, vol. 23, no. 1, pp. 63-71.

22 請參閱：William Hart, Dolores Albarracín, Alice Eagly, Inge Brechan, Matthew Lindberg and Lisa Merrill, 'Feeling Validated Versus Being Correct: A Meta-analysis of Selective Exposure to Information', *Psychological Bulletin*, 2009, vol. 135, no. 4, pp. 555-88; Glinda Cooper and Vanessa Meterko, 'Cognitive Bias Research in Forensic Science: A Systematic Review', *Forensic Science International*, 2019, vol. 297, pp. 35-46; Kajornvut Ounjai, Shunsuke Kobayashi, Muneyoshi Takahashi, Tetsuya Matsuda and Johan Lauwereyns, 'Active Confirmation Bias in the Evaluative Processing of Food Images', *Scientific Reports*, 2018, vol. 8, article 16864.

23 請參閱：'Dick Cheney's Suite Demands', Smoking Gun, 22 March 2006; Jason Wiles, 'The Missing Link: Scientist Discovers That Evolution Is Missing from Arkansas Classrooms', *Arkansas Times*, 24 March 2006.

24 對此更詳盡的介紹，可見 Joyce Ehrlinger, Wilson Readinger and Bora Kim, 'Decision-Making and Cognitive Biases', in *Encyclopaedia of Mental Health*, ed. Howard Friedman, Academic Press, 2016; Uwe Peters, 'What Is the Function of

Confirmation Bias?', *Erkenntnis*, 2022, vol. 87, no. 3, pp. 1351-76.

25 作者於二〇二二年十一月二十日與彼得・基恩的訪談紀錄。

26 Chris Boardman, *Triumphs and Turbulence: My Autobiography*, Ebury Press, 2016.

27 作者於二〇一四年二月三日與提摩西・瓊斯的訪談紀錄。

28 對此改變更詳盡的介紹，可見 Graham Henry, Final Word; Peter Bills, *The Jersey*.

29 Dan Carter, *The Autobiography of an All Blacks Legend.*

30 Johnson and McConnell, *Behind the Silver Fern*.

31 Richie McCaw, *The Real McCaw.*

32 Richie McCaw, *The Real McCaw.*

33 請參閱：'Football: Barca Coach Likes What He Sees with All Blacks', *New Zealand Herald*, 1 February 2016; Gregor Paul, 'Rugby: All Blacks Learn from Marines', *New Zealand Herald*, 26 May 2017; Ben Smith, 'How an NBA GM Inspired the All Blacks Lethal Counter Attack', Rugby- Pass, 30 August 2018; 'All Blacks Try Life in Fast Lane at McLaren's F1 Garage', *Stuff*, 8 November 2018.

34 可見維基百科上的「紐西蘭國家橄欖球聯盟球員名單」，以及「二〇一五年橄欖球世界盃決賽」，了解紐西蘭如何讓經驗豐富和缺乏經驗的球員交替出賽。

35 請參閱：James Laylin, *Nobel Laureates in Chemistry: 1901-1992*, American Chemical Society / Chemical Heritage Foundation, 1993; Robert Root-Bernstein, Maurine Bernstein and Helen Garnier, 'Correlations Between Avocations, Scientific Style, Work Habits, and Professional Impact of Scientists', *Creativity Research Journal*, 1995, vol. 8, no. 2, pp. 115-37; Robert Root-Bernstein and Maurine Bernstein, 'Artistic Scientists and Scientific Artists: The Link Between Polymathy and Creativity', in *Creativity: From Potential to Realization*, ed. Robert Sternberg, E. Grigorenko and J. Singer, Ringgold, 2004; Albert Rothenberg, 'Family Background and Genius II: Nobel Laureates in Science', *Canadian*

Journal of Psychiatry, 2005, vol. 50, no. 14, pp. 918-25; Robert Root-Bernstein, 'Arts and Crafts as Adjuncts to STEM Education to Foster Creativity in Gifted and Talented Students', *Asia Pacific Education Review*, 2015, vol. 16, no. 2, pp. 203-12.

36 Michael Bond, 'Clever Fools: Why a High IQ Doesn't Mean You're Smart', *New Scientist*, 28 October 2009; New Scientist, *The Brain: Everything You Need to Know*, John Murray, 2018.

37 請參閱：Lewis Terman, *Mental and Physical Traits of a Thousand Gifted Children: Genetic Studies of Genius, Volume 1*, Stanford University Press, 1925; Reva Jenkins-Friedman, 'Myth: Cosmetic Use of Multiple Selection Criteria!', *Gifted Child Quarterly*, 1982, vol. 26, no. 1, pp. 24-6; Carole Holahan and Robert Sears, *The Gifted Group in Later Maturity*, Stanford University Press, 1995; Daniel Goleman, '75 Years Later, Study Still Tracking Geniuses', *New York Times*, 7 March 1995.

38 Robert Root-Bernstein, 'Arts Foster Scientific Success: Avocations of Nobel, National Academy, Royal Society, and Sigma Xi Members', *Journal of Psychology of Science and Technology*, 2008, vol. 1, no. 2, pp. 51-63.

39 請參閱：Bernard Schlessinger and June Schlessinger, *The Who's Who of Nobel Prize Winners, 1901-1990*, Oryx Press, 1991; Paul Feltovich, Rand Spiro and Richard Coulson, 'Issues of Expert Flexibility in Contexts Characterized by Complexity and Change', in *Expertise in Context: Human and Machine*, ed. Paul Feltovich, Kenneth Ford and Robert Hoffman, American Association for Artificial Intelligence, 1997; Fernand Gobet, *Understanding Expertise: A Multi-disciplinary Approach*, Red Globe Press, 2016.

40 對此更詳盡的介紹，可至網站 www.nobelprize.org 的簡介查閱。

41 Sheldon Richmond, '*The Aesthetic Dimension of Science: The Sixteenth Nobel Conference* ed. by Dean W. Curtin (review)', *Leonardo*, 1984, vol. 17, no. 2, p. 129.

42 Dorothy Hodgkin and Guy Dodson, *The Collected Works of Dorothy Crowfoot Hodgkin*, Interline, 1994.

43 Santiago Ramón y Cajal, *Precepts and Counsels on Scientific Investigation: Stimulants of the Spirit*, Pacific Press, 1951.

44 Robert Root-Bernstein, Maurine Bernstein and Helen Garnier, 'Identification of Scientists Making Long-Term, High-Impact

Contributions, with Notes on Their Methods of Working', *Creativity Research Journal*, 1993, vol. 6, no. 4, pp. 329-43.

45 請參閱：Tim Harford, 'A Powerful Way to Unleash Your Natural Creativity', TED Talk, 2018; Kep Kee Loh and Stephen Wee Hun Lim, 'Positive Associations Between Media Multitasking and Creativity', *Computers in Human Behavior Reports*, 2020, vol. 1, article 100015.

46 請參閱：David Archibald, *Charles Darwin: A Reference Guide to His Life and Works*, Rowman and Littlefield, 2018; Eva Amsen, 'Leonardo da Vinci's Scientific Studies, 500 Years Later', *Forbes*, 2 May 2019.

47 Root-Bernstein, Bernstein and Gernier, 'Correlations Between Avocations, Scientific Style, Work Habits, and Professional Impact of Scientists'.

48 請參閱：Will Dahlgreen, 'Why Are Nobel Prize Winners Getting Older?', BBC, 7 October 2016; 'List of Nobel Laureates by University Affiliation', Wikipedia.

習慣8：主動出擊

1 請參閱：*Astronaut Fact Book*, Nasa, 2013; 'Astronaut Selection Timeline', Nasa, 23 September 2021.

2 'Human Exploration of Mars Design Reference Architecture 5.0', Nasa, July 2009.

3 請參閱「為火星任務建立一支獲勝團隊」（Building a Winning Team for Missions to Mars），此為二〇一九年美國科學促進會年會的開幕演講，該演講內容可至 YouTube 上觀看。

4 對此更詳盡的解釋，可見 'Critical Team Composition Issues for Long-Distance and Long-Duration Space Exploration: A Literature Review, an Operational Assessment, and Recommendations for Practice and Research', Nasa, 1 February 2015; 'Training "The Right Stuff": An Assessment of Team Training Needs for Long-Duration Spaceflight Crews', Nasa Johnson Space Center Technical Manuscript 2015-218589, 2015.

5 Adam Hadhazy, 'How NASA Selected the 2013 Class of Astronauts: What Is "The Right Stuff" for a Trip to Mars?',

Popular Science, 31 January 2013.

6 美國太空總署現任太空人的自傳，請至 www.nasa.gov 參閱。

7 Adam Hadhazy, 'How NASA Selected the 2013 Class of Astronauts'.

8 請參閱：Kelly Slack, Al Holland and Walter Sipes, 'Selecting Astronauts: The Role of Psychologists', presentation at the 122nd Annual Convention of the American Psychological Association, 8 August 2014; 'An Astronaut's Guide to Applying to Be an Astronaut', Nasa, 2 March 2020.

9 請參閱：Henry Dethloff, *Suddenly, Tomorrow Came: The NASA History of the Johnson Space Center*, Dover Publications, 2012; J.D. Barrett, A.W. Holland and W.B. Vessey, 'Identifying the "Right Stuff": An Exploration- Focused Astronaut Job Analysis', Annual Conference of the Society for Industrial and Organizational Psychology, 2015; Lauren Blackwell Landon, Kelly Slack and Jamie Barrett, 'Teamwork and Collaboration in Long-Duration Space Missions: Going to Extremes', *American Psychologist*, 2018, vol. 73, no. 4, pp. 563-75.

10 請參閱：the Conference Board annual CEO surveys over the last fifty years at https://conference-board.org; and PwC annual CEO surveys over the last twenty years at www.ceosurvey.pwc

11 請參閱：Peter Cappelli, 'Your Approach to Hiring Is All Wrong: Outsourcing and Algorithms Won't Get You the People You Need', *Harvard Business Review*, May-June 2019, pp. 49-58; 'Employee Tenure in 2018', US Bureau of Labor Statistics, 2018; 'Companies with the Most and Least Loyal Employees', PayScale.

12 Shane McFeely and Ben Wigert, 'This Fixable Problem Costs U.S. Businesses $1 Trillion', Gallup, 13 March 2019.

13 請參閱：Fay Hansen, 'What Is the Cost of Employee Turnover?', *Compensation and Benefits Review*, 1997, vol. 29, no. 5, pp. 17-18; Matthew O'Connell and Mei-Chuan Kung, 'The Cost of Employee Turnover', *Industrial Management*, 2007, vol. 49, no. 1, pp. 14-19.

14 請參閱：Elizabeth Chambers, Mark Foulon, Helen Handfield- Jones, Steven Hankin and Edward Michaels, 'The War

for Talent', *McKinsey Quarterly*, 1998, no. 3, pp. 44-57; 'This Year in Employee Engagement', Jiordan Castle, 2016; Jim Clifton, 'The World's Broken Workplace', Gallup, 13 June 2017; Scott Keller and Mary Meaney, 'Attracting and Retaining the Right Talent', McKinsey and Company, 24 November 2017.

15 請參閱：'Recruiting and Selection Procedures: Personnel Policies Forum Survey No. 146', Bureau of National Affairs, May 1988; Robert Dipboye, *Selection Interviews: Process Perspectives, South-Western*, 1992; Laura Graves and Ronald Karren, 'The Employee Selection Interview: A Fresh Look at an Old Problem', *Human Resource Management*, 1996, vol. 35, no. 2, pp. 163-80; Frank Schmidt, 'The Role of General Cognitive Ability and Job Performance: Why There Cannot Be a Debate', *Human Performance*, 2002, vol. 15, no. 1-2, pp. 187-210.

16 請參閱：'Recruiting and Selection Procedures', Bureau of National Affairs.

17 請參閱：Akhil Amar, 'Lottery Voting: A Thought Experiment', *University of Chicago Legal Forum*, 1995, vol. 1995, no. 1, pp. 193-204; Frank Schmidt and John Hunter, 'The Validity and Utility of Selection Methods in Personnel Psychology: Practical and Theoretical Implications of 85 Years of Research Findings', *Psychological Bulletin*, 1998, vol. 124, no. 2, pp. 262-74; Frank Schmidt, 'The Role of General Cognitive Ability and Job Performance'; Alia Wong, 'Lotteries May Be the Fairest Way to Fix Elite-College Admissions', *Atlantic*, 1 August 2018.

18 Andrew Jebb, Louis Tay, Ed Diener and Shigehiro Oishi, 'Happiness, Income Satiation and Turning Points Around the World', *Nature Human Behaviour*, 2018, vol. 2, pp. 33-8.

19 請參閱：Ryan Howell and Colleen Howell, 'The Relation of Economic Status to Subjective Well-Being in Developing Countries: A Meta-analysis', *Psychological Bulletin*, 2008, vol. 134, no. 4, pp. 536-60; Timothy Judge, Ronald Piccolo, Nathan Podsakoff, John Shaw and Bruce Rich, 'The Relationship Between Pay and Job Satisfaction: A Meta-analysis of the Literature', *Journal of Vocational Behavior*, 2010, vol. 77, no. 2, pp. 157-67; Lori Goler, Janelle Gale, Brynn Harrington and Adam Grant, 'Why People Really Quit Their Jobs', *Harvard Business Review*, 11 January 2018; Peakon,

'The 9-Month Warning: Understanding Why People Quit - Before It's Too Late', Heartbeat, 2019.

20 'Usual Weekly Earnings of Wage and Salary Workers', US Bureau of Labor Statistics, 19 July 2020; Lawrence Mishel and Jessica Schieder, 'CEO Compensation Surged in 2017', Economic Policy Institute, 16 August 2018.

21 Frank Schmidt and John Hunter, 'The Validity and Utility of Selection Methods in Personnel Psychology'.

22 請參閱：Peter Bills, *The Jersey*; Robert van Royen, 'Black Fern Kendra Cocksedge the First Woman to Win NZ Rugby's Top Player Award', *Stuff*, 14 December 2018; Thomas Airey, 'Eight Samoans in All Blacks World Cup Squad', *Samoa Observer*, 28 August 2019.

23 請參閱：Mark Brown, 'RSC to Reflect Diversity of Britain with Summer 2019 Season', *Guardian*, 10 September 2018; 'Diversity Data Report', Royal Shakespeare Company, 2019.

24 對此更詳盡的介紹，可見 Graham Henry, *Final Word*; Adam Hadazy, 'How NASA Selected the 2013 Class of Astronauts'.

25 請參閱：'Pret A Manger Staff Help Choose the New Recruits', *Personnel Today*, 23 April 2002; Peter Moore, 'Pret A Manger - Behind the Scenes at the "Happy Factory"', *Guardian*, 14 April 2015; Jody Hoffer Gittell, *The Southwest Airlines Way: Using the Power of Relationships to Achieve High Performance*, McGraw Hill, 2003; Julie Weber, 'How Southwest Airlines Hires Such Dedicated People', *Harvard Business Review*, 2 December 2015; Julian Richer, *The Richer Way: How to Get the Best out of People*, Random House Business, 2020.

26 對此更詳盡的解釋，可見 Laszlo Bock, *Work Rules! Insights from Inside Google That Will Transform How You Live and Lead*, John Murray, 2015.

27 見 'Annual Equality Report 2019', Royal College of Art.

28 對此更詳盡的解釋，可見 Andrew Hodges, *Alan Turing: The Enigma*, Vintage, 2014.

29 與瓊・喬斯林的完整訪問，請見 https://bletchleypark.org.uk; 關於測驗與招募流程的更詳盡介紹，可見 Sinclair McKay, *Bletchley Park Brainteasers: Over 100 Puzzles, Riddles and Enigmas Inspired by the Greatest Minds of World War II*, Headline, 2017.

30 Gordon Welchman, *The Hut Six Story: Breaking the Enigma Codes*, M. & M. Baldwin, 1982.

31 Sinclair McKay, *Bletchley Park Brainteasers.*

32 Christopher Smith, *The Hidden History of Bletchley Park: A Social and Organisational History, 1939-1945*, Palgrave Macmillan, 2015; a full list of everyone who worked at Bletchley Park can be found at https://bletch leypark.org.uk/roll-of-honour.

33 請參閱：Tom Chivers, 'Could You Have Been a Codebreaker at Bletchley?', *Daily Telegraph*, 10 October 2014.

34 譯注：路易斯・卡羅是《愛麗絲夢遊仙境》和《愛麗絲鏡中奇遇記》的作者，他在寫作時，特別重視孩子的角度，因此，他的故事充滿許多不可思議，從某個角度來說，就是顛覆了成人對於世界的邏輯思考。例如《鏡中奇遇記》的皇后要愛麗絲「跑得更快，方能留在原地」，還有故事中的法庭規則非常荒誕等。

35 Sinclair McKay, *Bletchley Park Brainteasers.*

36 Harry Hinsley and Alan Stripp, *Codebreakers: The Inside Story of Bletchley Park*, Oxford University Press, 1993.

37 Sinclair McKay, *Bletchley Park Brainteasers.*

38 Hinsley and Stripp, *Codebreakers.*

39 Ralph Erskine and Michael Smith, *The Bletchley Park Codebreakers: How Ultra Shortened the War and Led to the Birth of the Computer,* Biteback, 2011.

40 請參閱：'College Strategic Plan 2016-21', Royal College of Art; 'Societies Programme', Eton College.

41 伊頓公學的最後一位學生是一九五一年的約翰・格登（John Gurdon）。

42 某些與他們一起工作的人後來寫了很多書，如：Dr Charles Pellerin, *How NASA Builds Teams: Mission Critical Soft Skills for Scientists, Engineers, and Project Teams*, Wiley, 2009; Dr Steve Peters, *The Chimp Paradox*; Dr Ceri Evans, *Perform Under Pressure: Change the Way You Feel, Think and Act Under Pressure*, Thorsons, 2019.

43 請參閱：'Building a Winning Team for Missions to Mars'; 'The Problems of Flying to Mars', *The Economist*, 23 February 2019; Rhys Blakely, 'Class Clowns Find Their Calling on Eight-Month Journey to Mars', *The Times*, 16 February 2019.

44 請參閱：Philip Norman, *Shout! The True Story of the Beatles, Pan*, 2011; Khoi Tu, *Superteams: The Secrets of Stellar Performance of Seven Legendary Teams*, Portfolio Penguin, 2012.

45 請參閱：Hunaid Hasan and Tasneem Fatema Hasan, 'Laugh Yourself Into a Healthier Person: A Cross Cultural Analysis of the Effects of Varying Levels of Laughter on Health', *International Journal of Medical Sciences*, 2009, vol. 6, no. 4, pp. 200-11; Ramon Mora-Ripoll, 'Potential Health Benefits of Simulated Laugher: A Narrative Review of the Literature and Recommendations for Future Research', *Complementary Therapies in Medicine*, 2011, vol. 19, no. 3, pp. 170-7.

46 Michael Seth Starr, *Ringo: With a Little Help*, Backbeat, 2016.

47 Michael Seth Starr, *Ringo*.

48 Clive Thompson, 'If You Liked This, You're Sure to Love That', *New York Times*, 21 November 2008.

49 請參閱：James Bennett and Stan Lanning, 'The Netflix Prize', Proceedings of KDD Cup and Workshop, San Jose, 12 August 2007; Eliot Van Buskirk, 'How the Netflix Prize Was Won', *Wired*, 22 September 2009; Blake Hallinan and Ted Striphas, 2014, 'Recommended for You: The Netflix Prize and the Production of Algorithmic Culture,' *New Media and Society*, 2016, vol. 18, no. 1, pp. 117-37.

50 Clive Thompson, 'If You Liked This, You're Sure to Love That'; Dan Jackson, 'The Netflix Prize: How a $1 Million Contest Changed Binge-Watching Forever', Thrillist, 7 July 2017.

51 Eliot Van Buskirk, 'How the Netflix Prize Was Won'.

52 請參閱：James Surowiecki, *The Wisdom of Crowds: Why the Many Are Smarter than the Few, Abacus*, 2005; Scott Page, *The Diversity Bonus: How Great Teams Pay Off in the Knowledge Economy*, Princeton University Press, 2017; David Shenk, *The Genius in All of Us: Why Everything You've Been Told About Genetics, Talent, and IQ Is Wrong*, Icon Books, 2010; Professor Tim Spector, *Identically Different: Why You Can Change Your Genes*, Weidenfeld & Nicolson, 2013.

53 作者於二〇一八年十一月十八日在 Podcast「Leaders in Sport」與 Paul Thompson 的訪談，見：Alex Hill, 'Summit

Session: Are You Radically Traditional?', Radically Traditional, 14 February 2019.

54 請參閱：Laszlo Bock, 'Here's Google's Secret to Hiring the Best People', *Wired*, 7 April 2015; Laszlo Bock, *Work Rules!*.

55 Jillian D'Onfro, 'The Unconventional Way Google Snagged a Team of Engineers Microsoft Desperately Wanted', *Business Insider India*, 6 April 2015; Rob Minto, 'The Genius Behind Google's Browser', *Financial Times*, 27 March 2009.

56 'Number of Full-Time Alphabet Employees from 2007 to 2021', Statista, 27 July 2011.

習慣9：變得更好，而不是更大

1 Chris Boardman, *Triumphs and Turbulence*; Donald McRae, 'London 2012 Olympics: Peter Keen Ruthless in Pursuit of British Medals', *Guardian*, 27 July 2010.

2 Chris Boardman, *Triumphs and Turbulence*.

3 Chris Boardman, *Triumphs and Turbulence*.

4 'Annual Report', British Cycling, 2019; 'Great Britain Cycling Team Squad', British Cycling.

5 Matt Slater, 'Olympics Cycling: Marginal Gains Underpin Team GB Dominance'.

6 Angela Monaghan, 'Nokia: The Rise and Fall of a Mobile Phone Giant', *Guardian*, 3 September 2013; Jorma Ollila and Harri Saukkomaa, *Against All Odds: Leading Nokia from Near Catastrophe to Global Success*, Maven House, 2016.

7 Timo Vuori and Quy Huy, 'Distributed Attention and Shared Emotions in the Innovation Process: How Nokia Lost the Smartphone Battle', *Administrative Science Quarterly*, 2016, vol. 61, no. 1, pp. 9-51.

8 Vuori and Huy, 'Distributed Attention and Shared Emotions in the Innovation Process'.

9 Yves Doz and Keeley Wilson, *Ringtone: Exploring the Rise and Fall of Nokia in Mobile Phones*, Oxford University Press, 2017.

10 Juha-Antti Lamberg, Sandra Lubinaitė, Jari Ojala and Henrikki Tikkanen, 'The Curse of Agility: The Nokia Corporation and the Loss of Market Dominance in Mobile Phones, 2003-2013', Business History, 2021, vol. 63, no. 4, pp. 574-605.

11 Doz and Wilson, *Ringtone.*

12 這些數字是根據諾基亞的年度報告所計算得出的，其產品的完整清單可見於維基百科的「諾基亞產品清單」（List of Nokia Products）。

13 可參閱：Juliette Garside and Charles Arthur, ‘Microsoft Buys Nokia Handset Business for €5.4bn’, *Guardian*, 3 September 2013; Alex Hern, ‘Nokia Returns to the Phone Market as Microsoft Sells Brand’, *Guardian,* 18 May 2016.

14 作者於二〇一四年二月三日與提摩西・瓊斯的訪談紀錄。

15 ‘Main Points of Longevity for Japanese Companies’, Bank of Korea, 2008; Takashi Shimizu, ‘The Longevity of the Japanese Big Businesses’, *Annals of Business Administrative Science*, 2002, vol. 1, no. 3, pp. 39-46; Bryan Lufkin, ‘Why So Many of the World’s Oldest Companies Are in Japan’, BBC, 12 February 2020.

16 美國航太空總署總共有一百五十五個設施，而這些設施多承繼自美國空軍、陸軍或自行建造的。資料來源：‘NASA Facilities’, Wikipedia.

17 對此更詳盡的介紹，可見 Doz and Wilson, *Ringtone*.

18 Doz and Wilson, *Ringtone*.

19 Doz and Wilson, *Ringtone*.

20 Cyrus Ramezani, Luc Soenen and Alan Jung, ‘Growth, Corporate Profitability, and Value Creation’, *Financial Analysts Journal*, 2002, vol. 58, no. 6, pp. 56-67.

21 Ramezani, Soenen and Jung, ‘Growth, Corporate Profitability, and Value Creation’; Leigh Buchanan, ‘Life After the Inc. 500: Fortune, Flameout, and Self Discovery’, *Inc.*, September 2012.

22 Max Marner, Bjoern Lasse Herrmann, Ertan Dogrultan and Ron Berman, ‘The Startup Genome Report Extra on Premature Scaling: A Deep Dive Into Why Most High Growth Startups Fail’, Startup Genome, 2012.

23 Marner, Herrmann, Dogrultan and Berman, ‘The Startup Genome Report Extra on Premature Scaling’.

24 Marner, Herrmann, Dogrultan and Berman, 'The Startup Genome Report Extra on Premature Scaling'.

25 Marner, Herrmann, Dogrultan and Berman, 'The Startup Genome Report Extra on Premature Scaling'.

26 可參閱：Robin Dunbar, *Grooming, Gossip, and the Evolution of Language*, Faber & Faber, 1996; Hirotani Kudo and Robin Dunbar, 'Neocortex Size and Social Network Size in Primates', *Animal Behaviour*, 2001, vol. 62, no. 4, pp. 711-22; Robin Dunbar, 'Why Humans Aren't Just Great Apes', *Issues in Ethnology and Anthropology*, 2008, vol. 3, no. 3, pp. 15-33; Robin Dunbar, Pádraig Mac Carron and Susanne Shultz, 'Primate Social Group Sizes Exhibit a Regular Scaling Pattern with Natural Attractors', *Biology Letters*, 2018, vol. 14, no. 1, article 20170490; Robin Dunbar and Richard Sosis, 'Optimising Human Community Sizes', *Evolution and Human Behavior*, 2018, vol. 39, no. 1, pp. 106-11.

27 Robin Dunbar, 'Coevolution of Neocortical Size, Group Size and Language in Humans', *Behavioral and Brain Sciences*, 1993, vol. 16, no. 4, pp. 681-94.

28 對此更詳盡介紹，可見：www.hutterites.org; Gianmarco Alberti, 'Modeling Group Size and Scalar Stress by Logistic Regression from an Archaeological Perspective', *PLOS One*, 2014, vol. 9, no. 3, article 91510.

29 Robin Dunbar, Grooming, *Gossip, and the Evolution of Language.*

30 可參閱：Kudo and Dunbar, 'Neocortex Size and Social Network Size in Primates'; Catherine Markham and Laurence Gesquiere, 'Costs and Benefits of Group Living in Primates: An Energetic Perspective', *Philosophical Transactions of the Royal Society B: Biological Sciences*, 2017, vol. 372, no. 1727, article 20160239 ; Ethan Pride, 'Optimal Group Size and Seasonal Stress in Ring-Tailed Lemurs (*Lemur catta*)', Behavioral Ecology, 2005, vol. 16, no. 3, pp. 550-60; Katja Rudolph, Claudia Fichtel, Dominic Schneider, Michael Heistermann, Flavia Koch and Rolf Daniel, 'One Size Fits All? Relationships Among Group Size, Health, and Ecology Indicate a Lack of an Optimal Group Size in a Wild Lemur Population', *Behavioral Ecology and Sociobiology*, 2019, vol. 73, article 132.

31 可參閱：'The Future of Jobs: Employment, Skills and Workforce Strategy for the Fourth Industrial Revolution', World

Economic Forum, January 2016; Gary Hamel and Michele Zanini, 'The $3 Trillion Prize for Busting Bureaucracy (and How to Claim It)', Humanistic Management Network, 2016, Research Paper Series, no. 28/16; Gary Hamel and Michele Zanini, 'The End of Bureaucracy: How a Chinese Appliance Maker Is Reinventing Management for the Digital Age', *Harvard Business Review*, November-December 2018, pp. 50-9.

32 David Hounshell and John Kenly-Smith, *Science and Corporate Strategy: DuPont R and D, 1902-1980*, Cambridge University Press, 1988.

33 關於戈爾創業故事的更詳盡介紹，可見：'Culture Press Kit', Gore.

34 Douglas McGregor, *The Human Side of Enterprise,* McGraw Hill, 1960.

35 Alan Deutschman, 'The Fabric of Creativity: At W.L. Gore, Innovation Is More than Skin Deep: The Culture Is as Imaginative as the Products', *Fast Company*, 4 January 2004.

36 Gary Hamel, 'W.L. Gore: Lessons from a Management Revolutionary', *Wall Street Journal*, 18 March 2010; Gary Hamel, 'W.L. Gore: Lessons from a Management Revolutionary, Part 2', *Wall Street Journal*, 2 April 2010.

37 Gary Hamel, 'W.L. Gore: Lessons from a Management Revolutionary'; Gary Hamel, 'W.L. Gore: Lessons from a Management Revolutionary, Part 2'.

38 Gary Hamel, 'W.L. Gore: Lessons from a Management Revolutionary'.

39 Gary Hamel, 'W.L. Gore: Lessons from a Management Revolutionary'; Gary Hamel, 'W.L. Gore: Lessons from a Management Revolutionary, Part 2'.

40 Simon Caulkin, 'Gore-Tex Gets Made Without Managers', *Guardian*, 2 November 2008.

41 Gary Hamel, 'W.L. Gore: Lessons from a Management Revolutionary'; Gary Hamel, 'W.L. Gore: Lessons from a Management Revolutionary, Part 2'.

42 'America's Largest Private Companies', *Forbes.*

43 'Best Workplaces for Innovators,' *Fast Company*, 2021.

44 可參閱：'Annual Report and Consolidated Financial Statements', Eton College, 2020; 'Annual Report', Royal Academy of Music, 2020; 'Annual Accounts', Royal College of Art, 2020.

45 可參閱：Matt Trueman, 'RSC's Matilda: The Musical a Hit on Broadway', *Guardian*, 12 April 2013; 'Spinoff 2022', Nasa, 2022; 'NASA Spinoff Technologies', Wikipedia.

46 'List of Fatal Accidents and Incidents Involving Commercial Aircraft in the United States', Wikipedia.

47 'Resource Management on the Flight Deck', Nasa Conference Publication.

48 可參閱：Robert Helmreich and John Wilhelm, 'Outcomes of Crew Resource Management Training', *International Journal of Aviation Psychology*, 1991, vol. 1, no. 4, pp. 287-300; Paul O'Connor, Justin Campbell, Jennifer Newon, John Melton, Eduardo Salas and Katherine Wilson, 'Crew Resource Management Training Effectiveness: A Meta-analysis and Some Critical Needs', *International Journal of Aviation Psychology*, 2008, vol. 18, no. 4, pp. 353-68.

49 Graham Henry, Final Word; Thomas Johnson, Andrew Martin, Farah Palmer, Geoffrey Watson and Phil Ramsey, 'Collective Leadership: A Case Study of the All Blacks', *Asia-Pacific Management and Business Application*, 2012, vol. 1, no. 1, pp. 53-67.

50 可參閱：Maria Krysan, Kristin Moore and Nicholas Zill, 'Identifying Successful Families: An Overview of Constructs and Selected Measures', US Department of Health and Human Services, 9 May 1990.

51 可參閱：Jane Jacobs, *The Death and Life of Great American Cities,* Random House, 1961; Hildebrand Frey, *Designing the City: Towards a More Sustainable Urban Form*, E. & F.N. Spon, 1999; Brian Edwards, *The European Perimeter Block: The Scottish Experience of Courtyard Housing*, Taylor & Francis, 2004; Barrie Shelton, *Learning from the Japanese City: Looking East in Urban Design*, Routledge, 2012.

52 'Why Eton Is So Special', *Country Life*, 20 September 2007.

53 可參閱：Gregor Timlin and Nic Rysenbry, 'Design for Dementia', Royal College of Art, 2010; 'Redesigning the Emergency Ambulance: Improving Mobile Emergency Healthcare', Helen Hamlyn Centre for Design, Royal College of Art, 2011.

習慣10：檢視一切

1 Robert May, 'How Many Species Are There on Earth?' *Science*, 1988, vol. 241, no. 4872, pp. 1441-9; Leslie Hannah, 'Marshall's Trees and the Global Forest: Were Giant Redwoods Different?', LSE Research Online Documents on Economics 20363, 1997.

2 Howard McCurdy, *Inside NASA: High Technology and Organizational Change in the U.S. Space Program*, Johns Hopkins University Press, 1993.

3 Howard McCurdy, *Inside NASA*.

4 'NASA Pocket Statistics: 1990 Edition', Nasa, 1990.

5 Howard McCurdy, *Inside NASA*.

6 Howard McCurdy, *Inside NASA*.

7 Andrew Dunar and Stephen Waring, *Power to Explore: A History of the Marshall Space Flight Center*, CreateSpace, 1999.

8 Edward Tufte, *Visual Explanations: Images and Quantities, Evidence and Narrative*, Graphics Press, 1997; Joseph Hall, '*Columbia and Challenger*: Organizational Failure at NASA', *Space Policy*, 2016, vol. 37, part 3, pp. 127-33.

9 Joseph Hall, 'Columbia and Challenger'.

10 Diane Vaughan, *The Challenger Launch Decision: Risky Technology, Culture, and Deviance at NASA*, University of Chicago Press, 1996.

11 'Report to the President by the Presidential Commission on the Space Shuttle Challenger Accident', Nasa, 6 June 1986.

12 Howard McCurdy, *Faster, Better, Cheaper: Low-Cost Innovation in the U.S. Space Program*, Johns Hopkins University

Press, 2001; Ariana Eunjung Cha, 'At NASA, Concerns on Contractors', *Washington Post*, 17 February 2003.
13 Julianne Mahler, *Organizational Learning at NASA: The Challenger and Columbia Accidents*, Georgetown University Press, 2009.
14 Julianne Mahler, *Organizational Learning* at NASA.
15 'Culture Change at NASA', Wayne Hale's Blog, 22 January 2010.
16 Stephen Johnson, 'Success, Failure, and NASA Culture', ASK, 1 September 2008; Behavioral Safety Technology, 'Interim Assessment of the NASA Culture Change Effort', Nasa, 16 February 2005.
17 Keith Darce, 'Ground Control: NASA Attempts a Cultural Shift', *Seattle Times*, 24 April 2005.
18 Dunar and Waring, *Power to Explore.*
19 Anna Haislip, 'Failure Leads to Success', *Colorado Daily*, 21 February 2007.
20 史丹迪許集團的工作成果報告，可見於 www.standishgroup.com; Jorge Dominguez, 'The Curious Case of the CHAOS Report 2009', July 2009, Project Smart.
21 Peter Bills, *The Jersey*.
22 可參閱：Shane Lopez and Michelle Louis, 'The Principles of Strengths-Based Education', *Journal of College and Character,* 2009, vol. 10, no. 4; Janis Birkeland, 'Positive Development and Assessment', *Smart and Sustainable Built Environment,* 2014, vol. 3, no. 1, pp. 4-22; Mette Jacobsgaard and Irene Norlund, 'The Impact of Appreciative Inquiry on International Development', *AI Practitioner*, 2001, vol. 13, no. 3, pp.4-8.
23 Geoffrey Murray, Vietnam Dawn of a New Market, Palgrave Macmillan, 1997; Spencer Tucker, *The Encyclopedia of the Vietnam War: A Political, Social, and Military History*, ABC-CLIO, 1998.
24 Richard Pascale, Jerry Sternin and Monique Sternin, *The Power of Positive Deviance: How Unlikely Innovators Solve the World's Toughest Problems*, Harvard Business Review, 2010.
25 Marian Zeitlin, Hossein Ghassemi and Mohamed Mansour, *Positive Deviance in Child Nutrition: With Emphasis on*

Psychological and Behavioural Aspects and Implications for Development, United Nations University Press, 1990.

26 Pascale, Sternin and Sternin, *The Power of Positive Deviance.*

27 Dennis Sparks, 'From Hunger Aid to School Reform: An Interview with Jerry Sternin', *Journal of Staff Development*, 2004, vol. 25, no. 1, pp. 46-51.

28 Olga Wollinka, Erin Keeley, Barton Burkhalter and Naheed Bashir, 'Hearth Nutrition Model: Applications in Haiti, Vietnam and Bangladesh', published for the US Agency for International Development and World Relief Corporation by the Basic Support for Institutionalizing Child Survival (BASICS) Project, 1997; Monique Sternin, Jerry Sternin and David Marsh, 'Designing a Community-Based Nutrition Program Using the Hearth Model and the Positive Deviance Approach - A Field Guide', Save the Children, 1998; Monique Sternin, Jerry Sternin and David Marsh, *Scaling Up Poverty Alleviation and Nutrition Program in Vietnam,* Routledge, 1999.

29 Sternin, Sternin and Marsh, 'Designing a Community-Based Nutrition Program'.

30 Richard Pascale and Jerry Sternin, 'Your Company's Secret Change Agents', *Harvard Business Review*, May 2005, pp. 72-81.

31 Pascale, Sternin and Sternin, *The Power of Positive Deviance*.

32 Pascale, Sternin and Sternin, *The Power of Positive Deviance*.

33 Dennis Sparks, 'From Hunger Aid to School Reform'.

34 Monique Sternin, Jerry Sternin and David Marsh, 'Rapid, Sustained Childhood Malnutrition Alleviation Through a Positive Deviance Approach in Rural Vietnam: Preliminary Findings', in 'Hearth Nutrition Model', ed. Wollinka, Keeley, Burkhalter and Bashir, 1997; Agnes Mackintosh, David Marsh and Dirk Schroeder, 'Sustained Positive Deviant Child Care Practices and Their Effects on Child Growth in Vietnam', *Food and Nutrition Bulletin,* 2002, vol. 23, no. 4, pp. 16-25.

35 Dennis Sparks, 'From Hunger Aid to School Reform'.

36 Daniel Kahneman and Amos Tversky, 'Choices, Values, and Frames', *American Psychologist*, 1984, vol. 39, no. 4, pp.

341-50; Irwin Levin, Sandra Schneider and Gary Gaeth, 'All Frames Are Not Created Equal: A Typology and Critical Analysis of Framing Effects', *Organizational Behavior and Human Decision Processes*, 1998, vol. 76, no. 2, pp. 149-88; Nathan Novemsky and Daniel Kahneman, 'The Boundaries of Loss Aversion', *Journal of Marketing Research*, 2005, vol. 42, no. 2, pp. 119-28; Eldad Yechiam and Guy Hochman, 'Losses as Modulators of Attention: Review and Analysis of the Unique Effects of Losses Over Gains', *Psychological Bulletin*, 2013, vol. 139, no. 2, pp. 497-518.

37 Marcel Detienne and Jean-Pierre Vernant, *Cunning Intelligence in Greek Culture and Society*, University of Chicago Press, 1991; James Scott, *Seeing Like a State: How Certain Schemes to Improve the Human Condition Have Failed*, Yale University Press, 1998; Cheryl De Ciantis, 'Gods and Myths in the Information Age', *Agir*, 2005, no. 20-21, pp. 179-86.

38 Peter Frisk, 'Marginal Gains: Alcohol on Bike Tyres, and Electrically Heated Shorts', peterfrisk.com, 20 March 2019.

39 Peter Lovatt, 'Dance Psychology: The Science of Dance and Dancers', Dr Dance Presents: Norfolk, 2018; Marily Oppezzo and Daniel Schwartz,'Give Your Ideas Some Legs: The Positive Effect of Walking on Creative Thinking', *Journal of Experimental Psychology: Learning, Memory, and Cognition*, 2014, vol. 40, no. 4, pp. 1142-52.

40 Nicholas Kohn, Paul Paulus and YunHee Choi, 'Building on the Ideas of Others: An Examination of the Idea Combination Process', *Journal of Experimental Social Psychology*, 2011, vol. 47, no. 3, pp. 554-61; Runa Korde and Paul Paulus, 'Alternating Individual and Group Idea Generation: Finding the Elusive Synergy', *Journal of Experimental Social Psychology*, 2017, vol. 70, pp. 177-90; Simone Ritter and Nel Mostert, 'How to Facilitate a Brainstorming Session: The Effect of Idea Generation Techniques and of Group Brainstorm After Individual Brainstorm', *Creative Industries Journal*, 2018, vol. 11, no. 3, pp. 263-77.

41 作者於二〇一九年三月二十七日與克里夫・葛瑞耶的訪談紀錄。

42 Sara Kraemer, Pascale Carayon and Ruth Duggan, 'Red Team Performance for Improved Computer Security', *Proceedings of the Human Factors and Ergonomics Society Annual Meeting*, 2004, vol. 48, no. 14, pp. 1605-9; Red

Teaming Handbook, 3rd Edition, UK Ministry of Defence, 2021.

43 Colin Powell, My American Journey, Ballantine Books, 1995; Oren Harari, 'Quotations from Chairman Powell: A Leadership Primer', *Management Review*, 1996, vol. 85, no. 12, pp. 34-7.

44 Daniel Kahneman, *Thinking Fast and Slow*, Penguin, 2011.

45 Adrian Furnham and Hua Chu Boo, 'A Literature Review of the Anchoring Effect', *Journal of Socio-Economics*, 2011, vol. 40, no. 1, pp. 35-42.

46 請參閱：Nicholas Epley and Thomas Gilovich, 'Putting Adjustment Back in the Anchoring and Adjustment Heuristic: Differential Processing of Self-Generated and Experimenter-Provided Anchors', *Psychological Science*, 2001, vol. 12, no. 5, pp. 391-6; Adam Galinsky and Thomas Mussweiler, 'First Offers as Anchors: The Role of Perspective-Taking and Negotiator Focus', *Journal of Personality and Social Psychology*, 2001, vol. 81, no. 4, pp. 657-69.

47 Andrew Gelman and Deborah Nolan, *Teaching Statistics: A Bag of Tricks*, 2nd Edition, Oxford University Press, 2017.

48 Jerry Markham, *A Financial History of the United States*, M.E. Sharpe, 2002; Claudio Feser, *Serial Innovators: Firms That Change the World*, Wiley, 2011; Gavin Braithwaite-Smith, 'The Cost of a Car in the Year You Were Born', Motoring Research, 13 May 2020.

49 Robert McNamara, *In Retrospect: The Tragedy and Lessons of Vietnam*, Vintage, 1996; Keir Martin, 'Robert McNamara and the Limits of "Bean Counting"', *Anthropology Today*, 2010, vol. 26, no. 3, pp. 16-19.

50 Colin Powell, *My American Journey*; Ralph White, 'Misperception of Aggression in Vietnam', *Journal of International Affairs*, 1967, vol. 21, no.1, pp. 123-40; 'NLF and PAVN Battle Tactics', Wikipedia.

51 Andrew Natsios, 'The Clash of the Counter-Bureaucracy and Development', Center for Global Development, 1 July 2010.

52 Colin Powell, *My American Journey.*

53 'Vietnam War U.S. Military Fatal Casualty Statistics', US National Archives, 2019; Douglas Dacy, *Foreign Aid, War and*

Economic Development: South Vietnam 1955-1975, Cambridge University Press, 1986.

54 Amos Tversky and Daniel Kahneman, 'Belief in the Law of Small Numbers', *Psychological Bulletin*, 1971, vol. 76, no. 2, pp. 105-10; Richard Nisbett and Eugene Borgida, 'Attribution and the Psychology of Prediction', *Journal of Personality and Social Psychology*, 1975, vol. 32, no. 5, pp. 932-43; Gelman and Nolan, *Teaching Statistics: A Bag of Tricks*; Howard Wainer and Harris Zwerling, 'Evidence That Smaller Schools Do Not Improve Student Achievement', *Phi Delta Kappan*, 2006, vol. 88, no. 4, pp. 300-3.

55 類似「樣本量計算器」（Sample Size Calculator），來源：Calculator.net

56 Jack Hopkins, 'The Eradication of Smallpox: Organizational Learning and Innovation in International Health Administration', *Journal of Developing Areas*, 1988, vol. 22, no. 3, pp. 321-32.

57 Jack Hopkins, 'The Eradication of Smallpox'; Donald Henderson, 'How Smallpox Showed the Way', *World Health*, December 1989, pp. 19-21.

58 Molecular Interventions, 'Interview with D.A. Henderson: Acting Globally, Thinking Locally', *Molecular Interventions*, 2003, vol. 3, no. 5, pp. 242-7.

59 Donald Henderson and Petra Klepac, 'Lessons from the Eradication of Smallpox: An Interview with D.A. Henderson', *Philosophical Transactions of the Royal Society B: Biological Sciences*, 2013, vol. 368, mo. 1623, article 20130113.

60 Robert Coram, *Boyd: The Fighter Pilot Who Changed the Art of War*, Back Bay, 2004; Tim Brown, *Change by Design: How Design Thinking Transforms Organizations and Inspires Innovation*, Harper Business, 2009.

習慣11：為隨機事件做好準備

1 Mikel Harry and Richard Schroeder, *Six Sigma: The Breakthrough Management Strategy Revolutionizing the World's Top Companies*, Bantam, 2000.

2 Bill Smith, 'Making War on Defects', *IEEE Spectrum*, 1993, vol. 30, no. 9, pp. 43-50.

3 Peter Pande, Robert Neuman and Roland Cavanagh, *The Six Sigma Way: How GE, Motorola and Other Top Companies Are Honing Their Performance*, McGraw Hill, 2000.

4 Pande, Neuman and Cavanagh, *The Six Sigma Way*.

5 Associated Press, 'Motorola Suspends Dividend Amid $3.6 Billion Loss', *New York Times*, 3 February 2009.

6 Michael Raynor and Mumtaz Ahmed, *The Three Rules: How Exceptional Companies Think*, Penguin, 2013; Michael Raynor and Mumtaz Ahmed,'Three Rules for Making a Company Truly Great', *Harvard Business Review*, April 2013.

7 Raynor and Ahmed, 'Three Rules for Making a Company Truly Great'.

8 Raynor and Ahmed, 'Three Rules for Making a Company Truly Great'.

9 奇異公司（General Electric）於二〇〇一年的年度報告所述。

10 Raynor and Ahmed, *The Three Rules*.

11 'Innovation and Growth: Rationale for an Innovation Strategy', OECD, 2007; this view is supported by other research such as: Nathan Rosenberg, 'Innovation and Economic Growth', OECD, 27 September 2004; Rana Maradana, Rudra Pradhan, Saurav Dash, Kunal Gaurav, Manu Jayakumar and Debaleena Chatterjee, 'Does Innovation Promote Economic Growth? Evidence from European Countries', *Journal of Innovation and Entrepreneurship*, 2017, vol. 6, article 1; James Broughel and Adam Thierer, 'Technological Innovation and Economic Growth: A Brief Report on the Evidence', Mercatus Research Center, George Mason University, 2019.

12 'Innovation and Growth', OECD.

13 Robert Slater, *Jack Welch and the GE Way: Management Insights and Leadership Secrets of the Legendary CEO*, McGraw Hill Education, 1998.

14 Brian Hindo, 'At 3M, a Struggle Between Efficiency and Creativity', Bloomberg, 11 June 2007.

15 Dennis Carey, Brian Dumaine, Michael Useem and Rodney Zemmel, *Go Long: Why Long-Term Thinking Is Your Best Short-Term Strategy*, Wharton School Press, 2018.

16 Carey, Dumaine, Useem and Zemmel, *Go Long*.

17 Brian Hindo, 'At 3M, a Struggle Between Efficiency and Creativity'.

18 '3M Shelves Six Sigma in R&D', *Design News*, 10 December 2007.

19 Brian Hindo, 'At 3M, a Struggle Between Efficiency and Creativity'.

20 David Gelles, Natalie Kitroeff, Jack Nicas and Rebecca Ruiz, 'Boeing Was "Go, Go, Go" to Beat Airbus with the 737 Max', *New York Times*, 23 March 2019.

21 Gelles, Kitroeff, Nicas and Ruiz, 2019, 'Boeing Was "Go, Go, Go" to Beat Airbus'.

22 'Final Committee Report: The Design, Development and Certification of the Boeing 737 Max', The House Committee on Transportation and Infrastructure, September 2020.

23 Dominic Gates and Mike Baker, 'Engineers Say Boeing Pushed to Limit Safety Testing in Race to Certify Planes, Including 737 MAX', *Seattle Times*, 5 May 2019; 'Boeing's Troubles Cost the Aerospace Industry $4bn a Quarter', *The Economist*, 22 August 2019.

24 Raynor and Ahmed, *The Three Rules*; Raynor and Ahmed, 'Three Rules for Making a Company Truly Great'.

25 正如他們的年度報告所示。

26 Yasuhiro Monden, *Toyota Management System: Linking the Seven Key Functional Areas*, Routledge, 2019.

27 作者於二〇一四年二月三日與提摩西・瓊斯的訪談紀錄。

28 Jeffrey Miller and Thomas Vollmann, 'The Hidden Factory', *Harvard Business Review*, September 1985; Sadi Assaf, Abdulaziz Bubshait, Sulaiman Atiyah and Mohammed Al-Shahri, 'The Management of Construction Company Overhead Costs', *International Journal of Project Management*, 2001, vol. 19, no. 5, pp. 295-303; Mary Ellen Biery, 'A Sure-Fire Way to Boost the Bottom Line', *Forbes*, 12 January 2014; Hamel and Zanini, 'The $3 Trillion Prize for

Busting Bureaucracy’.

29 正如他們的年度報告所示。

30 有關英國皇家藝術學院近期學生計畫的更詳盡列表，請參閱英國皇家藝術學院的「研究計畫」。

31 海倫·哈姆林（Helen Hamlin）中心的其他合作計畫和其他 AcrossRCA 計畫的案例，可以在皇家藝術學院的「研究計畫」和 AcrossRCA 網站上查閱。

32 作者於二〇一八年十一月十八日在 Podcast「Leaders in Sport」與 Paul Thompson 的訪談，見：Alex Hill, ‘Summit Session: Are You Radically Traditional?’.

33 ‘Start-up Companies’, Royal College of Art.

34 United Nations Development Programme, ‘Human Development Indices and Indicators: A Statistical Update’, Human Development Reports, 1 January 2018; ‘GDP and Its Breakdown at Current Prices in US Dollars’, United Nations, 2019; ‘World Economic Outlook Database’, International Monetary Fund, 2022.

35 ‘What Next for the Start-Up Nation?’, *The Economist*, 21 January 2012; David Yin, ‘Secrets to Israel’s Innovative Edge: Part I’, *Forbes*, 5 June 2016; ‘Main Science and Technology Indicators’, OECD, March 2022.

36 David Yin, ‘Secrets to Israel’s Innovative Edge’.

37 所有公司的完整名單，可見於：‘Israeli-Founded Unicorns’, TechAviv.

38 Dan Senor and Saul Singer, *Start-Up Nation: The Story of Israel’s Economic Miracle*, Twelve, 2009.

39 ‘International Migration Database’, OECD Statistics, 2022.

40 Senor and Singer, *Start-Up Nation*.

41 Richard Behar, ‘Inside Israel’s Secret Startup Machine’, *Forbes*, 11 May 2016; Reed Miller, ‘Intuition Robotics Is Trying to Build a Market for Robotic Companions, Launches ElliQ in US’, Medtech Insight, 14 April 2022.

42 Senor and Singer, *Start-Up Nation*.

43 Dominic Rushe, 'Google Buys Waze Map App for $1.3bn', *Guardian*, 11 June 2013.
44 Parmy Olson, 'Why Google's Waze Is Trading User Data with Local Governments', *Forbes*, 7 July 2014; Nicole Kobie, 'How Your Phone Data Saves London's Transport from Chaos', *Wired*, 10 December 2018.
45 Rebecca Greenfield, 'Google Won the War for Waze by Letting It Stay out of Silicon Valley', *Atlantic*, 11 June 2013.
46 對此更詳盡的介紹，可見 'History Timeline: Post-it Notes', Post-it.
47 Don Peppers, 'The Downside of Six Sigma', LinkedIn, 5 May 2016.
48 Brian Hindo, 'At 3M, a Struggle Between Efficiency and Creativity'.
49 Ekaterina Olshannikova, Thomas Olsson, Jukka Huhtamäki, Susanna Paasovaara and Hannu Kärkkäinen, 'From Chance to Serendipity: Knowledge Workers' Experiences of Serendipitous Social Encounters', *Advances in Human-Computer Interaction,* 2020, vol. 2020, article 1827107; Yuki Noguchi, 'How a Bigger Lunch Table at Work Can Boost Productivity', NPR, 20 May 2015; Claire Cain Miller, 'When Chance Encounters at the Water Cooler Are Most Useful', *New York Times*, 4 September 2021.
50 Walter Isaacson, *Steve Jobs*.
51 'Pixar Headquarters and the Legacy of Steve Jobs', Office Snapshots, 16 July 2019.
52 Ed Catmull, *Creativity Inc.*
53 作者於二〇一四年二月三日與提摩西・瓊斯的訪談紀錄。
54 Ed Catmull, *Creativity Inc.*
55 Ed Catmull, *Creativity Inc.*.

習慣12：一起用餐

1 Leonard Wong, Thomas Kolditz, Raymond Millen and Terence Potter, 'Why They Fight: Combat Motivation in the Iraq

War', US Army War College, Strategic Studies Institute, 2003.

2 Wong, Kolditz, Millen and Potter, 'Why They Fight'.

3 Wong, Kolditz, Millen and Potter, 'Why They Fight'.

4 Wong, Kolditz, Millen and Potter, 'Why They Fight'.

5 Wong, Kolditz, Millen and Potter, 'Why They Fight'.

6 Wong, Kolditz, Millen and Potter, 'Why They Fight'.

7 Wong, Kolditz, Millen and Potter, 'Why They Fight'.

8 Wong, Kolditz, Millen and Potter, 'Why They Fight'.

9 Wong, Kolditz, Millen and Potter, 'Why They Fight'.

10 Wong, Kolditz, Millen and Potter, 'Why They Fight'.

11 Wong, Kolditz, Millen and Potter, 'Why They Fight'.

12 請參閱：Stanley Gully, Apama Joshi, Kara Incalcaterra, Matthew Beaubien, 'Meta-analysis of Team-Efficacy, Potency, and Performance: Interdependence and Level of Analysis as Moderators of Observed Relationships', *Journal of Applied Psychology*, 2002, vol. 87, no. 5, pp. 819-32; Christopher Parker, Boris Baltes, Scott Young, Joseph Huff, Robert Altmann, Heather LaCost and Joanne Roberts, 'Relationships Between Psychological Climate Perceptions and Work Outcomes: A Meta-analytic Review', *Journal of Organizational Behavior*, 2003, vol. 24, no. 4, pp. 389-416; Khoa Tran, Phuong Nguyen, Thao Dang and Tran Ton, 'The Impacts of the High-Quality Workplace Relationships on Job Performance: A Perspective on Staff Nurses in Vietnam', *Behavioral Sciences*, 2018, vol. 8, no.12, article 109.

13 Parker, Baltes, Young, Huff, Altmann, Lacost and Roberts, 'Relationships between Psychological Climate Perceptions And Work Outcomes'.

14 Bill Shankly, *Shankly: My Story*, Arthur Barker, 1976.

15 John Keith, *Paisley: Smile on Me and Guide My Hand*, Trinity Mirror Sport Media, 2014.
16 Harry Harris, *The Boss: Jurgen Klopp, Liverpool and the New Anfield Boot Room*, Empire Publications, 2020.
17 Andrey Chegodaev, 'Klopp Opens Up on How Being Young Dad Taught Him Most Important Thing About Football', *Tribuna*, 24 September 2019.
18 James Marshment, 'Becoming a Young Father Has Helped My Career, Says Jurgen Klopp', *TEAMTalk*, 24 May 2017.
19 Jack Lusby, 'Klopp Reveals New Anfield "Boot Room" - "It's the Best Pub in Liverpool!"', This Is Anfield, 31 March 2022.
20 'Mark Lawrenson Compares Liverpool Manager Jurgen Klopp to the Legendary Bill Shankly', BBC Sport, 27 June 2020.
21 Harry Harris, *The Boss.*
22 Gursher Chabba, '"He's Like a Father to Me": Alisson Opens Up About His Relationship with Klopp', Tribuna, 23 March 2022.
23 Laura Trott and Jason Kenny, *The Inside Track*, Michael O'Mara, 2016.
24 Victoria Pendleton, *Between the Lines: The Autobiography*, HarperSport, 2012.
25 Trott and Kenny, *The Inside Track*.
26 William Fotheringham, 'Behind the Scenes of British Cycling's Olympic Boot Camp', *Guardian*, 24 December 2011.
27 作者於二〇一二年十一月二十日與彼得・基恩的訪談紀錄。
28 二〇一五年六月十七的訪談紀錄。
29 Robin Dunbar, 'Breaking Bread: The Functions of Social Eating', *Adaptive Human Behavior and Physiology*, 2017, vol. 3, pp. 198-211.
30 Robin Dunbar, 'Breaking Bread'.
31 請參閱：James Curley and Eric Keneme, 'Genes, Brains and Mammalian Social Bonds', *Trends in Ecology & Evolution*, 2005, vol. 20, no. 10, pp. 561-7; Richard Depue and Jeannine Morrone-Strupinsky, 'A Neurobehavioral Model of Affiliative

Bonding: Implications for Conceptualizing a Human Trait of Affiliation', *Behavioral and Brain Sciences*, 2005, vol. 28, no. 3, pp. 313-50; Anna Machin and Robin Dunbar, 'The Brain Opioid Theory of Social Attachment: A Review of the Evidence', *Behaviour*, 2011, vol. 148, no. 9-10, pp. 985-1025.

32 Robin Dunbar, 'Breaking Bread'.

33 Cody Delistraty, 'The Importance of Eating Together', *Atlantic*, 18 July 2014; 'Who Are the School Truants?', OECD, Pisa in Focus, no. 35, 2014.

34 Shannon Robson, Mary Beth McCullough, Samantha Rez, Marcus Munafo and Gemma Taylor, 'Family Meal Frequency, Diet, and Family Functioning: A Systematic Review with Meta-analyses', *Journal of Nutrition Education and Behavior*, 2020, vol. 52, no. 5, pp. 553-64.

35 請參閱：Roberto Ferdman, 'The Most American Thing There Is: Eating Alone', *Washington Post*, 18 August 2015; Harry Benson and Steve McKay, 'Happy Eaters', Marriage Foundation: Marriage Week UK, 13-19 May 2019; Esteban Ortiz-Ospina and Max Roser, 'Marriages and Divorces', Our World in Data, 2020; Robson, McCullough, Rez, Munafo and Taylor, 'Family Meal Frequency, Diet, and Family Functioning'.

36 Roberto Ferdman, 'The Most American Thing There Is: Eating Alone'.

37 譯注：Pop 這個綽號本身並沒有「波總」的意思。波「總」是臺灣體育界對於總教練的常見暱稱。Pop 是 Popovich 這個姓氏的常見綽號。

38 Steve Serby, 'Defensive Coordinator Patrick Graham Has Been Giants' MVP Thus Far', *New York Post*, 11 November 2020.

39 Baxter Holmes, 'Michelin Restaurants and Fabulous Wines: Inside the Secret Team Dinners That Have Built the Spurs' Dynasty', ESPN, 25 July 2020.

40 Baxter Holmes, 'Michelin Restaurants and Fabulous Wines'.

41 Ira Boudway, 'The Five Pillars of Popovich', Bloomberg, 10 January 2018.

42 Ira Boudway, 'The Five Pillars of Popovich'.

43 Jack McCallum, 'Pop Art', *Sports Illustrated*, 29 April 2013.

44 Dunbar, MacCarron and Shultz, 'Primate Social Group Sizes Exhibit a Regular Scaling Pattern with Natural Attractors'; Robin Dunbar and Matt Spoors, 'Social Networks, Support Cliques, and Kinship', *Human Nature*, 1995, vol. 6, no. 3, pp. 273-90; Alistair Sutcliffe, Robin Dunbar, Jens Binder and Holly Arrow, 'Relationships and the Social Brain: Integrating Psychological and Evolutionary Perspectives', *British Journal of Psychology*, 2012, vol. 103, no. 2, pp. 149-68; Maxwell Burton-Chellew and Robin Dunbar, 'Romance and Reproduction Are Socially Costly', *Evolutionary Behavioral Sciences*, 2015, vol. 9, no. 4, pp. 229-41; Kudo and Dunbar, 'Neocortex Size and Social Network Size in Primates'.

45 George Miller, 'The Magical Number Seven, Plus or Minus Two: Some Limits on Our Capacity for Processing Information', *Psychological Review*, 1956, vol. 63, no. 2, pp. 81-97; Richard Hackman, *Leading Teams: Setting the Stage for Great Performances*, Harvard Business Review Press, 2002; Nicolas Fay, Simon Garrod and Jean Carletta, 'Group Discussion as Interactive Dialogue or as Serial Monologue: The Influence of Group Size', Psychological Science, 2000, vol. 11, no. 6, pp. 481-6.

46 Fay, Garrod and Carletta, 'Group Discussion as Interactive Dialogue or as Serial Monologue'.

47 George Miller, 'The Magical Number Seven, Plus or Minus Two'.

48 Robert Sommer, 'Leadership and Group Geography', *Sociometry*, 1961, vol. 24, no. 1, pp. 99-110.

49 Antony Clayton, *London's Coffee Houses: A Stimulating Story*, Historical Publications, 2003; 'The Internet in a Cup: Coffee Fuelled the Information Exchanges of the 17th and 18th Centuries', *The Economist*, 18 December 2003.

50 'We're Not Taking Enough Lunch Breaks. Why That's Bad for Business', NPR, 5 March 2015.

51 Ken Kniffin, Brian Wansink, Carol Devine and Jeffery Sobal, 'EatingTogether at the Firehouse: How Workplace

Commensality Relates to the Performance of Firefighters', *Human Performance*, 2015, vol. 28, no. 4, pp. 281-306.
52 Kniffin, Wansick, Devine and Sobal, 'Eating Together at the Firehouse'.
53 Ed Catmull, *Creativity Inc*.
54 Charles Duhigg, 'What Google Learned from Its Quest to Build the Perfect Team', *New York Times*, 25 February 2016.
55 Charles Duhigg, *Smarter, Faster, Better: The Secrets of Being Productive*, William Heinemann, 2016.
56 Charles Duhigg, *Smarter, Faster, Better*.

結語：保護家園

1 對此更詳盡的介紹，可見 John Alexander, 'Mark Peters Always Confident Henry Was the Right Man for the Job', *Stuff*, 19 October 2011;Graham Henry, *Final Word*.
2 對此更詳盡的介紹，可見 Graham Henry, *Final Word*.
3 'Reconditioning a Mistake - Henry', *New Zealand Herald*, 6 December 2007.
4 James Kerr, *Legacy: What the All Blacks Can Teach Us About the Business of Life*, Constable, 2013.
5 'List of New Zealand National Rugby Union Players', Wikipedia.
6 請參閱：'Football: Barca Coach Likes What He Sees with All Blacks'; Gregor Paul, 'Rugby: All Blacks Learn from Marines'; Ben Smith, 'How an NBA GM Inspired the All Blacks Lethal Counter Attack'; 'All Blacks Try Life in Fast Lane at McLaren's F1 Garage.
7 'Columbia Crew Survival Investigation Report', Nasa, 2008.
8 Behavioral Safety Technology Report, 'Interim Assessment of the NASA Culture Change Effort'; Stephen Johnson, 'Success, Failure, and NASA Culture'.